STUDIEN ZUM KLIMAWANDEL
IN ÖSTERREICH

HERAUSGEGEBEN VON FRANZ PRETTENTHALER

BAND 5

ISBN 978-3-7001-7108-9
Copyright © 2011 by JOANNEUM RESEARCH Forschungsgesellschaft mbH
Vertrieb: Verlag der Österreichischen Akademie der Wissenschaften Wien
Satz/Layout: JR-POLICIES, JR-OEF
Druck und Bindung: 1a-Druck, A-8750 Judenburg
http://hw.oeaw.ac.at/7108-9
http://verlag.oeaw.ac.at

Franz Prettenthaler[1,2], Judith Köberl[1], Claudia Winkler[1] (Hg.)

Klimarisiko Steiermark

Erste Schritte zur Anpassungsstrategie

Mit Beiträgen von:

Franz Prettenthaler

Clemens Habsburg-Lothringen

Judith Köberl

Michael Kueschnig

Nikola Rogler

Christoph Töglhofer

Claudia Winkler

[1] Zentrum für Wirtschafts- und Innovationsforschung, JOANNEUM RESEARCH Forschungsgesellschaft mbH
[2] Wegener Zentrum für Klima und Globalen Wandel, Universität Graz

Vorwort

Impuls Styria ist ein gemeinnütziger Verein zur Förderung und Unterstützung zukunftsgerichteter Initiativen für die Steiermark. Durch die Unterstützung der Bereiche Wirtschaft, Wissenschaft, Forschung, Technologie, Qualifikation, Bildung, Jugend sowie Kultur sollen Impulse für die künftige Entwicklung der Steiermark gesetzt werden.

Die Steiermark ist ein Bundesland, das stark von der Industrie, der Land- und Forstwirtschaft sowie dem Tourismus geprägt ist. Diese ökonomischen Säulen sind ebenso wie die Infrastruktur des Landes in den letzten Jahren stark von direkten und indirekten Folgen des Klimawandels in Form von meteorologischen Extremereignissen betroffen gewesen und es ist nicht davon auszugehen, dass derartige Ereignisse in Zukunft seltener eintreten werden. Impuls Styria hat die JOANNEUM RESEARCH Forschungsgesellschaft mbH daher mit der Erarbeitung einer Studie zur Quantifizierung des Klimarisikos in unterschiedlichen Bereichen der Wirtschaft beauftragt. Entstanden ist ein Werk, das nicht nur in Österreich, sondern auch über die Grenzen hinaus einzigartig ist und ein wichtiges Planungswerkzeug für die Zukunft darstellt, wenn es darum geht, Schritte zur Entwicklung von Anpassungsstrategien abzuleiten.

Um auf die Auswirkungen der globalen Erwärmung bestmöglich reagieren zu können, ist es von großer Bedeutung, die Folgen der Klimaveränderung auf unsere menschlichen Aktivitäten und die wirtschaftlichen Ergebnisse besser zu verstehen. Die Konsequenzen des Klimawandels reichen von Veränderungen der Durchschnittstemperaturen und Niederschlagsmengen bis hin zu häufiger auftretenden Extremereignissen wie Hitze- und Dürreperioden, Überschwemmungen und Stürmen. Allen ist gemeinsam, dass deren derzeitige Ausprägungen ein quantifizierbares Risiko für die Infrastruktur des Landes bedeuten – vom Verkehr über die Trinkwasserversorgung bis zur Energiewirtschaft. Die energieintensive Industrie und der Tourismus sind ebenso betroffen wie die Land- und Forstwirtschaft und das Gesundheitswesen.

Um hier die richtigen Schritte zu setzen, bedarf es einer Basis, welche das Klimarisiko quantifiziert, um daraus Prioritäten für politisches, ökonomisches und gesellschaftliches Handeln ableiten zu können. Das nun vorliegende Werk liefert dieses Datenmaterial. Dabei berücksichtigten die Autorinnen und Autoren die unterschiedlichen klimatischen Gegebenheiten in den vielfältigen Naturräumen der Steiermark ebenso wie die divergierenden Auswirkungen in den Regionen, abhängig von Nutzungsart und Nutzungsgrad durch den Menschen. Wo andere auf Vermutungen, Befürchtungen und Hoffnungen angewiesen sind, verfügen wir in der Steiermark nun über eine seriöse Grundlage, die Impulse für Erfolg versprechende Strategien gibt.

Der Klimawandel gilt als Bedrohung von einer Dimension, die viele zur Paralyse ebenso verleitet wie zum Glauben an die pessimistischsten Weltuntergangsszenarien. Eine wesentliche Stärke dieser Studie mag daher auch darin liegen, Aufgabengebiete zu definieren, in denen wir wieder Handlungsspielraum gewinnen und Lösungskompetenz beweisen können.

Graz, im Mai 2011

Hannes Androsch

Christine Brunnsteiner

Oswin Kois

Helmut List

Jochen Pildner-Steinburg

Hans Roth

INHALTSVERZEICHNIS

1 Einleitung

Franz Prettenthaler

Für das Land Steiermark werden derzeit regionale Klimaszenarien auf Basis globaler Klimaszenarien erarbeitet, die als Grundlage für Strategien zur Anpassung an den Klimawandel herangezogen werden können. Dabei wird jedoch nicht untersucht, welche menschlichen Aktivitäten von welchen klimatischen Veränderungen am stärksten betroffen sind. Es kann allerdings nur von den Einflüssen der derzeit bereits beobachtbaren Schwankungen (beispielsweise der Klimaelemente Temperatur und Niederschlag) auf wirtschaftliche Kenngrößen auf jene künftigen wirtschaftlichen Auswirkungen geschlossen werden, die sich ergeben, wenn sich der heute bereits beobachtbare Klimawandel dem Trend nach fortsetzt oder sich die derzeitigen Schwankungsbreiten der klimatischen Kenngrößen verändern. Die Weiterentwicklung des Klimas in der Steiermark zu verstehen, ist von großer Bedeutung. Mindestens ebenso wichtig ist es aber auch, die grundsätzlichen Auswirkungen des Klimas auf unsere menschlichen Aktivitäten und die wirtschaftlichen Ergebnisse besser zu verstehen, wenn wir etwas unternehmen möchten, um die negativen Auswirkungen des Klimawandels so gering wie möglich zu halten und die positiven Auswirkungen des Klimawandels als Chancen zu nutzen. Dass wir den Klimawandel als Faktum anerkennen, soll in keiner Weise die Dringlichkeit jener Maßnahmen schmälern, die darauf abzielen, den Klimawandel möglichst zu verlangsamen oder aufzuhalten. Alle Gewissheit, dass es auch menschliche Einflüsse sind, die das Klima in den letzten Jahrzehnten, wahrscheinlich aber auch schon Jahrhunderten mitzugestalten begonnen haben, kann aber nicht darüber hinwegtäuschen, dass sich diese Einflüsse nur sehr langsam in eine messbare Klimaveränderung übersetzen und somit unsere heutigen Anstrengungen zur Treibhausgasreduktion erst in einigen Jahrzehnten ihren Erfolg zeigen können. Die Klimaveränderungen der kommenden Jahrzehnte sind somit als Faktum zu betrachten und es war immer schon der menschlichen Kreativität anheimgestellt, mit diesem Faktum, das Unsicherheiten birgt, sich aber in einer berechenbaren Bandbreite bewegt, möglichst gut zu leben. Die vorliegende Untersuchung beschäftigt sich somit auf sehr konkrete und detaillierte Art mit einem sehr alten Thema der Wirtschaftsgeschichte: dem Einfluss der Klimaelemente auf die wirtschaftlichen Aktivitäten im Land. Von nichts anderem spricht die neuere Literatur der Klimafolgenfoschung, wenn von der unterschiedlichen Verletzlichkeit oder Verwundbarkeit unserer menschlichen Gesellschaften die Rede ist.

Häufig wird aus naheliegenden Gründen im Kontext der Diskussion um die richtige Anpassung an den Klimawandel daher auf das Konzept des Weltklimarates (IPCC) zur regionalen Vulnerabilität zurückgegriffen, in dem die zentralen Systemkomponenten Sensitivität, Anpassungskapazität, Vulnerabilität meistens wie folgt in Zusammenhang gebracht werden: Vulnerability = f (Exposure, Sensitivity, Adaptive Capacity), siehe etwa Prettenthaler und Kirschner (2010). Exposure steht hier für ein Messen der tatsächlichen Klimaveränderungen, die Sensitivität für die Schwere der Auswirkungen und die Adaptive Kapazität für genau diese Summe der gesellschaftlichen Fähigkeiten, negative Folgen des Klimawandels abzufedern. Erste Schritte hin zu einer Anpassungsstrategie sollen also der einheitlichen Information über Anpassungsnotwendigkeiten sowie der Hebung des Bewusstseins und damit der Anpassungskapazität dienen. Die positive Beeinflussung der Anpassungskapazität ist somit das Ziel der vorliegenden Arbeit, die Messung der Sensitivität jedoch ihr Untersuchungsgegenstand.

Für eine Messung der Klimasensitivität einer Region, die ausreichend Impulse für konkretes praktisches Handeln abwerfen soll, ist uns das Konzept des Klimarisikos, wie es sich aus dem Risikobegriff des Risikomanagements her ableitet, am hilfreichsten erschienen. Um erste Schritte in Richtung einer Prioritätenreihung von Anpassungsmaßnahmen für das Land Steiermark aus volkswirtschaftlicher Sicht abzuleiten, braucht es zunächst eine Quantifizierung des Risikos: Dort, wo das Risiko ausgedrückt in gefährdeten ökonomischen Werten (in €) am höchsten ist, dort sollen aus ökonomischer Sicht die finanziellen Mittel zur Klimaanpassung als erstes eingesetzt werden, um dieses Risiko zu reduzieren. Risiko berechnet sich im vorliegenden Konzept wie folgt, wobei es wesentlich ist, den technischen Begriff „Verletzbarkeit" nicht mit der deutlich breiteren obigen Definition von „Vulnerability" zu verwechseln:

Risiko R = Gefahr H * Verletzbarkeit V * Wert W

R = H * V * W [€/Jahr]

H: Wie häufig tritt eine Intensität **I** auf? [1/Jahr]

V: Welchen Schadengrad erfährt das Objekt bei der Intensität **I**? [%]

W: Welchen Wert hat das Objekt? [€]

I: Intensität (z.B. Windgeschwindigkeit, Temperatur [°C], mm Niederschlag/Stunde, Wassertiefe, Fließgeschwindigkeit, ...)

Objekte unserer Betrachtung, die einen Wert darstellen, können nun sehr unterschiedliche Dinge sein: ganze ökonomische Sektoren, einzelne Grundstücke oder Gebäude, landwirtschaftliche Kulturen, betriebswirtschaftliche Erlöse oder Arbeitsplätze in einer Region. Am Ende wäre das Ziel, das gesamtgesellschaftliche Risiko zu bewerten und damit auch die Grundlage für einen rationalen Einsatz von Mitteln zur Linderung dieses Risikos in die Hand zu bekommen. Es ist naheliegend, dass ein relativ kleines Impulsprojekt wie das vorliegende diese Aufgabe nicht ganz zu Ende führen kann, aber es kann den Weg und die Notwendigkeit aufzeigen und zumindest einen systematischen Anfang setzen. Dennoch ist der direkte quantitative Vergleich von 15 monetär bewerteten Einzelrisiken bisher einzigartig. Der Eindruck, jetzt bereits alles über die relevanten Klimarisiken zu wissen, soll jedoch nicht erweckt werden und wäre unverantwortlich.

Nach einer kurzen Beschreibung der für die Risikobewertung zum Einsatz kommenden Methode in Kapitel 2 bietet Kapitel 3 des vorliegenden Buches einen Überblick über die Auswertung sämtlicher Risiken, die im Rahmen dieses Impulsprojektes quantifiziert wurden. Die Darstellung der quantifizierten Risiken erfolgt sowohl für die Steiermark als gesamtes Bundesland als auch für die einzelnen steirischen NUTS 3-Regionen. Eine ausführliche Beschreibung der in Kapitel 3 zusammengefassten Risikobewertung kann Kapitel 4 entnommen werden, das sich einer systematischen Datensammlung über Verletzbarkeit und Wert der grundsätzlich von Klimaänderungen bedrohten Objekte in der Steiermark widmet. Manchmal erlaubt die Datenlage keine exakte ökonomische Quantifizierung der gefährdeten Werte. In diesem Fall werden Indikatoren herangezogen, die zumindest eine relative Einschätzung darüber erlauben, in welchen NUTS 3-Regionen der Steiermark die gefährdeten Werte relativ stärker oder schwächer konzentriert sind. Die dritte Komponente, eine Quantifizierung der Gefahr zum derzeitigen Zeitpunkt, wird, wo immer es möglich ist, ebenfalls versucht.

Jene Gefahr, wie sie durch die Änderung der verschiedenen klimainduzierten Intensitäten beschrieben werden kann, ist jedoch nicht Gegenstand dieses Projektes, weil entsprechend belastbare und mit einer Unsicherheitsabschätzung ausgestattete regionale Klimaszenarien wie bereits erwähnt derzeit erst im Rahmen eines von der Landesverwaltung finanzierten Projektes erstellt werden müssen. Dort, wo Teile solcher Szenarien zur Gefahrenabschätzung, manchmal auch nur qualitativ belegt, bereits vorliegen, werden sie dennoch kurz angesprochen und anhand bestehender Untersuchungen zitiert.

Kapitel 5 liefert erste Ansätze von Maßnahmen zur Reduktion der klimainduzierten Risiken. Eine Betrachtung, die nur die Klimarisiken ins Visier nimmt, erzählt aber nur die halbe Wahrheit über die möglichen ökonomischen Folgen des Klimawandels. Was liegt daher näher, als in Kapitel 6 auch die Frage der Chancen des Klimawandels zu Wort kommen zu lassen, eine Frage, die wir dankenswerterweise mit einer der Innovationsschmieden der Steiermark, dem Industrieforum F&E der Industriellenvereinigung in einer Befragung und anschließenden Diskussion der ausgewerteten Ergebnisse besprechen konnten.

2 Vorschlag einer Methode zur vergleichenden Klimarisikobewertung

Christoph Töglhofer, Nikola Rogler, Franz Prettenthaler

2.1 DEFINITION DER RISIKOGRÖßEN

Die im Zuge der Risikoberechnungen verwendete Risikogröße zur Darstellung von Wetter- bzw. Klimarisiken ist der Value-at-Risk (95 %). Dieser ist folgendermaßen definiert:

Für eine Zufallsvariable L, die den Verlust (Schaden) beschreibt, ist der Value-at-Risk (p) jener Wert l für den gilt:

$$P[L \leq l] \leq p \, .$$

Im Falle von p=0,95 bedeutet dies z.B., dass der **Value-at-Risk (95 %)** jenem Verlust entspricht, der mit 95 %-Wahrscheinlichkeit nicht überschritten bzw. umgekehrt mit 5 %-Wahrscheinlichkeit überschritten wird. Des Weiteren wird für die Risikobetrachtung auch der **zentrierte Value-at-Risk (95 %)** angegeben, da dieser das Risiko beschreibt, das zusätzlich zum mittleren Schaden mit 5 %-Wahrscheinlichkeit realisiert wird:

$$P[L - E[L] \leq l - E[L]] = P[L \leq l] \leq p$$

Der zentrierte Value-at-Risk (95 %) wird daher durch $l - E[L]$ beschrieben.

2.2 BERECHNUNG DER RISIKOGRÖßEN

Die Wahrscheinlichkeit $P[L \leq l]$ beschreibt die Verteilungsfunktion der Zufallsvariable L im Punkt l, d.h. $F(l) = P[L \leq l]$. Durch Invertieren kann somit der Value-at-Risk (p) berechnet werden[1]:

$$l = F^{-1}(p)$$

Ist nun eine Stichprobe der Zufallsvariable L gegeben, so kann der Value-at-Risk (p) folgendermaßen mithilfe eines statistischen Programms (z.B. der Open Source Software R) geschätzt werden:

- Empirische Schätzung:
  Da der Value-at-Risk (p) dem p-Quantil der Verteilungsfunktion F entspricht, wird mittels der empirischen Daten die empirische Verteilungsfunktion geschätzt und deren p-Quantil berechnet.[2]

- Quantilsschätzung:
  Die Verteilung F (bzw. deren p-Quantil) wird mittels Näherungsverfahren geschätzt. Der Schätzer des Value-at-Risk (p) ergibt sich wiederum aus dem geschätzten p-Quantil.

- Parametrische Quantilsschätzung:
  Die Verteilung F wird mithilfe einer geeigneten parametrischen Verteilung (z. B. Normalverteilung, Paretoverteilung etc.) modelliert, und der Value-at-Risk (p) ergibt sich aus dem p-Quantil der Verteilung.

---

[1] Wenn die Inverse von F z. B. aufgrund von Unstetigkeitsstellen nicht existiert, kann eine Quasi-Inverse definiert werden, mit welcher eine Inversion möglich ist. Darauf wird in diesem Buch allerdings nicht näher eingegangen.

[2] Abgesehen von der Risikobewertung in Abschnitt 4.9.3, die die Methode der „parametrischen Quantilsschätzung" zur Ermittlung des VaR (95 %) anwendet, kommt im vorliegenden Buch die Methode der „empirischen Schätzung" zum Einsatz.

2.3   DARSTELLUNG DER RISIKOGRÖßEN

Das im Zuge der Risikoberechnungen angewandte Konzept des zentrierten VaR (95 %) – der VaR (95 %) wird hierbei relativ zum Mittelwert der betrachteten Kenngröße gemessen – weist jene „ungünstige" Abweichung vom Mittelwert der betrachteten Kenngröße aus, die innerhalb einer bestimmten Periode (beispielsweise einem Monat oder einem Jahr) mit einer Wahrscheinlichkeit von 95 % nicht überschritten wird.

Dabei muss jedoch zwischen wetterbedingten Verlusten aufgrund von unvorhergesehenen Schadenereignissen (z. B. Sturm, Dürre, Hochwasser etc.), welche typischerweise relativ selten auftreten, dabei aber massive Schäden anrichten, und wetterbedingten Schwankungen ökonomischer Größen (z. B. Heizkosten, Nächtigungen im Tourismus) unterschieden werden.

Handelt es sich bei der betrachteten Kenngröße beispielsweise um Schadensdaten, steht der Begriff „ungünstig" für eine positive Abweichung vom Mittelwert, bzw. erwarteten Schaden, wie in Abbildung 1 gezeigt wird. Wegen der Verteilungseigenschaften von Schadensdaten (wenige empirisch beobachtbare Realisationen für selten auftretende Ereignissen mit hohem Schadenspotenzial) bestehen für den VaR hier typischerweise hohe Schätzunsicherheiten.

Abbildung 1:   *Schematische Darstellung der Berechnung des VaR (95 %) und des zentrierten VaR (95 %)*
               für Schadensdaten

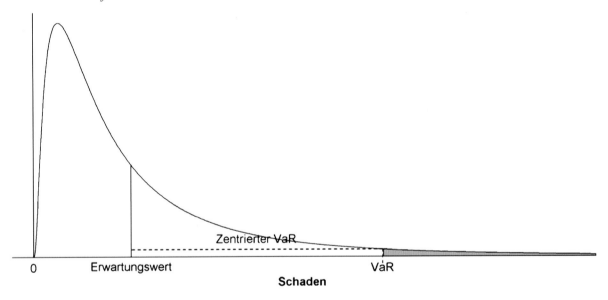

Anmerkung: Der blau schraffierte Bereich stellt jenen Verlust dar, welcher mit 5 %-Wahrscheinlichkeit eintritt.

Quelle: Eigene Darstellung

Handelt es sich hingegen z.B. um wetterbedingte Umsatz- oder Cash-Flow-Schwankungen, ist mit „ungünstig" eine negative Abweichung vom Mittelwert bzw. vom Umsatz unter Norm-Wetterbedingungen gemeint, wie Abbildung 2 illustriert. In diesem Falle schwanken die untersuchten Größen je nach den Wetterbedingungen innerhalb eines längeren Zeithorizonts (z.B. Monats- oder Jahresbasis).

Abbildung 2: Schematische Darstellung der Berechnung des VaR (95 %) und des zentrierten VaR (95 %) für Unternehmensdaten

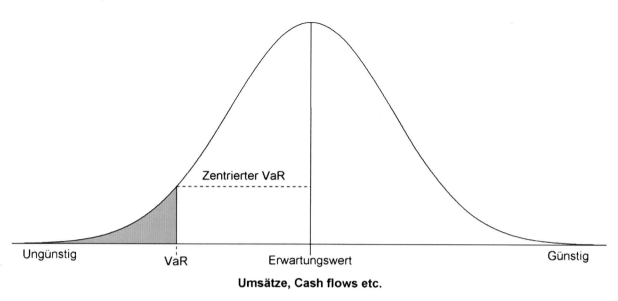

Anmerkung: Der blau schraffierte Bereich stellt jenen Verlust dar, welcher mit 5 %-Wahrscheinlichkeit eintritt.

Quelle: Eigene Darstellung

2.4 SCHÄTZVERFAHREN

Je nach Art des Wetterrisikos und der Datenlage werden zur Ermittlung des VaR aus ungünstigen Wetterverhältnissen unterschiedliche Herangehensweisen, sogenannte Schätzverfahren, gewählt:

1) Schadensdaten

Liegen spezifische Schadensdaten vor (z. B. Sturmschäden an Wohngebäuden), so kann der VaR direkt aus der Verteilung dieser Daten abgeleitet bzw. mittels Näherungsverfahren geschätzt werden.

2) ‚Top-Down' Schätzung

Liegen Indikatoren vor, deren Schwankungen zum Großteil auf Wettervariabilitäten zurückzuführen sind (z. B. Wasserkraftproduktion), so wird der VaR ebenfalls direkt aus der Verteilung dieser Daten bestimmt, wobei dabei nicht zwischen Wettereinflüssen und anderen Einflussfaktoren (z.B. Kraftwerksabschaltungen wegen Wartungsarbeiten) unterschieden werden kann. Dieser Zugang erweist sich jedoch vor allem dann als sinnvoll, wenn eine Beschreibung der Abhängigkeit dieser Indikatoren von Wetterindices (z.B. Niederschlagsmenge im Einzugsgebiet der Wasserkraftwerke) selbst wieder Unsicherheiten enthalten würde.

3) ‚Bottom-Up' Schätzung

Liegen Unternehmens- bzw. Wirtschaftsdaten vor, bei denen eine starke Wetterabhängigkeit vermutet werden kann, deren Ausmaß jedoch unbekannt ist, kann zunächst mithilfe von statistischen bzw. ökonometrischen Schätzverfahren eine Analyse der Wettersensitivität durchgeführt werden und der Verlust durch ungünstige Wetterbedingungen, welche typischerweise nur einen von mehreren Risikofaktoren darstellen, mithilfe des VaR gesondert geschätzt werden.

3 Überblick über die wesentlichen Klimarisiken der Steiermark

Judith Köberl, Franz Prettenthaler, Claudia Winkler

Die im Folgenden dargestellte zusammengefasste Risikobewertung dient einerseits dazu, jene Sektoren bzw. Themenbereiche vorzustellen, deren Wetter- bzw. Klimarisiko im Zuge des gegenständlichen Impulsprojektes auf Ebene der steirischen NUTS 3-Regionen[3] analysiert und quantifiziert wurde. Andererseits soll die im Rahmen dieses Kapitels vorgenommene Zusammenführung der Ergebnisse der Risikobewertungen, deren detaillierte Beschreibung in Kapitel 4 folgt, einen Überblick über die Ausprägungen des Klimarisikos in den einzelnen steirischen NUTS 3-Regionen ermöglichen.

Tabelle 1 fasst alle Indikatoren zusammen, die für die Risikobewertung der einzelnen Sektoren bzw. Themenbereiche herangezogen wurden und gibt einen Überblick darüber, in welcher regionalen und zeitlichen Auflösung die (zentrierten) VaR-Schätzungen in Kapitel 4 jeweils vorliegen bzw. welches der in Abschnitt 2.4 beschriebenen Schätzverfahren zur Ermittlung der jeweiligen VaR-Werte angewendet wurde.

Tabelle 2 gibt einen Überblick über den Grad der Unsicherheit, dem die einzelnen Risikoabschätzungen unterliegen. Dabei wird zwischen der Unsicherheit unterschieden, die aus der Datenlage erwächst (beispielsweise durch eine zu kurze Zeitreihe oder durch Ausreißer in der Zeitreihe), der Unsicherheit, die aus dem Modell erwächst (jede Modellschätzung weist ein gewisses Maß an Unsicherheit auf, das je nach Modellgüte kleiner oder größer sein kann), und der Unsicherheit, die aus der VaR-Schätzung selbst erwächst (beispielsweise Unsicherheiten aufgrund von heavy-tailed Verteilungen, wenn also sehr große Schäden sehr selten auftreten). Die letzte Spalte in Tabelle 2 repräsentiert die Gesamtwertung in Bezug auf den Unsicherheitsgrad. Eine genauere Beschreibung des Unsicherheitsgrades der einzelnen Risikobewertungen erfolgt in Kapitel 4 jeweils im Anschluss an die Risikoanalyse je Indikator.

---

[3] Für eine nähere Erklärung zum Konzept der NUTS 3-Regionen siehe Einleitung zu Kapitel 4.

Tabelle 1:   *Überblick über die Risikobewertung – Angewandtes Schätzverfahren sowie regionale und zeitliche Auflösung der (zentrierten) VaR (95 %)-Werte je Indikator*

Indikatoren	Regionale Auflösung	Zeitliche Auflösung	Schätzverfahren
LAND- UND FORSTWIRTSCHAFT			
- Schäden an Ernte, Flur und/oder Vieh	NUTS 3 / STMK	jährlich	Schadensdaten
- Schäden durch Borkenkäferbefall	NUTS 3 / STMK	jährlich	Schadensdaten
- Schäden durch Windwurf	NUTS 3 / STMK	jährlich	Schadensdaten
- Schäden durch Schneebruch	NUTS 3 / STMK	jährlich	Schadensdaten
ENERGIEWIRTSCHAFT			
- Elementarschäden am Mittelspannungsnetz	SR / STMK	jährlich [a]	Schadensdaten
- Katastrophenschäden am Mittelspannungsnetz	SR / NUTS 3 [b] / STMK	ereignisbezogen [a]	Schadensdaten
- Stromerzeugung aus Wasserkraft (Umsatz)	STMK	monatlich; jährlich	Top-Down
- Stromerzeugung aus Windkraft (Umsatz)	STMK	monatlich; jährlich	Top-Down
WASSERVERSORGUNG			
- Wasserversorgung (Feuerwehreinsatzkosten)	NUTS 3 / STMK	jährlich	Schadensdaten
INFRASTRUKTUR			
- Schäden an Landstraßen	NUTS 3 / STMK	monatlich	Schadensdaten
- Schäden an Schieneninfrastruktur	NUTS 3 / STMK	monatlich	Schadensdaten
KATASTROPHENSCHUTZ			
- Katastrophenschutz (Feuerwehreinsatzkosten)	NUTS 3 / STMK	jährlich	Schadensdaten
VERSICHERUNG			
- Hochwasserschäden	NUTS 3 [b] / STMK	jährlich	Schadensdaten
- Sturmschäden	NUTS 3 / STMK	jährlich	Schadensdaten
TOURISMUS			
- Einnahmen durch Winternächtigungen	NUTS 3 / STMK	jährlich	Bottom-Up
- Einnahmen durch Sommernächtigungen	NUTS 3 / STMK	jährlich	Bottom-Up
GESUNDHEIT			
- Todesfälle Herz-Kreislauf-Erkrankungen	NUTS 3 / STMK	jährlich	Schadensdaten [c]
- Todesfälle Asthma-Erkrankungen	NUTS 3 / STMK	jährlich	Schadensdaten [c]
- Pollenbelastung [d]	-	-	-
URBANE RÄUME			
- Heizkosten	NUTS 3 / STMK	jährlich	Bottom-Up
- Kühlkosten	NUTS 3 / STMK	jährlich	Bottom-Up

Anmerkungen:
SR … „synthetische" Region; STMK … Steiermark
[a] Im Falle der regionalen Auflösung „SR" ist die zeitliche Auflösung „realisationsbezogen"
[b] Aufgrund der limitierten Datenlage erfolgt die Berechnung der (zentrierten) VaR-Werte auf NUTS 3-Ebene über Regionalisierung des steiermarkweiten (=STMK) Werts.
[c] Es liegen zwar direkte Schadensdaten in Form von Todesfällen vor, jedoch ist unklar, wie viele dieser Todesfälle wetter- bzw. klimabedingt sind. Daher wäre für eine Bewertung des wetter- bzw. klimabedingten Risikos eigentlich der Bottom-Up-Ansatz zu wählen. Aufgrund der limitierten Datenlage konnte dies im Rahmen des vorliegenden Impulsprojekts jedoch nicht erfolgen.
[d] Es wird keine gesamte Risikobewertung, sondern nur eine Analyse der Wettersensitivität durchgeführt.

Quelle: Eigene Darstellung

Tabelle 2:   *Grad der Unsicherheit je Risikobewertung*

Indikatoren	Datenlage	Modell	Schätzung	Gesamt
LAND- UND FORSTWIRTSCHAFT				
- Schäden an Ernte, Flur und/oder Vieh	.	kein Modell	.	.
- Schäden durch Borkenkäferbefall	.	kein Modell	*	*
- Schäden durch Windwurf	**	kein Modell	**	***
- Schäden durch Schneebruch	**	kein Modell	*	**
ENERGIEWIRTSCHAFT				
- Elementarschäden am Mittelspannungsnetz	***	kein Modell	*	***
- Katastrophenschäden am Mittelspannungsnetz	***	kein Modell	*	***
- Stromerzeugung aus Wasserkraft (Umsatz)	.	kein Modell	*	*
- Stromerzeugung aus Windkraft (Umsatz)	.	kein Modell	*	*
WASSERVERSORGUNG				
- Wasserversorgung (Feuerwehreinsatzkosten)	.	kein Modell	*	*
INFRASTRUKTUR				
- Schäden an Landstraßen	.	kein Modell	.	.
- Schäden an Schieneninfrastruktur	.	kein Modell	.	.
KATASTROPHENSCHUTZ				
- Katastrophenschutz (Feuerwehreinsatzkosten)	.	kein Modell	*	*
VERSICHERUNG				
- Hochwasserschäden	.	kein Modell	*	*
- Sturmschäden	*	kein Modell	*	**
TOURISMUS				
- Einnahmen durch Winternächtigungen	**	*	*	**
- Einnahmen Sommernächtigungen	*	**	*	**
GESUNDHEIT				
- Todesfälle Herz-Kreislauf-Erkrankungen	**	kein Modell	.	**
- Todesfälle Asthma-Erkrankungen	.	kein Modell	.	.
- Pollenbelastung	*	*	.	**
URBANE RÄUME				
- Heizkosten	*	*	*	*
- Kühlkosten	***	*	*	***

Anmerkungen:

·   … Grad der Unsicherheit ist **gering**

*   … Grad der Unsicherheit ist **eher gering**

**   …Grad der Unsicherheit ist **mittel**

*** … Grad der Unsicherheit ist **hoch**

Quelle: Eigene Darstellung

Abbildung 3 veranschaulicht für jeden der untersuchten Sektoren bzw. Themenbereiche die Reihung der einzelnen NUTS 3-Regionen entsprechend der Ausprägung des Wetter- bzw. Klimarisikos, beginnend mit der Region, die sich unter den derzeitigen bzw. historischen Klimabedingungen dem größten Risiko gegenüber sieht. Die dargestellten Reihungen wurden jeweils nach dem Bewertungsverfahren der so genannten Borda-

Wahl durchgeführt[4]. Dabei handelt es sich um eine Reihung, bei der dem erstplatzierten Merkmal – in diesem Fall jene Region, die für den betrachteten Indikator laut dem zentrierten VaR (95 %) das größte Risiko aufweist – die höchste Anzahl an Punkten verliehen wird. Das zweitplatzierte Merkmal erhält einen Punkt weniger usw. Im Rahmen dieser Bewertung flossen sämtliche quantitativ bewerteten Indikatoren, deren Berechnung in Kapitel 4 veranschaulicht wird, in die Gesamtrisikoeinschätzung mit ein (siehe jeweils das Unterkapitel „Vulnerabilitätsanalyse und Gesamtrisikoeinschätzung"). Es sei an dieser Stelle betont, dass aufgrund der Fülle von Einflüssen seitens des Klimawandels kein ganzheitliches Bild des Klimarisikos für die steirischen Regionen gezeichnet werden kann und sich die Gesamtbewertung der Vulnerabilität der einzelnen Regionen aus der Betrachtung jenes Datenmaterials ergibt, das zum Zeitpunkt der Projektbearbeitung zur Verfügung stand.

Abbildung 3: Reihung der steirischen NUTS 3-Regionen je Sektor/Themenbereich entsprechend der Ausprägung des Wetter- bzw. Klimarisikos – quantitative Bewertung (Platz 1 ... höchstes Risiko, Platz 6 ... geringstes Risiko)

NATUR

Land- und Forstwirtschaft	
1.	West- und Südsteiermark
2.	Östliche Obersteiermark
3.	Liezen
4.	Graz
5.	Oststeiermark
6.	Westliche Obersteiermark

Energiewirtschaft	
1.	Oststeiermark
2.	West- und Südsteiermark
3.	Östliche Obersteiermark
4.	Westliche Obersteiermark
5.	Liezen
6.	Graz

Wasserversorgung	
1.	Oststeiermark
2.	West- und Südsteiermark
3.	Graz
4.	Westliche Obersteiermark
5.	Östliche Obersteiermark
6.	Liezen

KAPITAL

Infrastruktur	
1.	Östliche Obersteiermark
2.	Graz
2.	Liezen
4.	Oststeiermark
5.	Westliche Obersteiermark
6.	West- und Südsteiermark

Katastrophenschutz und Prävention	
1.	Oststeiermark
2.	West- und Südsteiermark
3.	Graz
4.	Östliche Obersteiermark
5.	Liezen
6.	Westliche Obersteiermark

Versicherung und Katastrophenfonds	
1.	West- und Südsteiermark
2.	Graz
3.	Oststeiermark
4.	Östliche Obersteiermark
5.	Liezen
6.	Westliche Obersteiermark

MENSCH

Tourismus und Freizeitwirtschaft	
1.	Liezen
2.	West- und Südsteiermark
3.	Westliche Obersteiermark
4.	Graz
4.	Östliche Obersteiermark
6.	Oststeiermark

Gesundheit	
1.	Graz
2.	Oststeiermark
3.	Östliche Obersteiermark
4.	Westliche Obersteiermark
5.	West- und Südsteiermark
6.	Liezen

Urbane Räume	
1.	Graz
2.	Östliche Obersteiermark
2.	Westliche Obersteiermark
4.	Oststeiermark
4.	West- und Südsteiermark
6.	Liezen

Quelle: Eigene Darstellung

Neben den in Abbildung 3 dargestellten sektoralen bzw. themenbezogenen Reihungen wurde mittels Borda-Wahl-Verfahren auch eine sektoren- bzw. themenübergreifende Reihung der einzelnen steirischen NUTS 3-

[4] Innerhalb eines Sektors bzw. Themenbereichs wurden, wie aus Tabelle 1 ersichtlich, oftmals mehrere Indikatoren für die Bewertung des Wetter- bzw. Klimarisikos herangezogen (siehe Kapitel 4). Für jeden dieser Indikatoren ergab sich eine bestimmte Reihung der steirischen NUTS 3-Regionen entsprechend der Ausprägung des Wetter- bzw. Klimarisikos. Um alle Reihungen innerhalb eines Sektors bzw. Themenbereichs zusammenzuführen, wurde, wie erwähnt, auf das Bewertungsverfahren der Borda-Wahl zurückgegriffen.

Regionen vorgenommen. Tabelle 3 zeigt das Ergebnis dieser sektoren- bzw. themenübergreifenden Gesamtrisikobewertung. Demzufolge sieht man sich – verglichen mit den übrigen steirischen Regionen – in der West- und Südsteiermark sowie in der Oststeiermark und in Graz mit den größten wetter- bzw. klimabedingten Risiken konfrontiert. Das geringste Risiko durch Wetter- bzw. Klimaeinflüsse ist hingegen in der Westlichen Obersteiermark festzustellen.

Detailliertere Erläuterungen zur Quantifizierung der wetter- bzw. klimainduzierten Risiken je NUTS 3-Region, deren Ergebnisse die Grundlage für die in Abbildung 3 und Tabelle 3 angeführten Reihungen darstellen, folgen in den einzelnen Unterabschnitten von Kapitel 4.

Tabelle 3:   *Reihung der steirischen NUTS 3-Regionen entsprechend der Ausprägung des Wetter- bzw. Klimarisikos – quantitative Bewertung (Platz 1 ... höchstes Risiko, Platz 6 ... geringstes Risiko)*

	Code	NUTS 3-Region
1.	AT225	West- und Südsteiermark
2.	AT221	Graz (und Umgebung)
2.	AT224	Oststeiermark
4.	AT223	Östliche Obersteiermark
5.	AT222	Liezen
6.	AT226	Westliche Obersteiermark

Quelle: Eigene Darstellung

Abbildung 4 fasst die steiermarkweiten zentrierten VaR (95 %)-Schätzungen aller Indikatoren zusammen. Demzufolge sind – neben den mit einer stärkeren Unsicherheit behafteten Windurfschäden – die Heizkosten sowie die Umsätze aus der Stromerzeugung durch Wasserkraft gemäß der historischen Datenlage besonders vulnerabel gegenüber ungünstigen Wetter- bzw. Klimaverhältnissen. Auf den darauffolgenden, nach sinkendem Gesamtrisiko geordneten, Schautafeln sind auch die Details der regionalen Unterschiede erkennbar.

Abbildung 4:   *Monetarisierte wetter- bzw. klimabedingte Risiken für die gesamte Steiermark*

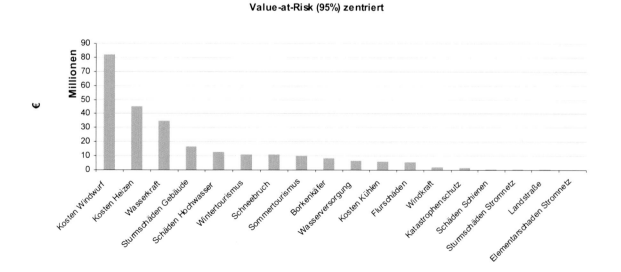

Quelle: Eigene Darstellung

JOANNEUM RESEARCH - Risk Sheet 1   *AutorInnen:* Franz Prettenthaler, Judith Köberl, Claudia Winkler

Sturmschaden	Hochwasser	Katastrophenschutz

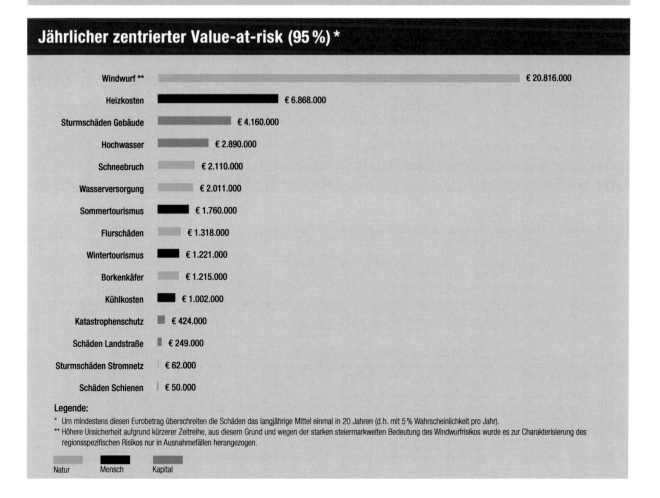

Die Region West- und Südsteiermark besitzt die höchste Exposition im Hinblick auf Sturmschäden an Wohngebäuden (0,45 ‰ der Gebäudewerte). Auch die Risikoeinschätzung hinsichtlich Schäden durch Hochwasser ist unter den steirischen NUTS 3-Regionen die höchste. Die West- und Südsteiermark weist zudem hinsichtlich des regionalen Katastrophenschutzes das höchste Risiko bezüglich der Einsatzdichte pro Kopf auf (neben Hochwassereinsätzen und Einsätzen aufgrund von Sturmschäden auch Auspumparbeiten und Einsätze aufgrund von Lawinen- und Murenabgängen).[1]

Die Region weist ein hohes Tourismuspotenzial auf, vor allem aufgrund der Verfügbarkeit kühler Naherholungsräume für die Bevölkerung des Grazer Zentralraumes. Der Trend im Temperaturanstieg würde auch den Weinbau in der West- und Südsteiermark begünstigen. Die Ausdehnung der Weinanbauzone entlang der Koralm in höhere Lagen stellt eine attraktive Möglichkeit der Anpassung an den Klimawandel dar, gleichzeitig könnte der Weintourismus auch in den nördlicheren Teilen der Region verstärkt werden.

[1] Die Hauptrisikothemen dieser Region wurden anhand ihrer großen Bedeutung im Vergleich zu den übrigen steirischen Regionen ausgewählt. Die Rangfolge nach absoluten Eurobeträgen der einzelnen Risikothemen wird durch die nachfolgende Übersicht gezeigt.

Jährlicher zentrierter Value-at-risk (95 %) *

Windwurf **	€ 20.816.000
Heizkosten	€ 6.868.000
Sturmschäden Gebäude	€ 4.160.000
Hochwasser	€ 2.890.000
Schneebruch	€ 2.110.000
Wasserversorgung	€ 2.011.000
Sommertourismus	€ 1.760.000
Flurschäden	€ 1.318.000
Wintertourismus	€ 1.221.000
Borkenkäfer	€ 1.215.000
Kühlkosten	€ 1.002.000
Katastrophenschutz	€ 424.000
Schäden Landstraße	€ 249.000
Sturmschäden Stromnetz	€ 62.000
Schäden Schienen	€ 50.000

Legende:

* Um mindestens diesen Eurobetrag überschreiten die Schäden das langjährige Mittel einmal in 20 Jahren (d.h. mit 5 % Wahrscheinlichkeit pro Jahr).

** Höhere Unsicherheit aufgrund kürzerer Zeitreihe, aus diesem Grund und wegen der starken steiermarkweiten Bedeutung des Windwurfrisikos wurde es zur Charakterisierung des regionsspezifischen Risikos nur in Ausnahmefällen herangezogen.

Natur	Mensch	Kapital

Konkrete Anpassungsschritte

Aus dem vorläufigen Katalog an Maßnahmenvorschlägen für die steirische Klimawandelanpassungsstrategie (siehe Seite 156 ff.) genießen die folgenden Punkte aufgrund der Risikobewertung Priorität:

Versicherung (mit Schwerpunkt Sturmschaden und Hochwasser)

- Erfüllung der Solvency II Vorgaben und Auseinandersetzung mit Naturgefahrenexposition

- Katastrophenfonds sowie Public-Private Partnership für Pflichtversicherung gegen Hochwasser

Katastrophenschutz

- Bevölkerungsschutz durch Anpassung des bestehenden Krisenmanagements an künftige Herausforderungen

- Einheitliche Abläufe der Vorsorge und Ereignisbewältigung sowie klare Zuständigkeiten der AkteurInnen

- Erweiterung und Aktualisierung der Gefahrenzonenpläne sowie Änderung von Bemessungsgrundlagen

Sturmschäden an Wohngebäuden (exkl. Inhalt) pro durchschnittliches Sturmereignis zwischen 1998 und 2009 in Promille der Gebäudewerte je PLZ-2-Steller (Achtung: abweichende Regionseinteilung!)

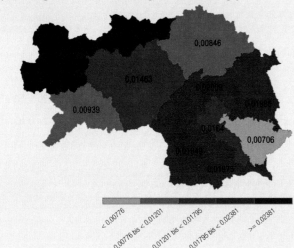

Besondere Vulnerabilität besteht für die West- und Südsteiermark durch Schäden, die mit Sturmereignissen einhergehen. Die Region weist die höchste Exposition im Hinblick auf Sturmschäden an Wohngebäuden mit 0,45 ‰ der Gebäudewerte auf, die zusätzlich zum langjährigen mittleren Schaden statistisch gesehen einmal in 20 Jahren realisiert werden. Das bedeutet, dass Risikoanalysen zufolge einmal in 20 Jahren in der West- und Südsteiermark der durchschnittliche Schaden (i.H.v. 1,2 Mio. €) um 4,2 Mio. € überschritten wird. Präventionsmaßnahmen, welche die Auswirkungen von Sturmereignissen auf Gebäude etc. minimieren sind demnach für die West- und Südsteiermark als Anpassung an den Klimawandel von besonderer Bedeutung.

Jährlicher zentrierter Value-at-Risk (95 %) Schäden an Wohngebäuden (exkl. Inhalt) durch Sturmereignisse (in Promille der Gebäudewerte) – absolut

Graz	8.330.000 €
West- und Südsteiermark	4.160.000 €
Oststeiermark	2.090.000 €
Östliche Obersteiermark	1.860.000 €
Liezen	1.780.000 €
Westliche Obersteiermark	1.330.000 €

Jährlicher zentrierter Value-at-Risk (95 %) Schäden an Wohngebäuden (exkl. Inhalt) durch Sturmereignisse (in Promille der Gebäudewerte) – normalisiert

West- und Südsteiermark	0,45 ‰
Graz	0,39 ‰
Liezen	0,22 ‰
Oststeiermark	0,22 ‰
Westliche Obersteiermark	0,16 ‰
Östliche Obersteiermark	0,14 ‰

Jährlicher zentrierter Value-at-Risk (95 %) der Schäden durch Hochwasser – absolut

West- und Südsteiermark	2.890.000 €
Östliche Obersteiermark	2.870.000 €
Oststeiermark	2.700.000 €
Graz	1.950.000 €
Westliche Obersteiermark	1.130.000 €
Liezen	1.090.000 €

Jährlicher zentrierter Value-at-Risk (95 %) der Schäden durch Hochwasser (in Promille der Versicherungssumme) – normalisiert

West- und Südsteiermark	0,0151 ‰
Östliche Obersteiermark	0,015 ‰
Oststeiermark	0,014 ‰
Graz	0,0102 ‰
Westliche Obersteiermark	0,0059 ‰
Liezen	0,0056 ‰

Auch das Risikothema Hochwasser nimmt in der West- und Südsteiermark einen wesentlichen Stellenwert ein, 5 % des regionalen Dauersiedlungsraums liegen in der HQ200-Zone (lt. HORA). Analysen auf Basis historischer Daten zufolge weist die West- und Südsteiermark hinsichtlich Schäden durch Hochwasser im Steiermarkvergleich das höchste Risiko auf. Statistisch gesehen wird einmal in 20 Jahren in der Region eine Abweichung vom langjährigen mittleren Schaden (i.H.v. 1,3 Mio. €) um 2,9 Mio. € überschritten, was 0,0151 ‰ der Versicherungssumme in der West- und Südsteiermark darstellt.

Anteil HQ200-Fläche lt. HORA am Dauersiedlungsraum in Prozent, 2009

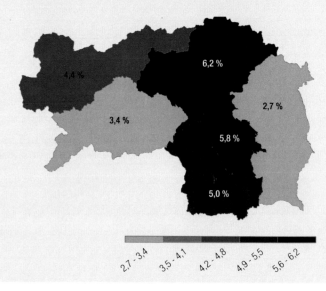

Jährlicher zentrierter Value-at-Risk (95 %) der Kosten zum Katastrophenschutz – absolut

Graz	652.000 €
Oststeiermark	558.000 €
West- und Südsteiermark	424.000 €
Östliche Obersteiermark	264.000 €
Liezen	137.000 €
Westliche Obersteiermark	104.000 €

Jährlicher zentrierter Value-at-Risk (95 %) der Kosten zum Katastrophenschutz – normalisiert

West- und Südsteiermark	2.270 €/1.000 EW
Oststeiermark	2.170 €/1.000 EW
Liezen	1.690 €/1.000 EW
Graz	1.620 €/1.000 EW
Östliche Obersteiermark	1.380 €/1.000 EW
Westliche Obersteiermark	930 €/1.000 EW

Anzahl Feuerwehreinsätze aufgrund von Auspumparbeiten 1998-2009 (je 1.000 EinwohnerInnen)

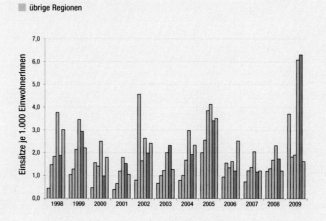

■ West- und Südsteiermark
■ übrige Regionen

Das Thema eines adäquaten und an die herrschenden und künftigen klimatischen Herausforderungen angepassten Katastrophenschutzes stellt für die West- und Südsteiermark eine Herausforderung dar. Die Region weist hinsichtlich der Feuerwehreinsätze zum Katastrophenschutz das höchste Risiko bezogen auf die bevölkerungsgewichtete Einsatzdichte auf, wobei Einsätze im Falle von Sturmschäden, Hochwasser, Auspumparbeiten sowie Lawinen- und Murenabgängen einem klimawandelbedingten Anstieg unterliegen. Im Falle häufig auftretender Katastrophenereignisse – statistisch gesehen einmal in 20 Jahren – muss in der West- und Südsteiermark mit einer zusätzlich zum langjährigen mittleren Schaden verursachten Schadenssumme von mehr als 2.270 € je 1.000 EinwohnerInnen gerechnet werden. Absolut bedeutet das einmal in 20 Jahren ein Überschreiten des mittleren Schadens um mehr als 424.000 €.

 impuls **S**tyria

JOANNEUM RESEARCH

Klimarisiko Graz (und Umgebung)
NUTS 3 - REGION AT221

impuls **S**tyria

JOANNEUM RESEARCH

Klimarisiko Graz (und Umgebung)
NUTS 3 - REGION AT221

JOANNEUM RESEARCH - Risk Sheet 2   **AutorInnen:** *Franz Prettenthaler, Judith Köberl, Claudia Winkler*

Kühlen	Gesundheit	Heizen

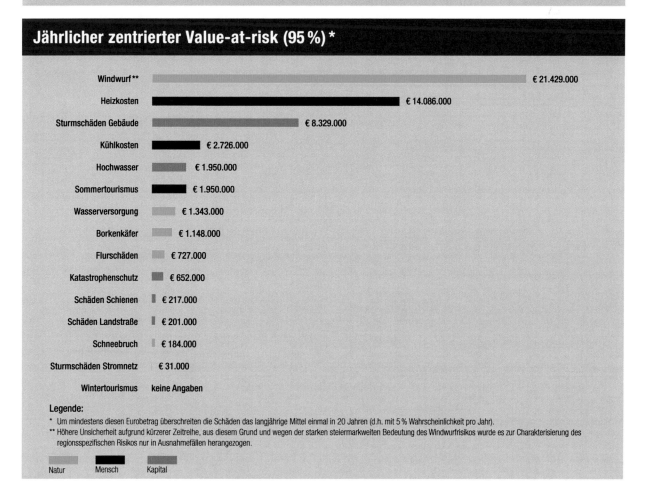

Graz (und Umgebung) ist die bevölkerungsreichste NUTS 3-Region der Steiermark. Klimarisiken, die direkt Einfluss auf das Wohlergehen der Menschen nehmen, stehen hier als die drei Top-Risikothemen daher im Vordergrund, auch wenn es Risikothemen gibt, die höhere absolute ökonomische Schadenspotenziale darstellen[1]. Aufgrund ihrer urbanen Prägung weist die NUTS 3-Region Graz einen hohen Anteil an versiegelter Fläche auf, was den sogenannten Hitzeinseleffekt begünstigt. Der für die Zukunft prognostizierte Temperaturanstieg wird infolge der Konzentration von Gebäuden als Wärmespeichermassen also zusätzlich verstärkt. Anpassungsmaßnahmen müssen daher einerseits das erhöhte Risiko für hitzebedingte Gesundheitsbeschwerden und andererseits den im Steiermarkvergleich höchsten Anstieg des Kühlbedarfes adressieren, letzteres nicht zuletzt aufgrund der hohen Konzentration an Bürogebäuden. Der durchschnittliche Heizbedarf wird hingegen zwar abnehmen, bleibt aber das höchste finanzielle Risiko für die Bevölkerung. Sanierungen, die beides – Heizen und Kühlen – umweltfreundlicher und effizienter machen, sind zu forcieren.

[1] Die Hauptrisikothemen dieser Region wurden anhand ihrer großen Bedeutung im Vergleich zu den übrigen steirischen Regionen ausgewählt.
  Die Rangfolge nach absoluten Eurobeträgen der einzelnen Risikothemen wird durch die nachfolgende Übersicht gezeigt.

Jährlicher zentrierter Value-at-risk (95 %) *

Windwurf **	€ 21.429.000
Heizkosten	€ 14.086.000
Sturmschäden Gebäude	€ 8.329.000
Kühlkosten	€ 2.726.000
Hochwasser	€ 1.950.000
Sommertourismus	€ 1.950.000
Wasserversorgung	€ 1.343.000
Borkenkäfer	€ 1.148.000
Flurschäden	€ 727.000
Katastrophenschutz	€ 652.000
Schäden Schienen	€ 217.000
Schäden Landstraße	€ 201.000
Schneebruch	€ 184.000
Sturmschäden Stromnetz	€ 31.000
Wintertourismus	keine Angaben

Legende:
* Um mindestens diesen Eurobetrag überschreiten die Schäden das langjährige Mittel einmal in 20 Jahren (d.h. mit 5 % Wahrscheinlichkeit pro Jahr).
** Höhere Unsicherheit aufgrund kürzerer Zeitreihe, aus diesem Grund und wegen der starken steiermarkweiten Bedeutung des Windwurfrisikos wurde es zur Charakterisierung des regionsspezifischen Risikos nur in Ausnahmefällen herangezogen.

Natur	Mensch	Kapital

Konkrete Anpassungsschritte

Aus dem vorläufigen Katalog an Maßnahmenvorschlägen für die steirische Klimawandelanpassungsstrategie (siehe Seite 156 ff.) genießen die folgenden Punkte aufgrund der Risikobewertung Priorität:

MENSCH – Gesundheit

- Anpassung von Behandlungsmethoden und Pharmazieprodukten
- Ausarbeitung eines gesundheitspolitischen Konzeptes
- Ausarbeitung von Notfallplänen
- Ausbau der medizinischen Forschung
- Einführung von Frühwarnsystemen bei hoher Hitzebelastung
- Informations- und Öffentlichkeitsarbeit zur Aufklärung der Bevölkerung
- Intensive Beobachtung von klimabedingten Krankheiten
- Vernetzung von Institutionen zur Steigerung von Kompetenzen
- Verringerung von Gesundheitsgefährdungen aufgrund von Extremereignissen wie Sturm oder Hochwasser durch Risiko- und Krisenmanagement

MENSCH – Urbane Räume (mit Schwerpunkt Heizen und Kühlen)

- Freihaltung von Frisch- und Kaltluftentstehungsgebieten zur Vorbeugung starker Hitze in den Sommermonaten
- Sicherstellung des thermischen Komforts von Gebäuden (z.B. durch Forcierung passiver Kühlung)
- Verbesserung des Kleinklimas in der Stadt durch verstärkte Bepflanzung und Schaffung von Grünräumen
- Verbesserung des Mikroklimas durch siedlungsbezogene Maßnahmen

Bevölkerungsgewichtete Veränderung der Kühlgradtage (Klimaszenario „reclip:more") in Mio., 1981-1990 vs. 2041-2050

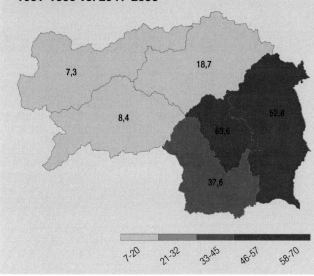

7,3 | 18,7 | 8,4 | 52,8 | 69,6 | 37,6

7-20 | 21-32 | 33-45 | 46-57 | 58-70

In Anbetracht des erwarteten Anstiegs an Kühlgradtagen und der auf die Bevölkerungsdichte und die hohe Bürogebäudedichte zurückzuführenden hohen Betroffenheit stellen das Kühlen und die damit verbundenen Kosten für die NUTS 3-Region Graz (und Umgebung) eines der zentralen Themen dar. Gemäß der historischen Datenlage liegen die jährlichen Kühlkosten im Falle ungünstiger Temperaturbedingungen, die statistisch gesehen einmal in 20 Jahren auftreten, um mehr als 2,7 Mio. € (bzw. 7 € pro Einwohnerln) über dem langjährigen Durchschnitt. Gemessen an einem 20-jährigen Ereignis weist die NUTS 3-Region Graz (und Umgebung) im Bereich der Kühlkosten demnach sowohl absolut als auch im Verhältnis zur Einwohnerzahl betrachtet die höchste vom „Normjahr" abweichende Betroffenheit innerhalb der Steiermark auf.

Jährlicher zentrierter Value-at-Risk (95 %) der Kühlkosten – absolut

Graz (und Umgebung)	2.726.000 €
Oststeiermark	1.268.000 €
West- und Südsteiermark	1.002.000 €
Östliche Obersteiermark	623.000 €
Westliche Obersteiermark	306.000 €
Liezen	238.000 €

Jährlicher zentrierter Value-at-Risk (95 %) der Kühlkosten – normalisiert

Graz (und Umgebung)	7,0 €/EW
West- und Südsteiermark	5,2 €/EW
Oststeiermark	4,7 €/EW
Östliche Obersteiermark	3,7 €/EW
Liezen	2,9 €/EW
Westliche Obersteiermark	2,9 €/EW

Jährlicher zentrierter Value-at-Risk (95 %) der Todesfälle (TF) durch Herz-Kreislauf-Erkrankungen – absolut

Graz (und Umgebung)	136 TF
Östliche Obersteiermark	120 TF
Oststeiermark	81 TF
West- und Südsteiermark	59 TF
Liezen	37 TF
Westliche Obersteiermark	31 TF

Jährlicher zentrierter Value-at-Risk (95 %) der Todesfälle (TF) durch Herz-Kreislauf-Erkrankungen – normalisiert

Östliche Obersteiermark	0,62 TF/1.000 EW
Graz (und Umgebung)	0,57 TF/1.000 EW
Liezen	0,42 TF/1.000 EW
Oststeiermark	0,34 TF/1.000 EW
West- und Südsteiermark	0,34 TF/1.000 EW
Westliche Obersteiermark	0,18 TF/1.000 EW

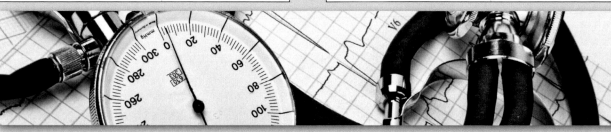

Aufgrund der hohen Bevölkerungsdichte und des hohen Anteils an versiegelter Fläche (Hitzeinseleffekt) stellen Herz-Kreislauf-Probleme während Hitzeperioden eines der Hauptprobleme in der Region Graz (und Umgebung) dar. In besonders ungünstigen Jahren, d.h. einmal in 20 Jahren, liegt die Anzahl der durch Herz-Kreislauf-Erkrankungen verursachten Todesfälle in Graz (und Umgebung) um mehr als 136 Todesfälle (bzw. 0,57 Todesfälle pro 1.000 Einwohnerln) über dem langjährigen Durchschnitt. Damit sieht sich die Region gemessen an einem 20-jährigen Ereignis im steiermarkweiten Vergleich absolut betrachtet der höchsten von der Norm abweichenden Betroffenheit bei Todesfällen durch Herz-Kreislauf-Erkrankungen gegenüber. Die Bereitstellung von kühlen Aufenthaltsräumen (innen und außen), besonders für die älteren Menschen, stellt eine zentrale Herausforderung der Anpassung dar, aber auch die zu erwartende Verlängerung der Pollensaison und der Beschwerden von Allergikern ist aus Gesundheitssicht im Auge zu behalten.

Anteil der versiegelten Fläche am Dauersiedlungsraum in Prozent, 2009

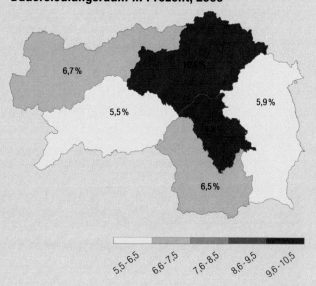

6,7% | 5,5% | 5,9% | 6,5%

5,5-6,5 | 6,6-7,5 | 7,6-8,5 | 8,6-9,5 | 9,6-10,5

Jährlicher zentrierter Value-at-Risk (95 %) der Heizkosten – absolut

Graz (und Umgebung)	14.086.000 €
Oststeiermark	9.038.000 €
Östliche Obersteiermark	7.200.000 €
West- und Südsteiermark	6.868.000 €
Westliche Obersteiermark	4.576.000 €
Liezen	3.621.000 €

Jährlicher zentrierter Value-at-Risk (95 %) der Heizkosten – normalisiert

Liezen	44,5 €/EW
Westliche Obersteiermark	43,2 €/EW
Östliche Obersteiermark	42,4 €/EW
Graz (und Umgebung)	36,2 €/EW
West- und Südsteiermark	36,0 €/EW
Oststeiermark	33,7 €/EW

Bevölkerungsgewichtete Veränderung der Heizgradtage (Klimaszenario „reclip:more") in Mio., 1981-1990 vs. 2041-2050

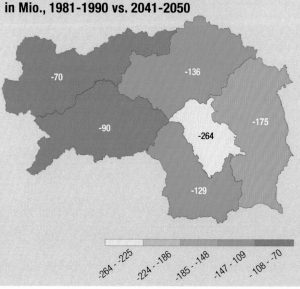

-70 | -136 | -90 | -264 | -175 | -129

-264 - -225 | -224 - -186 | -185 - -148 | -147 - -109 | -108 - -70

Aufgrund der hohen Bevölkerungsdichte und des hohen Anteils an versiegelter Fläche (Hitzeinseleffekt) stellen Herz-Kreislauf-Probleme während Hitzeperioden eines der Hauptprobleme in der Region Graz (und Umgebung) dar. In besonders ungünstigen Jahren, d.h. einmal in 20 Jahren, liegt die Anzahl der durch Herz-Kreislauf-Erkrankungen verursachten Todesfälle in Graz (und Umgebung) um mehr als 136 Todesfälle (bzw. 0,57 Todesfälle pro 1.000 Einwohnerln) über dem langjährigen Durchschnitt. Damit sieht sich die Region gemessen an einem 20-jährigen Ereignis im steiermarkweiten Vergleich absolut betrachtet der höchsten von der Norm abweichenden Betroffenheit bei Todesfällen durch Herz-Kreislauf-Erkrankungen gegenüber. Die Bereitstellung von kühlen Aufenthaltsräumen (innen und außen), besonders für die älteren Menschen, stellt eine zentrale Herausforderung der Anpassung dar, aber auch die zu erwartende Verlängerung der Pollensaison und der Beschwerden von Allergikern ist aus Gesundheitssicht im Auge zu behalten.

impuls **S** **tyria**
JOANNEUM RESEARCH

KLIMARISIKO OSTSTEIERMARK
NUTS 3 - REGION AT224

impuls **S** **tyria**
JOANNEUM RESEARCH

KLIMARISIKO OSTSTEIERMARK
NUTS 3 - REGION AT224

JOANNEUM RESEARCH- Risk Sheet 3   **AutorInnen:** *Franz Prettenthaler, Judith Köberl, Claudia Winkler*

Wasserversorgung	Landwirtschaft	Heizen

Zu wenig Wasser und zu viel Wasser – beide Themen beschäftigen die NUTS 3-Region Oststeiermark überdurchschnittlich stark und beide sind unter anderem durch die hydrogeologischen Gegebenheiten bedingt, die einerseits nur geringmächtige oberflächennahe Grundwasserspeicher aufweisen, aber andererseits auch Hochwasser und Hangrutschungen begünstigen. Mit dem Bau der Transportleitung Oststeiermark konnte die Wasserversorgungssicherheit jedoch entscheidend erhöht werden, was u.a. auch eine wichtige Grundlage für die Fortsetzung der Erfolgsgeschichte Thermentourismus darstellt. Durch Schwerpunkte im Bereich des hochqualitativen Wellness-, Sport- und Gesundheitstourismus trägt dieser Aufschwung zur Stärkung der Wetterunabhängigkeit des steirischen Tourismus bei, der damit österreichweit zum Beispiel die geringste Schneeabhängigkeit der Winternächtigungen besitzt.
Die Landwirtschaft hat eine ungebrochen bedeutende Rolle, Hochwasser und Muren verursachen aber in dieser Region im Regionsvergleich die deutlich höchsten landwirtschaftlichen Schäden.[1] Einen weiteren wichtigen Themenbereich stellen aufgrund der hohen Bevölkerungszahl und der daraus resultierenden hohen ökonomischen Relevanz die Heizkosten dar.

[1] Die Hauptrisikothemen dieser Region wurden anhand ihrer großen Bedeutung im Vergleich zu den übrigen steirischen Regionen ausgewählt. Die Rangfolge nach absoluten Eurobeträgen der einzelnen Risikothemen wird durch die nachfolgende Übersicht gezeigt.

Jährlicher zentrierter Value-at-risk (95 %) *

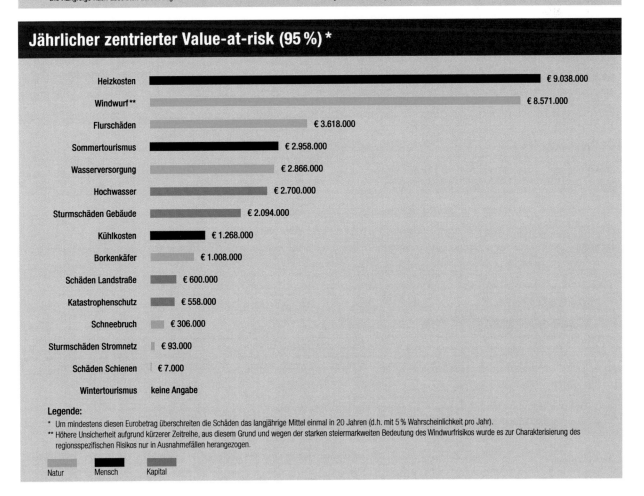

Heizkosten	€ 9.038.000
Windwurf **	€ 8.571.000
Flurschäden	€ 3.618.000
Sommertourismus	€ 2.958.000
Wasserversorgung	€ 2.866.000
Hochwasser	€ 2.700.000
Sturmschäden Gebäude	€ 2.094.000
Kühlkosten	€ 1.268.000
Borkenkäfer	€ 1.008.000
Schäden Landstraße	€ 600.000
Katastrophenschutz	€ 558.000
Schneebruch	€ 306.000
Sturmschäden Stromnetz	€ 93.000
Schäden Schienen	€ 7.000
Wintertourismus	keine Angabe

Legende:
* Um mindestens diesen Eurobetrag überschreiten die Schäden das langjährige Mittel einmal in 20 Jahren (d.h. mit 5 % Wahrscheinlichkeit pro Jahr).
** Höhere Unsicherheit aufgrund kürzerer Zeitreihe, aus diesem Grund und wegen der starken steiermarkweiten Bedeutung des Windwurfrisikos wurde es zur Charakterisierung des regionsspezifischen Risikos nur in Ausnahmefällen herangezogen.

Natur   Mensch   Kapital

Konkrete Anpassungsschritte

Aus dem vorläufigen Katalog an Maßnahmenvorschlägen für die steirische Klimawandelanpassungsstrategie (siehe Seite 156 ff.) genießen die folgenden Punkte aufgrund der Risikobewertung Priorität:

Wasserversorgung

- Reduktion des Wasserverbrauches zur Schonung der Wasserressourcen
- Sicherung der Trinkwasserschutzgebiete durch die vermehrte Überprüfung der Standortsicherheit von Versorgungs- und Abwasserleitungen
- Sicherung eines guten ökologischen und chemischen Zustandes von Gewässern
- Sicherung grundwasserabhängiger Ökosysteme für den Erhalt eines guten Zustandes der Grundwasserkörper
- Strategie zur Wasserverteilung in Zeiten knapper Ressourcen
- Strategien zur Wasserspeicherung zusätzlich zu natürlichen Seen und Stauseen
- Verbesserte Informationen über Wasserverbrauch und Wasserbedarf
- Verbesserung der Datenerhebung für die Abschätzung von potenziellen Schwierigkeiten und Engpässen
- Wechsel von bedarfsorientiertem zu angebotsorientiertem Wassermanagement
- Zukünftige Gewährleistung der Wasserversorgung durch planerische und technische Maßnahmen

Land- und Forstwirtschaft (mit Schwerpunkt Landwirtschaft)

- Anpassung der Klimatisierung von Stallungen an steigende thermische Belastungen
- Anpassung des Krisen- und Katastrophenmanagements zur Minimierung potenziellen Schadens
- Ausweitung und Verbesserung eines flächendeckenden Monitorings für ein rechtzeitiges Gegensteuern
- Bereitstellung wissenschaftlicher Grundlagen zu möglichen neuen Krankheiten und Schaderregern
- Bodenschonende Bewirtschaftung
- Extensivierung der Landwirtschaft auf Hochwasserrückhalteflächen
- Förderung von Diversität hinsichtlich besserer Voraussetzungen für klimatische Änderungen
- Nachhaltiger Aufbau des Bodens und Sicherung der Bodenfruchtbarkeit
- Umweltgerechter und nachhaltiger Einsatz von Pflanzenschutzmitteln
- Verbesserung bodenschonender, energieeffizienter und standortangepasster Bewirtschaftungsformen
- Verminderung der Wildschadensbelastung und somit der Gefährdung für die Regenerationsfähigkeit
- Wiederaufnahme von Bewirtschaftung aufgelassener Almflächen

Urbane Räume (mit Schwerpunkt Heizen)

- Sicherstellung des thermischen Komforts von Gebäuden
- Verbesserung des Kleinklimas in der Stadt durch verstärkte Bepflanzung und Schaffung von Grünräumen
- Verbesserung des Mikroklimas durch siedlungsbezogene Maßnahmen

Durchschnittlicher Grundwasserpegel in Metern je 1.000 EinwohnerInnen, 2009

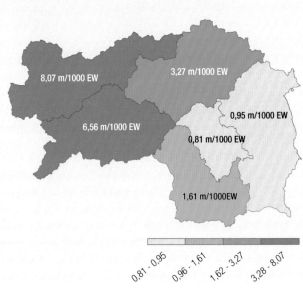

8,07 m/1000 EW

3,27 m/1000 EW

0,95 m/1000 EW

6,56 m/1000 EW

0,81 m/1000 EW

1,61 m/1000EW

0,81 - 0,95   0,96 - 1,61   1,62 - 3,27   3,28 - 8,07

Bei der NUTS 3-Region Oststeiermark handelt es sich aufgrund der hydrologischen und klimatischen Rahmenbedingungen um ein Gebiet mit geringen Grundwasservorräten, sieht man von den Tiefengrundwässern ab. In besonders ungünstigen Jahren, d.h. einmal in 20 Jahren, haben die Einsatzkosten der Feuerwehr für Wasserversorgung den langjährigen Durchschnitt um mehr als 2,87 Mio. € (bzw. 11 € pro Einwohner) überschritten, womit die Oststeiermark im Falle eines 20-jährigen Ereignisses sowohl absolut als auch im Verhältnis zur Einwohnerzahl betrachtet die höchste von der Norm abweichende Betroffenheit aufweist. Mit der Inbetriebnahme der Transportleitung Oststeiermark im Jahr 2010 wurde aber bereits eine wichtige Maßnahme zur Erhöhung der Wasserversorgungssicherheit umgesetzt, somit zählt die Oststeiermark überregional als Vorzeigebeispiel vorausschauender Anpassung.

Jährlicher zentrierter Value-at-Risk (95 %) der Einsatzkosten zur Wasserversorgung – absolut

Oststeiermark	2.866.000 €
West- und Südsteiermark	2.011.000 €
Graz (und Umgebung)	1.343.000 €
Westliche Obersteiermark	251.000 €
Östliche Obersteiermark	234.000 €
Liezen	17.000 €

Jährlicher zentrierter Value-at-Risk (95 %) der Einsatzkosten zur Wasserversorgung – normalisiert

Oststeiermark	11.140 €/1.000 EW
West- und Südsteiermark	10.800 €/1.000 EW
Graz (und Umgebung)	3.720 €/1.000 EW
Westliche Obersteiermark	2.240 €/1.000 EW
Östliche Obersteiermark	1.220 €/1.000 EW
Liezen	220 €/1.000 EW

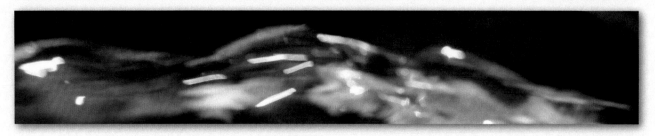

Anteil der landwirtschaftlichen Fläche an der regionalen Gesamtfläche in Prozent, 2009 (Veränderung 1981-2009)

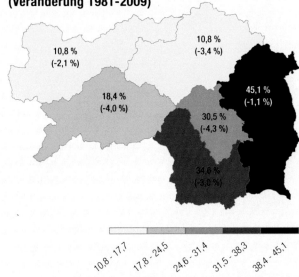

10,8 % (-2,1 %)

10,8 % (-3,4 %)

18,4 % (-4,0 %)

45,1 % (-1,1 %)

30,5 % (-4,3 %)

34,8 % (-3,0 %)

10,8 - 17,7   17,8 - 24,5   24,6 - 31,4   31,5 - 38,3   38,4 - 45,1

Jährlicher zentrierter Value-at-Risk (95 %) der Schäden an Ernte, Flur und/oder Vieh – absolut

Oststeiermark	3.618.000 €
West- und Südsteiermark	1.318.000 €
Graz (und Umgebung)	727.000 €
Östliche Obersteiermark	491.000 €
Westliche Obersteiermark	489.000 €
Liezen	408.000 €

Jährlicher zentrierter Value-at-Risk (95 %) der Schäden an Ernte, Flur und/oder Vieh – normalisiert

Oststeiermark	23,9 €/ha
Graz (und Umgebung)	19,4 €/ha
West- und Südsteiermark	17,1 €/ha
Östliche Obersteiermark	14,0 €/ha
Liezen	11,5 €/ha
Westliche Obersteiermark	8,7 €/ha

Einen zentralen Themenbereich stellen aufgrund der landwirtschaftlichen Prägung – bei der Oststeiermark handelt es sich um die steirische NUTS 3 - Region mit dem höchsten Anteil der landwirtschaftlichen Fläche an der regionalen Gesamtfläche – Klimarisiken in der Landwirtschaft dar. In besonders ungünstigen Jahren, d.h. einmal in 20 Jahren, übersteigen die hauptsächlich durch Hochwasser verursachten Schäden an Ernte, Flur und / oder Vieh den langjährigen Durchschnitt um mehr als 3,6 Mio. € (bzw. 23,9 € pro Hektar landwirtschaftlicher Fläche). Gemessen an einem 20-jährigen Ereignis weist die Region im Bereich der landwirtschaftlichen Schäden demnach sowohl absolut als auch im Verhältnis zur landwirtschaftlichen Fläche betrachtet die höchste von einem Normjahr abweichende Betroffenheit innerhalb der Steiermark auf.

Jährlicher zentrierter Value-at-Risk (95 %) der Heizkosten – absolut

Graz (und Umgebung)	14.086.000 €
Oststeiermark	9.038.000 €
Östliche Obersteiermark	7.200.000 €
West- und Südsteiermark	6.868.000 €
Westliche Obersteiermark	4.576.000 €
Liezen	3.621.000 €

Jährlicher zentrierter Value-at-Risk (95 %) der Heizkosten – normalisiert

Liezen	44,5 €/EW
Westliche Obersteiermark	43,2 €/EW
Östliche Obersteiermark	42,4 €/EW
Graz (und Umgebung)	36,2 €/EW
West- und Südsteiermark	36,0 €/EW
Oststeiermark	33,7 €/EW

Bevölkerungsgewichtete Veränderung der Heizgradtage (Klimaszenario „reclip:more") in Mio., 1981-1990 vs. 2041-2050

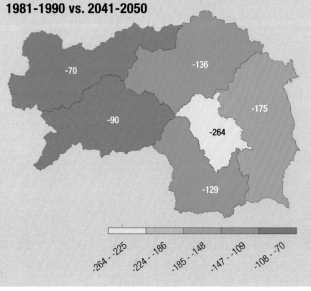

-70

-136

-90

-175

-264

-129

-264 - -225   -224 - -186   -185 - -148   -147 - -109   -108 - -70

Da die Oststeiermark nach Graz (und Umgebung) die NUTS 3-Region mit der höchsten Bevölkerungszahl ist, sind Aspekte des Klimas, die den direkten thermischen Komfort der Menschen betreffen, hier von besonderer Bedeutung. Daher und aufgrund des hohen Anteils an Einfamilienhäusern ist vielleicht überraschender Weise auch in dieser relativ „warmen" Region das Thema Heizen und die damit verbundenen Kosten ein Thema von hoher Relevanz. Im Falle besonders ungünstiger Temperaturbedingungen, die statistisch gesehen einmal in 20 Jahren auftreten, überschreiten die jährlichen Heizkosten den langjährigen Durchschnitt um mehr als 9 Mio. € (bzw. 33,7 € pro EinwohnerIn). Im Falle eines 20-jährigen Ereignisses weist die Oststeiermark im Bereich der Heizkosten absolut gesehen hinter Graz (und Umgebung) die zweithöchste von einem Normjahr abweichende Betroffenheit auf.

impuls Styria

 JOANNEUM RESEARCH

KLIMARISIKO ÖSTLICHE OBERSTEIERMARK
NUTS 3 - REGION AT223

 impuls Styria

 JOANNEUM RESEARCH

KLIMARISIKO ÖSTLICHE OBERSTEIERMARK
NUTS 3 - REGION AT223

JOANNEUM RESEARCH - Risk Sheet 4

AutorInnen: *Franz Prettenthaler, Judith Köberl, Claudia Winkler*

Forstwirtschaft	Schieneninfrastruktur	Hochwasser

Mit 75 % Flächenanteil der Forstwirtschaft ist die Östliche Obersteiermark das forstliche Zentrum der Steiermark und die Themen Windwurf, Schneebruch und Borkenkäferbefall stellen die höchsten Prioritäten im Hinblick auf notwendige Anpassungsmaßnahmen an den Klimawandel dar.[1]

Mit dem nach Graz höchsten Anteil an Bahnfläche an der regionalen Gesamtfläche ist die Östliche Obersteiermark auch im Hinblick auf Schäden an der Schieneninfrastruktur besonders vulnerabel. Unter die durch den Klimawandel verstärkten Natureinflüsse fallen in diesem Zusammenhang etwa Lawinen, Schneeverwehungen, Murenabgänge, Überschwemmungen, Unterspülungen etc.

Auch das Auftreten von Hochwasser stellt für die Östliche Obersteiermark ein prioritäres Klimarisiko dar. Die durch Hochwasser verursachten Schäden resultieren vor allem aus der in der Region vorzufindenden starken Konzentration des Siedlungsraums auf die wasserführenden Täler.

[1] Die Hauptrisikothemen dieser Region wurden anhand ihrer großen Bedeutung im Vergleich zu den übrigen steirischen Regionen ausgewählt. Die Rangfolge nach absoluten Eurobeträgen der einzelnen Risikothemen wird durch die nachfolgende Übersicht gezeigt.

Jährlicher zentrierter Value-at-risk (95 %) *

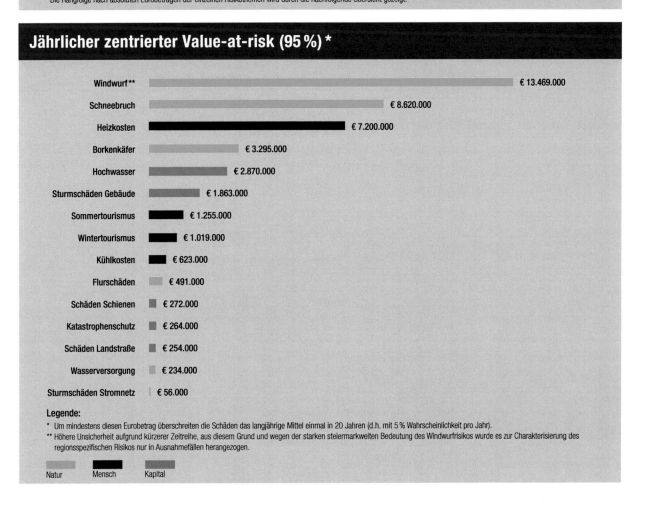

Windwurf**	€ 13.469.000
Schneebruch	€ 8.620.000
Heizkosten	€ 7.200.000
Borkenkäfer	€ 3.295.000
Hochwasser	€ 2.870.000
Sturmschäden Gebäude	€ 1.863.000
Sommertourismus	€ 1.255.000
Wintertourismus	€ 1.019.000
Kühlkosten	€ 623.000
Flurschäden	€ 491.000
Schäden Schienen	€ 272.000
Katastrophenschutz	€ 264.000
Schäden Landstraße	€ 254.000
Wasserversorgung	€ 234.000
Sturmschäden Stromnetz	€ 56.000

Legende:

* Um mindestens diesen Eurobetrag überschreiten die Schäden das langjährige Mittel einmal in 20 Jahren (d.h. mit 5 % Wahrscheinlichkeit pro Jahr).

** Höhere Unsicherheit aufgrund kürzerer Zeitreihe, aus diesem Grund und wegen der starken steiermarkweiten Bedeutung des Windwurfrisikos wurde es zur Charakterisierung des regionsspezifischen Risikos nur in Ausnahmefällen herangezogen.

Natur   Mensch   Kapital

Konkrete Anpassungsschritte

Aus dem vorläufigen Katalog an Maßnahmenvorschlägen für die steirische Klimawandelanpassungsstrategie (siehe Seite 156 ff.) genießen die folgenden Punkte aufgrund der Risikobewertung Priorität:

Land- und Forstwirtschaft (mit Schwerpunkt Forstwirtschaft)

- Anpassung der Baumartenwahl zur Erhöhung der Stabilität und der Reduzierung der Anfälligkeit

- Anpassung des Krisen- und Katastrophenmanagements zur Minimierung potenziellen Schadens

- Ausweitung und Verbesserung eines flächendeckenden Monitorings für ein rechtzeitiges Gegensteuern

- Bereitstellung wissenschaftlicher Grundlagen zu möglichen neuen Krankheiten und Schaderregern

- Förderung von Diversität hinsichtlich besserer Voraussetzungen für klimatische Änderungen

- Integrierte Waldinventur und Immissionsmonitoring

- Umweltgerechter und nachhaltiger Einsatz von Pflanzenschutzmitteln

- Verbesserung bodenschonender, energieeffizienter und standortangepasster Bewirtschaftungsformen

- Verjüngung überalterter Bestände zur Erhöhung der Stabilität und Verringerung der Anfälligkeit

- Verminderung der Wildschadensbelastung und somit der Gefährdung für die Regenerationsfähigkeit und Stabilität von Waldökosystemen

Infrastruktur (mit Schwerpunkt Schieneninfrastruktur)

- Anpassung der Planungsstandards an veränderte Klimabedingungen (z.B. Entwässerungen)

- Schutz vor Naturgefahren, die hoch ragende Anlagen der Stromversorgung sowie Signale gefährden

- Verwendung von hitzebeständigeren Materialien (z.B. zur Verhinderung von Gleisverdrückungen)

Versicherung (mit Schwerpunkt Hochwasser)

- Auseinandersetzung mit Naturgefahrenexposition

- Fortsetzung der positiven Anstrengungen im Bereich naturnaher Hochwasserschutz

- Verbesserungen beim Katastrophenfonds sowie Public-Private Partnership für Pflichtversicherung gegen Hochwasser

Anteil der forstwirtschaftlichen Fläche an der regionalen Gesamtfläche in Prozent, 2009 (Veränderung 1981-2009)

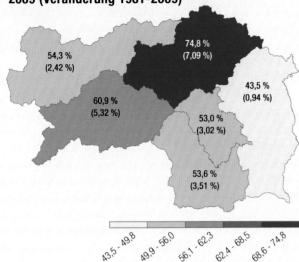

54,3 %
(2,42 %)

74,8 %
(7,09 %)

43,5 %
(0,94 %)

60,9 %
(5,32 %)

53,0 %
(3,02 %)

53,6 %
(3,51 %)

43,5 - 49,8 | 49,9 - 56,0 | 56,1 - 62,3 | 62,4 - 68,5 | 68,6 - 74,8

Aufgrund des überdurchschnittlich hohen Anteils forstwirtschaftlicher Fläche an der regionalen Gesamtfläche sind in der Östlichen Obersteiermark hinsichtlich klimatischer und wetterbedingter Risiken vor allem Schäden durch Windwurf und durch Borkenkäfer von anpassungsstrategischer Bedeutung. Analysen historischer Daten zufolge ist gemäß des Konzepts des zentrierten Value-at-Risk (95 %) in der Östlichen Obersteiermark einmal in 20 Jahren mit dem Überschreiten einer Schadenssumme von 13,5 Mio. € (bzw. 82,7 €/ha) im Vergleich zum mittleren Schaden durch Windwurf zu rechnen. Zudem weist die Region das höchste Risiko hinsichtlich Schäden durch Borkenkäferbefall auf. Bei Borkenkäferbefall muss in der Östlichen Obersteiermark alle 20 Jahre mit dem Überschreiten eines Schadenswertes von 3,3 Mio. € (bzw. 13,5 €/ha) zusätzlich zum mittleren Schaden gerechnet werden.

Anteile der einzelnen NUTS 3-Regionen am Gesamtschaden in der Forstwirtschaft durch Borkenkäferbefall (1991-2007)

Östliche Obersteiermark	25 %
West- und Südsteiermark	23 %
Liezen	20 %
Graz	12 %
Oststeiermark	11 %
Westliche Obersteiermark	9 %

Jährlicher zentrierter Value-at-Risk (95 %) der Windwurfschäden – absolut

Graz	21.400.000 €
West- und Südsteiermark	20.800.000 €
Liezen	18.400.000 €
Westliche Obersteiermark	15.300.000 €
Östliche Obersteiermark	13.500.000 €
Oststeiermark	8.600.000 €

Anteil der Bahnfläche an der regionalen Gesamtfläche in Prozent, 2005 (Veränderung 1981-2005)

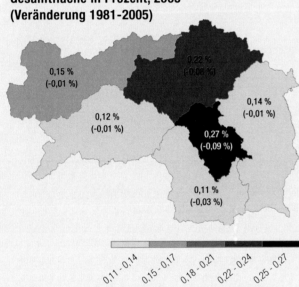

0,15 %
(-0,01 %)

0,22 %
(-0,06 %)

0,12 %
(-0,01 %)

0,14 %
(-0,01 %)

0,27 %
(-0,09 %)

0,11 %
(-0,03 %)

0,11 - 0,14 | 0,15 - 0,17 | 0,18 - 0,21 | 0,22 - 0,24 | 0,25 - 0,27

Schäden am Schienennetz (2005-2009)

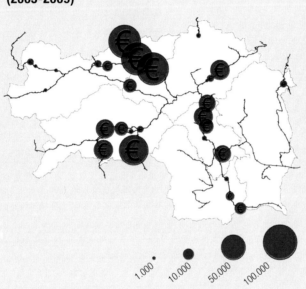

1.000 | 10.000 | 50.000 | 100.000

Eine verhältnismäßig hohe Vulnerabilität besteht für die Östliche Obersteiermark im Bereich der Schieneninfrastruktur – neben den Ergebnissen der Analyse historischer Schadensereignisse nicht zuletzt aufgrund der Tatsache, dass die Östliche Obersteiermark einen relativ hohen Anteil an Schienenverkehrsfläche an der regionalen Gesamtfläche aufweist. In der Region ist mit beinahe 40 % auch der deutlich größte Anteil am historischen Gesamtschaden zwischen 2005 und 2009, der durch klimatische und wetterbedingte Einflüsse hervorgerufen wurde, auszumachen. Dabei zählt vor allem 2007 als schadensintensivstes Jahr der jüngeren Vergangenheit. Zu klimatischen und wetterbedingten Schäden an der Schieneninfrastruktur zählen dabei etwa Schneeverwehungen, Lawinen, Muren, Hochwasser, Windbruch etc., deren Auswirkungen im Hinblick auf Maßnahmen zur Anpassung an den Klimawandel entschärfend begegnet werden muss.

Verteilung des Gesamtschadens an der steirischen Schieneninfrastruktur auf die steirischen Regionen, 2005-2009

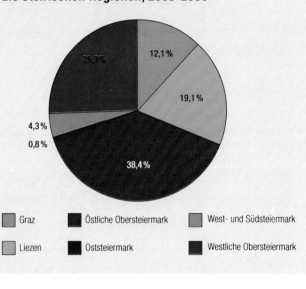

12,1 %
19,1 %
25,3 %
4,3 %
0,8 %
38,4 %

Graz | Östliche Obersteiermark | West- und Südsteiermark
Liezen | Oststeiermark | Westliche Obersteiermark

Anteil HQ200-Fläche lt. HORA am Dauersiedlungsraum in Prozent, 2009

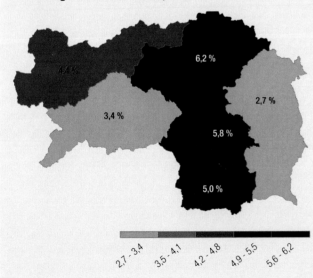

4,4 %

6,2 %

2,7 %

3,4 %

5,8 %

5,0 %

2,7 - 3,4 | 3,5 - 4,1 | 4,2 - 4,8 | 4,9 - 5,5 | 5,6 - 6,2

Jährlicher zentrierter Value-at-Risk (95 %) der Hochwasserschäden – absolut

West- und Südsteiermark	2.890.000 €
Östliche Obersteiermark	2.870.000 €
Oststeiermark	2.700.000 €
Graz	1.950.000 €
Westliche Obersteiermark	1.130.000 €
Liezen	1.090.000 €

Jährlicher zentrierter Value-at-Risk (95 %) der Hochwasserschäden – normalisiert

West- und Südsteiermark	0,0151 ‰
Östliche Obersteiermark	0,015 ‰
Oststeiermark	0,014 ‰
Graz	0,0102 ‰
Westliche Obersteiermark	0,0059 ‰
Liezen	0,0056 ‰

Die Östliche Obersteiermark verfügt mit 6,2 % über den höchsten Anteil an hochwassergefährdeten Flächen (HQ200-Fläche lt. HORA) am regionalen Dauersiedlungsraum. Hochwasserschutz ist daher eine zentrale Herausforderung. Dies zeigen auch Berechnungen der Schäden durch Hochwasser: Steiermarkweit gibt es hier die zweitgrößte Abweichung von den langjährigen durchschnittlichen Schadensbeträgen. Der zusätzlich zum Mittel entstehende Schaden bei Ereignissen, die einmal in 20 Jahren auftreten, beträgt 2,9 Mio. € bzw. beläuft sich dieser auf 0,015 ‰ der Versicherungssumme. Vor allem 2005 wies die Östliche Obersteiermark eine besonders hohe Anzahl an Feuerwehreinsätzen aufgrund von Hochwasser auf.

JOANNEUM RESEARCH - Risk Sheet 5   *AutorInnen:* Franz Prettenthaler, Judith Köberl, Claudia Winkler

Wintertourismus	Sommertourismus	Forstwirtschaft

Tourismus und Forstwirtschaft haben nach absoluten Zahlen aber auch relativ zu den anderen Regionen[1] den größten Anteil am Klimarisiko in der Region Liezen. Bei der NUTS 3-Region Liezen handelt es sich um den Wintertourismusmotor der Steiermark. Daher ist das Risiko in Bezug auf Nächtigungseinbußen infolge ungünstiger Naturschneeverhältnisse im Regionsvergleich absolut gesehen am größten, aber die Wetterabhängigkeit konnte bereits erfolgreich deutlich reduziert werden (Kunstschnee, Angebotserweiterung). Dies gilt es auch in Zukunft fortzusetzen. Des Weiteren hat Liezen das Potenzial, im Bereich des ebenfalls signifikanten Wetterrisikos im Sommertourismus eine Gegendeckung mit dem komplementären Wetterrisiko in der Stromerzeugung durch Wasserkraft durchzuführen. Ebenfalls sehr bedeutsam ist für Liezen das Ausmaß der Klimarisiken im Bereich der Forstwirtschaft, wo bereits heute mit massiven und zunehmenden Borkenkäferschäden zu rechnen ist und Windwurf wie in fast allen Regionen das monetär größte Einzelrisiko darstellt.

[1] Die Hauptrisikothemen dieser Region wurden anhand ihrer großen Bedeutung im Vergleich zu den übrigen steirischen Regionen ausgewählt. Die Rangfolge nach absoluten Eurobeträgen der einzelnen Risikothemen wird durch die nachfolgende Übersicht gezeigt.

Jährlicher zentrierter Value-at-risk (95 %) *

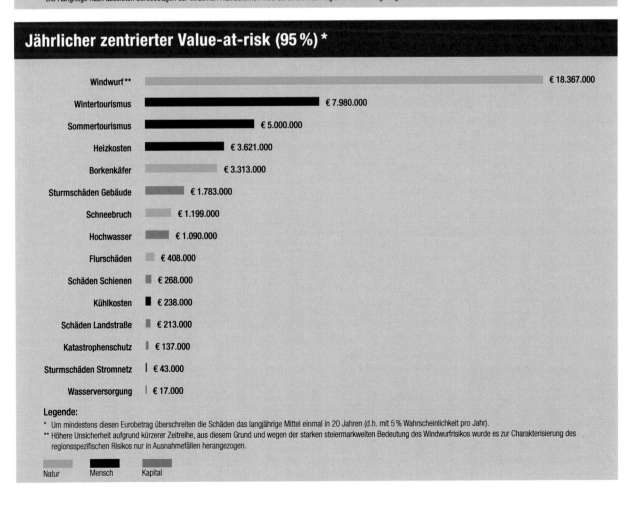

Windwurf **	€ 18.367.000
Wintertourismus	€ 7.980.000
Sommertourismus	€ 5.000.000
Heizkosten	€ 3.621.000
Borkenkäfer	€ 3.313.000
Sturmschäden Gebäude	€ 1.783.000
Schneebruch	€ 1.199.000
Hochwasser	€ 1.090.000
Flurschäden	€ 408.000
Schäden Schienen	€ 268.000
Kühlkosten	€ 238.000
Schäden Landstraße	€ 213.000
Katastrophenschutz	€ 137.000
Sturmschäden Stromnetz	€ 43.000
Wasserversorgung	€ 17.000

Legende:
* Um mindestens diesen Eurobetrag überschreiten die Schäden das langjährige Mittel einmal in 20 Jahren (d.h. mit 5 % Wahrscheinlichkeit pro Jahr).
** Höhere Unsicherheit aufgrund kürzerer Zeitreihe, aus diesem Grund und wegen der starken steiermarkweiten Bedeutung des Windwurfrisikos wurde es zur Charakterisierung des regionsspezifischen Risikos nur in Ausnahmefällen herangezogen.

Natur   Mensch   Kapital

Konkrete Anpassungsschritte

Aus dem vorläufigen Katalog an Maßnahmenvorschlägen für die steirische Klimawandelanpassungsstrategie (siehe Seite 156 ff.) genießen die folgenden Punkte aufgrund der Risikobewertung Priorität:

Tourismus und Freizeitwirtschaft

- Anpassung der Mobilität im Tourismus vom motorisierten Individualverkehr hin zu umweltverträglichen öffentlichen Verkehrsmitteln als Zeichen eines positiven Zugangs zum Thema

- Ausweichen in höhere Lagen und künstliche Beschneiung

- Bereitstellung regionaler Klimaszenarien für langfristig profitablen Wintertourismus

- Berücksichtigung des Klimawandels in Tourismusstrategien

- Fundierte Datenbasis als Grundlage für zukünftige Entscheidungen und Planungen

Land- und Forstwirtschaft (mit Schwerpunkt Forstwirtschaft)

- Anpassung der Baumartenwahl zur Erhöhung der Stabilität und der Reduzierung der Anfälligkeit

- Anpassung des Krisen- und Katastrophenmanagements zur Minimierung potenziellen Schadens

- Ausweitung und Verbesserung eines flächendeckenden Monitorings für ein rechtzeitiges Gegensteuern

- Bereitstellung wissenschaftlicher Grundlagen zu möglichen neuen Krankheiten und Schaderregern

- Förderung von Diversität hinsichtlich besserer Voraussetzungen für klimatische Änderungen

- Integrierte Waldinventur und Immissionsmonitoring

- Umweltgerechter und nachhaltiger Einsatz von Pflanzenschutzmitteln

- Verbesserung bodenschonender, energieeffizienter und standortangepasster Bewirtschaftungsformen

- Verjüngung überalterter Bestände zur Erhöhung der Stabilität und Verringerung der Anfälligkeit

- Verminderung der Wildschadensbelastung und somit der Gefährdung für die Regenerationsfähigkeit und Stabilität von Waldökosystemen

Nächtigungen von TouristInnen je EinwohnerIn in der Wintersaison 2010 (Veränderung 1981-2010)

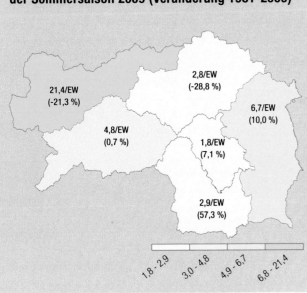

27,4/EW (17,6 %)
2,0/EW (-3,1 %)
5,9/EW (91,1 %)
4,3/EW (154,9 %)
1,3/EW (63,5 %)
1,0/EW (77,4 %)

1,0 - 1,3   1,4 - 2,0   2,1 - 5,9   6,0 - 27,4

Liezen ist jene steirische NUTS 3-Region mit der höchsten Anzahl an Winternächtigungen pro Kopf. Der Wintertourismus und dessen Wetter- bzw. Klimaabhängigkeit stellen für diese Region somit eines der zentralen Themen dar. Basierend auf der historischen Datenlage ist in den Liezener Schigebieten einmal in 20 Jahren mit derart ungünstigen Schneebedingungen zu rechnen, dass gegenüber der Situation mit durchschnittlichen Schneebedingungen ein Rückgang in den Winternächtigungen und den damit einhergehenden Umsätzen von mehr als 2,69 % zu erwarten ist, was in etwa Einbußen von 7,98 Mio. € entspricht. Aufgrund der hohen Bedeutung des Wintertourismus macht dies Liezen absolut betrachtet zur steirischen NUTS 3-Region, die im Falle eines 20-jährigen Ereignisses die höchste von der Norm abweichende Betroffenheit im Bereich des Wintertourismus aufweist. Weil das Thema hier allerdings früh erkannt wurde, schneidet die Region nach relativen Zahlen dennoch besser ab als andere Regionen.

Jährlicher zentrierter Value-at-Risk (95 %) schneelagebedingter Umsatzeinbußen bei Winternächtigungen – absolut

Liezen	7.980.000 €
Westliche Obersteiermark	3.040.000 €
West- und Südsteiermark	1.220.000 €
Östliche Obersteiermark	1.020.000 €
Oststeiermark	Keine Angaben
Graz (und Umgebung)	Keine Angaben

Jährlicher zentrierter Value-at-Risk (95 %) schneelagebedingter Umsatzeinbußen bei Winternächtigungen – relativ

West- und Südsteiermark	4,88 %
Westliche Obersteiermark	3,76 %
Liezen	2,69 %
Östliche Obersteiermark	2,24 %
Oststeiermark	Keine Angaben
Graz (und Umgebung)	Keine Angaben

Nächtigungen von TouristInnen je EinwohnerIn in der Sommersaison 2009 (Veränderung 1981-2009)

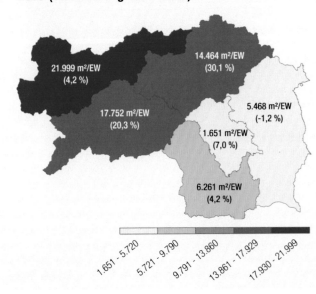

21,4/EW (-21,3 %)
2,8/EW (-28,8 %)
6,7/EW (10,0 %)
4,8/EW (0,7 %)
1,8/EW (7,1 %)
2,9/EW (57,3 %)

1,8 - 2,9   3,0 - 4,8   4,9 - 6,7   6,8 - 21,4

Auch in der Sommersaison weist Liezen die höchste Anzahl an Nächtigungen pro Kopf auf. Entsprechend der historischen Datenlage hat Liezen einmal in 20 Jahren mit derart ungünstigen Niederschlags- bzw. Temperaturbedingungen zu rechnen, dass gegenüber der Situation mit durchschnittlichen Wetterverhältnissen ein Rückgang in den Sommernächtigungen und den damit einhergehenden Umsätzen von über 2,67 % zu rechnen ist, was in etwa Einbußen von 5 Mio. € entspricht. Nachdem einige Sommertourismusformen, wie z.B. der Seentourismus, jedoch genau durch jene Wetterverhältnisse Umsatzeinbußen erleiden, durch welche die Wasserkraft profitiert (und umgekehrt), wäre in diesem Bereich ein hohes Potenzial zur Gegendeckung dieses Wetterrisikos vorhanden.

Jährlicher zentrierter Value-at-Risk (95 %) wetterbedingter Umsatzeinbußen bei Sommernächtigungen – absolut

Liezen	5.000.000 €
Oststeiermark	2.958.000 €
Graz (und Umgebung)	1.950.000 €
West- und Südsteiermark	1.760.000 €
Westliche Obersteiermark	1.598.000 €
Östliche Obersteiermark	1.255.000 €

Jährlicher zentrierter Value-at-Risk (95 %) wetterbedingter Umsatzeinbußen bei Sommernächtigungen – relativ

West- und Südsteiermark	2,92 %
Westliche Obersteiermark	2,91 %
Liezen	2,67 %
Graz (und Umgebung)	2,52 %
Östliche Obersteiermark	2,41 %
Oststeiermark	1,51 %

Forstwirtschaftliche Fläche in m² pro Kopf, 2009 (Veränderung 1981-2009)

21.999 m²/EW (4,2 %)
14.464 m²/EW (30,1 %)
17.752 m²/EW (20,3 %)
5.468 m²/EW (-1,2 %)
1.651 m²/EW (7,0 %)
6.261 m²/EW (4,2 %)

1.651 - 5.720   5.721 - 9.790   9.791 - 13.860   13.861 - 17.929   17.930 - 21.999

Jährlicher zentrierter Value-at-Risk (95 %) der Borkenkäferschäden – absolut

Liezen	3.313.000 €
Östliche Obersteiermark	3.295.000 €
West- und Südsteiermark	1.215.000 €
Graz (und Umgebung)	1.148.000 €
Westliche Obersteiermark	1.054.000 €
Oststeiermark	1.008.000 €

Jährlicher zentrierter Value-at-Risk (95 %) der Borkenkäferschäden – normalisiert

Liezen	18,7 €/ha
Graz (und Umgebung)	17,6 €/ha
Östliche Obersteiermark	13,5 €/ha
West- und Südsteiermark	10,2 €/ha
Oststeiermark	6,9 €/ha
Westliche Obersteiermark	5,7 €/ha

Aufgrund der starken forstwirtschaftlichen Prägung – Liezen weist im steirischen Vergleich die höchste forstwirtschaftliche Fläche pro Kopf auf – stellen alle Risiken im Bereich der Forstwirtschaft ein weiteres Top-Risikothema für die Region dar. In besonders ungünstigen Jahren, d.h. einmal in 20 Jahren, überschreiten beispielsweise die Borkenkäferschäden den langjährigen Durchschnitt um mehr als 3,3 Mio. € (bzw. 18,7 € pro Hektar forstwirtschaftlicher Fläche). Gemessen an einem 20-jährigen Ereignis hat Liezen damit im Bereich der Borkenkäferschäden sowohl absolut als auch im Verhältnis zur forstwirtschaftlichen Fläche betrachtet die höchste von der Norm abweichende Betroffenheit aller steirischen Regionen.

 impuls **S**tyria

 JOANNEUM RESEARCH

KLIMARISIKO WESTLICHE OBERSTEIERMARK
NUTS 3 - REGION AT226

impuls **S**tyria

JOANNEUM RESEARCH

KLIMARISIKO WESTLICHE OBERSTEIERMARK
NUTS 3 - REGION AT226

JOANNEUM RESEARCH - Risk Sheet 6   **AutorInnen:** *Franz Prettenthaler, Judith Köberl, Claudia Winkler*

Wintertourismus	Schieneninfrastruktur	Windwurf

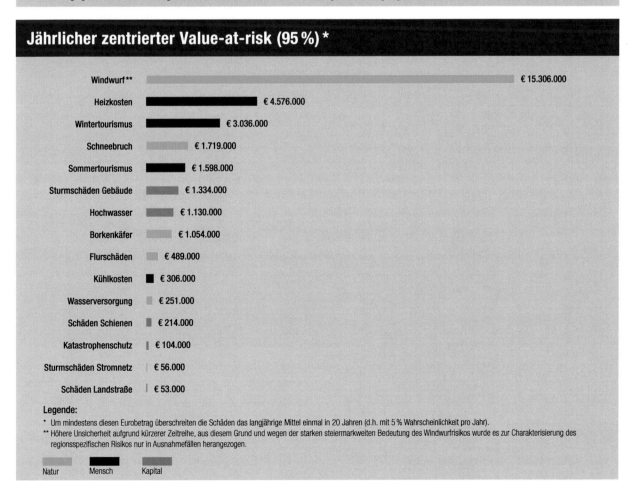

Die Westliche Obersteiermark weist im Vergleich zu den übrigen steirischen NUTS 3-Regionen neben der niedrigsten Siedlungsdichte auch die geringste Risikobetroffenheit hinsichtlich klimatischer und wetterbedingter Einflüsse auf. Dennoch sind die Klimarisiken nicht zu vernachlässigen, etwa im Wintertourismus. Die Murtaler Schiberge in der Westlichen Obersteiermark stellen vergleichsweise kleine Schigebiete dar. Dadurch werden hohe Beschneiungs-kosten pro Gast verursacht, da die Fixkosten der Beschneiung auf eine vergleichsweise geringe Zahl an Wintersport-lerInnen aufgeteilt werden müssen. Aufgrund der hohen forstwirtschaftlichen Fläche pro Kopf, zählen die Schäden durch Windwurf zu den bedeutendsten Risikothemen der Region.
Im Bereich der Schieneninfrastruktur weist die Westliche Obersteiermark nach Graz das zweithöchste Risiko hinsicht-lich klimawandelbedingter Schäden auf. Wenn durch den Bau des Koralmtunnels das Schienenverkehrsaufkommen in der Region zurückgehen wird, können solche hohen Instandhaltungskosten, die sich nicht im selben Ausmaß reduzieren lassen, möglicherweise kritisch sein.[1]

[1] Die Hauptrisikothemen dieser Region wurden anhand ihrer großen Bedeutung im Vergleich zu den übrigen steirischen Regionen ausgewählt.
Die Rangfolge nach absoluten Eurobeträgen der einzelnen Risikothemen wird durch die nachfolgende Übersicht gezeigt.

Jährlicher zentrierter Value-at-risk (95 %) *

Windwurf **	€ 15.306.000
Heizkosten	€ 4.576.000
Wintertourismus	€ 3.036.000
Schneebruch	€ 1.719.000
Sommertourismus	€ 1.598.000
Sturmschäden Gebäude	€ 1.334.000
Hochwasser	€ 1.130.000
Borkenkäfer	€ 1.054.000
Flurschäden	€ 489.000
Kühlkosten	€ 306.000
Wasserversorgung	€ 251.000
Schäden Schienen	€ 214.000
Katastrophenschutz	€ 104.000
Sturmschäden Stromnetz	€ 56.000
Schäden Landstraße	€ 53.000

Legende:
* Um mindestens diesen Eurobetrag überschreiten die Schäden das langjährige Mittel einmal in 20 Jahren (d.h. mit 5 % Wahrscheinlichkeit pro Jahr).
** Höhere Unsicherheit aufgrund kürzerer Zeitreihe, aus diesem Grund und wegen der starken steiermarkweiten Bedeutung des Windwurfrisikos wurde es zur Charakterisierung des regionsspezifischen Risikos nur in Ausnahmefällen herangezogen.

Natur	Mensch	Kapital

Konkrete Anpassungsschritte

Aus dem vorläufigen Katalog an Maßnahmenvorschlägen für die steirische Klimawandelanpassungs-strategie (siehe Seite 156 ff.) genießen die folgenden Punkte aufgrund der Risikobewertung Priorität:

Tourismus und Freizeitwirtschaft (mit Schwerpunkt Wintertourismus)

- Ausweichen in höhere Lagen und künstliche Beschneiung
- Bereitstellung regionaler Klimaszenarien zur Planung von langfristig profitablem Wintertourismus
- Berücksichtigung des Klimawandels in Tourismusstrategien
- Fundierte Datenbasis als Grundlage für zukünftige Entscheidungen und Planungen

Infrastruktur (mit Schwerpunkt Schieneninfrastruktur)

- Anpassung der Planungsstandards an veränderte Klimabedingungen (z.B. Entwässerungen)
- Schutz vor Naturgefahren, die hochragende Anlagen der Stromversorgung sowie Signale gefährden
- Verwendung von hitzebeständigeren Materialien (z.B. zur Verhinderung von Gleisverdrückungen)

Land- und Forstwirtschaft (mit Schwerpunkt Windwurf)

- Anpassung der Baumartenwahl zur Erhöhung der Stabilität und der Reduzierung der Anfälligkeit
- Anpassung des Krisen- und Katastrophenmanagements zur Minimierung potenziellen Schadens
- Ausweitung und Verbesserung eines flächendeckenden Monitorings für ein rechtzeitiges Gegensteuern
- Bereitstellung wissenschaftlicher Grundlagen zu möglichen neuen Krankheiten und Schaderregern
- Förderung von Diversität hinsichtlich besserer Voraussetzungen für klimatische Änderungen
- Integrierte Waldinventur und Immissionsmonitoring
- Umweltgerechter und nachhaltiger Einsatz von Pflanzenschutzmitteln
- Verbesserung bodenschonender, energieeffizienter und standortangepasster Bewirtschaftungsformen
- Verjüngung überalterter Bestände zur Erhöhung der Stabilität und Verringerung der Anfälligkeit
- Verminderung der Wildschadensbelastung und somit der Gefährdung für die Regenerationsfähigkeit und Stabilität von Waldökosystemen

Nächtigungen von TouristInnen je EinwohnerIn in der Wintersaison 2010 (Veränderung 1981-2010)

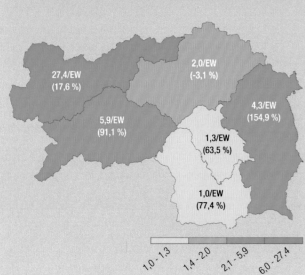

27,4/EW (17,6 %)

2,0/EW (-3,1 %)

5,9/EW (91,1 %)

4,3/EW (154,9 %)

1,3/EW (63,5 %)

1,0/EW (77,4 %)

1,0 - 1,3 1,4 - 2,0 2,1 - 5,9 6,0 - 27,4

Der Wintertourismus nimmt in der Westlichen Obersteiermark eine bedeutende Rolle ein, nach Liezen weist diese Region die zweithöchste Anzahl an Nächtigungen pro EinwohnerIn auf. Aus diesem Grund sind insbesondere hinsichtlich der Auswirkungen auf die regionale Wirtschaft Wetter- und Klimarisiken in den Wintertourismusgebieten der Westlichen Obersteiermark bei der Planung von Anpassungsmaßnahmen an den Klimawandel wichtig. Risikoberechnungen aufgrund historischer Daten zufolge muss in der Westlichen Obersteiermark einmal in 20 Jahren mit einer derart nachteiligen Schneelage gerechnet werden, dass – verglichen mit durchschnittlichen Schneebedingungen – ein Rückgang der Nächtigungen um 3,76 % zu erwarten ist. Dies bedeutet Umsatzeinbußen von mehr als 3 Mio. €. Die Westliche Obersteiermark weist damit nach Liezen auch das zweithöchste Risiko hinsichtlich absoluter Umsatzeinbußen auf.

Jährlicher zentrierter Value-at-Risk (95 %) absolut – schneelagebedingte Umsatzeinbußen bei Winternächtigungen

Liezen	7.980.000 €
Westliche Obersteiermark	3.040.000 €
West- und Südsteiermark	1.220.000 €
Östliche Obersteiermark	1.020.000 €
Graz (und Umgebung)	Keine Schigebiete
Oststeiermark	Keine Angaben

Jährlicher zentrierter Value-at-Risk (95 %) normalisiert – schneelagebedingte Umsatzeinbußen bei Winternächtigungen

West- und Südsteiermark	4,88 %
Westliche Obersteiermark	3,76 %
Liezen	2,69 %
Östliche Obersteiermark	2,24 %
Graz (und Umgebung)	Keine Schigebiete
Oststeiermark	Keine Angaben

Gleisverdrückungen als Folge erhöhter Temperaturen

Schäden am Schienennetz (2005-2009)

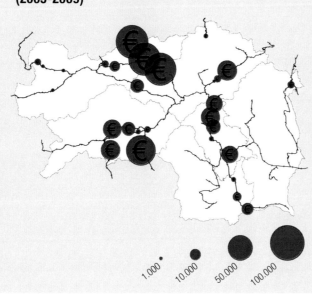

1.000 10.000 50.000 100.000

Zwischen 2005 und 2009 entfiel mehr als ein Viertel der gesamten Schadenssumme aus klima- und wetterbedingten Schäden an der steirischen Schienenverkehrsinfrastruktur auf die Westliche Obersteiermark, wobei 2005 und 2009 die schadensintensivsten Jahre darstellten. Zu den klimatisch bedingten Schäden an Gleiskörpern wie Hochwasser oder Windbruch zählen auch jene, die durch sehr hohe Temperaturen und somit durch sehr hohe Schienentemperaturen verursacht werden. Die prognostizierten steigenden Durchschnittstemperaturen könnten daher in Zukunft auch zu einer Zunahme von so genannten Gleisverdrückungen führen und sind für die Ausarbeitung einer konkreten Anpassungsstrategie zu berücksichtigen.

Verteilung des Gesamtschadens an der steirischen Schieneninfrastruktur auf die steirischen Regionen, 2005-2009

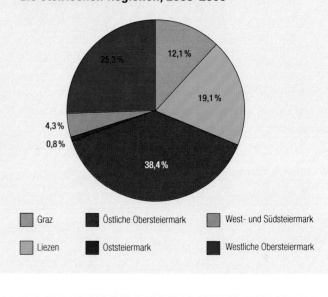

12,1 %

25,3 %

19,1 %

4,3 %

0,8 %

38,4 %

- Graz
- Liezen
- Östliche Obersteiermark
- Oststeiermark
- West- und Südsteiermark
- Westliche Obersteiermark

Forstwirtschaftliche Fläche in m² pro Kopf, 2009 (Veränderung 1981-2009)

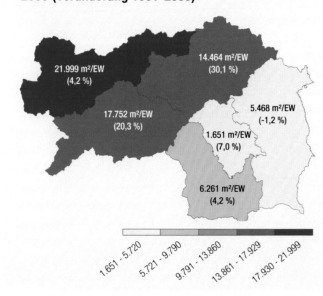

21.999 m²/EW (4,2 %)

14.464 m²/EW (30,1 %)

17.752 m²/EW (20,3 %)

5.468 m²/EW (-1,2 %)

1.651 m²/EW (7,0 %)

6.261 m²/EW (4,2 %)

1.651 - 5.720 5.721 - 9.790 9.791 - 13.860 13.861 - 17.929 17.930 - 21.999

Jährlicher zentrierter Value-at-Risk (95 %) absolut – Ergebnisse der Risikoeinschätzung hinsichtlich Schäden durch Windwurf

Graz	21.400.000 €
West- und Südsteiermark	20.800.000 €
Liezen	18.400.000 €
Westliche Obersteiermark	15.300.000 €
Östliche Obersteiermark	13.500.000 €
Oststeiermark	8.600.000 €

Jährlicher zentrierter Value-at-Risk (95 %) normalisiert – Ergebnisse der Risikoeinschätzung hinsichtlich Schäden durch Windwurf

Graz (und Umgebung)	412,0 €/ha
West- und Südsteiermark	222,9 €/ha
Liezen	140,8 €/ha
Westliche Obersteiermark	113,3 €/ha
Östliche Obersteiermark	82,7 €/ha
Oststeiermark	74,1 €/ha

Die Westliche Obersteiermark verfügt nach Liezen über das zweithöchste Ausmaß an forstwirtschaftlicher Fläche pro Kopf – ein Umstand dem bei der Definition von Maßnahmen zur Anpassung an den Klimawandel Rechnung getragen werden muss. Zudem stellen forstwirtschaftliche Schäden aufgrund von Windwurf ein wesentliches Klimarisiko in der Westlichen Obersteiermark dar. Risikobewertungen auf Basis historischer Daten zufolge ist in der Westlichen Obersteiermark einmal in 20 Jahren mit dem Überschreiten einer Schadenssumme von 15,3 Mio. € (bzw. 113,3 €/ha) zusätzlich zum mittleren Schaden durch Windwurf zu rechnen.

4 Klimainduzierte Risiken nach steirischen Regionen und Wirtschaftssektoren

Im Rahmen der vorliegenden Studie erfolgt die Konzentration der Analysen und Berechnungen hinsichtlich des Klimarisikos auf die folgenden Wirtschaftssektoren:

- Land- und Forstwirtschaft

- Energiewirtschaft

- Wasserversorgung

- Infrastruktur

- Katastrophenschutz und Prävention

- Versicherung und Katastrophenfonds

- Tourismus und Freizeitwirtschaft

- Gesundheit

- Urbane Räume

Im Folgenden werden die potenziell gefährdeten Werte der angesprochenen Wirtschaftssektoren sowie deren Verletzbarkeit gegenüber klimatischen Änderungen für die NUTS 3-Regionen der Steiermark dargestellt und analysiert. Darüber hinaus erfolgt auch eine Untersuchung der derzeitigen Gefährdungslage der betrachteten Sektoren. Dabei gilt die in Tabelle 4 aufgelistete Anordnung der steirischen Bezirke nach dem Prinzip der EU-weit standardisierten NUTS-Einteilung, die auch eine gewisse europaweite Vergleichbarkeit garantiert:

Tabelle 4:   Einteilung der steirischen Bezirke in NUTS 3-Regionen

Code	NUTS 3-Region	Bezirke
AT221	Graz	Graz, Graz-Umgebung
AT222	Liezen	Liezen
AT223	Östliche Obersteiermark	Bruck an der Mur, Leoben, Mürzzuschlag
AT224	Oststeiermark	Feldbach, Fürstenfeld, Hartberg, Radkersburg, Weiz
AT225	West- und Südsteiermark	Deutschlandsberg, Leibnitz, Voitsberg
AT226	Westliche Obersteiermark	Judenburg, Knittelfeld, Murau

Quelle: Eigene Darstellung

4.1   AUSGEWÄHLTE ASPEKTE DES KLIMARISIKOS IN DER LAND- UND FORSTWIRTSCHAFT

Claudia Winkler, Franz Prettenthaler, Nikola Rogler

4.1.1   Gefährdete Werte im Sektor und deren Verletzbarkeit

Die steirische Landwirtschaft ist vor allem im Gebiet der Oststeiermark sehr ausgeprägt – hier nehmen landwirtschaftliche Flächen über 45 % der regionalen Gesamtfläche ein (siehe Abbildung 5). Auch in der West- und Südsteiermark sowie im Gebiet um Graz ist der Anteil der landwirtschaftlich genutzten Fläche an der Gesamtfläche vergleichsweise hoch (34,5 % bzw. 30,5 %). In der Westlichen Obersteiermark liegt dieser Anteil bei 18,4 %, die Region Liezen und die Östliche Obersteiermark weisen nur noch je 10,8 % der Gesamtfläche als landwirtschaftliche Flächen aus.

Abbildung 5:   Anteil der landwirtschaftlichen Fläche an der regionalen Gesamtfläche in %, 2009 (Veränderung 1981-2009)

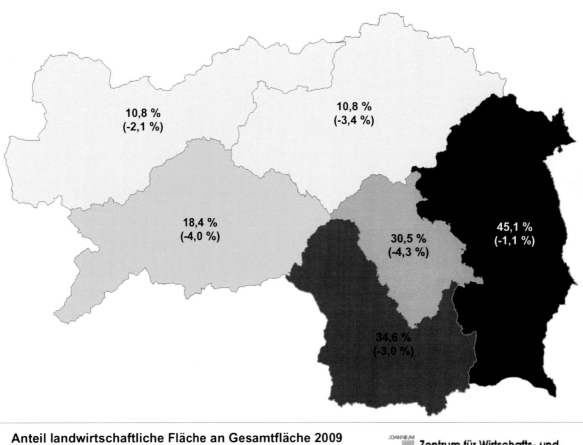

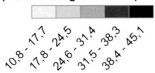

Quelle: Eigene Darstellung, Daten: Landesstatistik Steiermark

Betrachtet man die Veränderung im Zeitraum zwischen 1981 und 2009, ist in allen steirischen NUTS 3-Regionen ein Rückgang des Anteils der landwirtschaftlichen Fläche an der Gesamtfläche zu erkennen (siehe ebenfalls Abbildung 5). Zu den größten Rückgängen kam es dabei in der Region Graz (-4,3 %) und in der Westlichen Obersteiermark (-3,9 %). Die Östliche Obersteiermark wies einen Rückgang des Anteils von -3,4 % auf, die Region West- und Südsteiermark verzeichnete -3 %. In Liezen sank der Anteil der landwirtschaftlichen Fläche an der Gesamtfläche um -2,1 %. Den geringsten Rückgang verzeichnete die Oststeiermark (-1,1 %), die – wie erwähnt – den größten Anteil landwirtschaftlicher Fläche an der regionalen Gesamtfläche aufweist.

Die Oststeiermark und die Westliche Obersteiermark wiesen im Jahr 2009 mit 5.664,4 m^2 (-5,7 % zwischen 1981 und 2009) bzw. 5.350,9 m^2 (-9,6 %) die größten landwirtschaftlichen Flächen pro Kopf auf (siehe Abbildung 6). In Liezen betrug die landwirtschaftliche Fläche je EinwohnerIn 4.395,4 m^2 (-16,6 %), in der West- und Südsteiermark 4.032,6 m^2 (-10,5 %). Die niedrigsten Pro-Kopf-Werte wurden in der Östlichen Obersteiermark (2.093,5 m^2, -10,6 %) sowie in Graz (950,7 m^2) verzeichnet, wobei Graz mit -22,6 % zwischen 1998 und 2009 den deutlich größten Rückgang der landwirtschaftlichen Fläche pro EinwohnerIn verzeichnete.

Abbildung 6:   *Landwirtschaftliche Fläche pro Kopf in m^2, 2009 (Veränderung 1981-2009)*

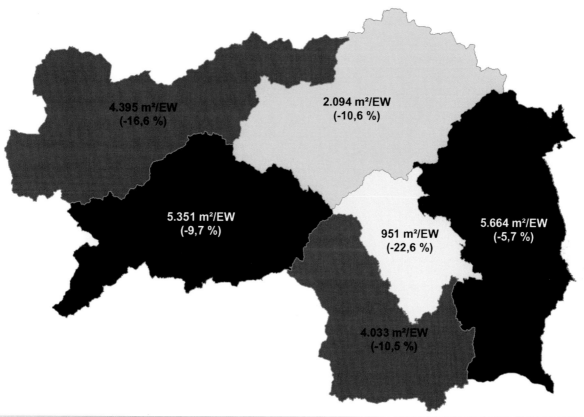

Quelle: Eigene Darstellung, Daten: Landesstatistik Steiermark

In der steirischen Forstwirtschaft waren 2009 deutliche Unterschiede zwischen den einzelnen Regionen zu erkennen (siehe Abbildung 7). Die Östliche Obersteiermark wies knapp 75 % der Gesamtfläche als forstwirtschaftliche Fläche auf, wobei es in dieser Region zwischen 1981 und 2009 zu einem Wachstum von über 7 % kam. Einen wesentlich geringeren, jedoch ebenfalls vergleichsweise hohen Anteil an der regionalen Gesamtfläche wies mit knapp 61 % die Westliche Obersteiermark auf (+5,3 %). Liezen (54,3 %, +2,4 %), die West- und Südsteiermark (53,6 %, +3,5 %) sowie Graz (53 %, +3 %) verzeichneten ähnliche Anteile von Waldflächen an der Gesamtfläche. Den geringsten Anteil verzeichnete die Oststeiermark (43,5 %, +0,9 %). Somit ist ersichtlich, dass insbesondere in den Gebieten der Obersteiermark Waldflächen die Landschaft dominieren. Des Weiteren zeigen die Daten, dass die Waldflächen in allen NUTS 3-Gebieten der Steiermark anwachsen, je nach Region in unterschiedlichem Ausmaß.

Abbildung 7:   Anteil der forstwirtschaftlichen Fläche an der regionalen Gesamtfläche in %, 2009 (Veränderung 1981-2009)

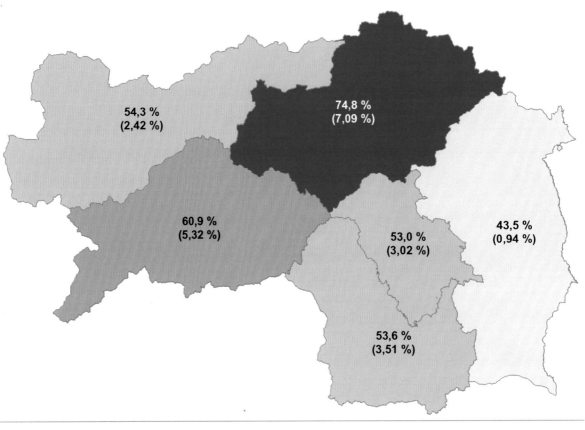

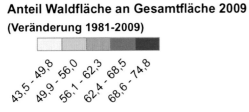

Quelle: Eigene Darstellung, Daten: Landesstatistik Steiermark

Abbildung 8 zeigt die Waldfläche je EinwohnerIn der steirischen NUTS 3-Regionen sowie deren Veränderung zwischen 1981 und 2009. Die größte Waldfläche pro Kopf verzeichnete Liezen mit 21.998,6 m^2 je EinwohnerIn. Zwischen 1981 und 2009 ist die Pro-Kopf-Fläche aber verhältnismäßig wenig gewachsen, nämlich nur um 4,2 %. Eine deutlich höhere Zunahme verzeichneten hingegen im selben Zeitraum die Westliche Obersteiermark sowie die Östliche Obersteiermark. Die Östliche Obersteiermark wies mit 30,1 % den höchsten Zuwachs der steirischen NUTS 3-Regionen auf, wobei je EinwohnerIn 14.463,8 m^2 Waldfläche verzeichnet wurden. Die Westliche Obersteiermark zeigte ein Wachstum von 20,3 % auf 17.751,8 m^2 Waldfläche pro Kopf. Geringere Waldflächen je EinwohnerIn sowie auch ein geringeres Wachstum dieser Flächen waren in Graz (1.650,9 m^2, +7 %) und der West- und Südsteiermark (6.261,4 m^2, +4,2 %) zu erkennen. Einzig in der Oststeiermark wurde ein – wenn auch geringer – Rückgang der Waldfläche pro Kopf verzeichnet (5.467,8 m^2, -1,2 %).

Abbildung 8:   Forstwirtschaftliche Fläche pro Kopf m^2, 2009 (Veränderung 1981-2009)

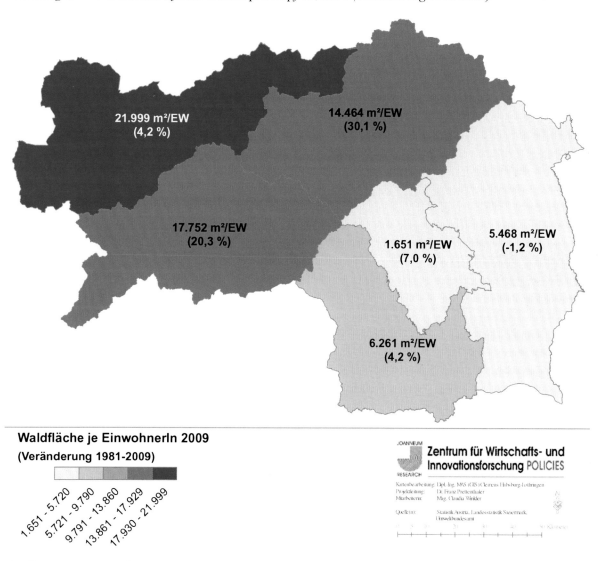

Quelle: Eigene Darstellung, Daten: Landesstatistik Steiermark

Abbildung 9 veranschaulicht die land- und forstwirtschaftliche Fläche je erwerbstätiger Person dieses Sektors. Deutlich zu erkennen ist dabei ein großer Unterschied zwischen den nordwestlichen und den südöstlichen Regionen der Steiermark. So waren 2007 in der Östlichen Obersteiermark durchschnittlich über 73 Hektar land- und forstwirtschaftlicher Fläche je erwerbstätiger Person vorhanden. In Liezen lag der Durchschnitt knapp unter 56 Hektar je erwerbstätiger Person, in der Westlichen Obersteiermark bei über 49 Hektar je erwerbstätiger Person. Im Unterschied dazu verzeichnete die West- und Südsteiermark lediglich einen Wert von 15,46 Hektar je erwerbstätiger Person. Graz wies etwas über 14 Hektar je erwerbstätiger Person auf. Einen noch geringeren Wert als die vermeintlich urbanere Region Graz verzeichnete 2007 die Oststeiermark mit 11,33 Hektar land- und forstwirtschaftlicher Fläche je erwerbstätiger Person.

Abbildung 9:   Land- und forstwirtschaftliche Fläche je erwerbstätiger Person in Hektar, 2007

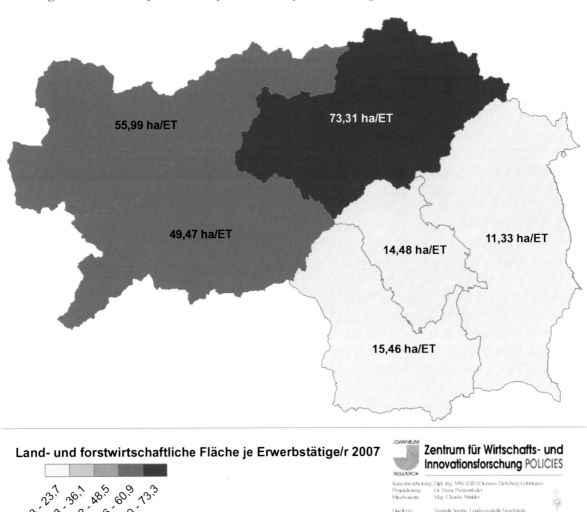

Quelle: Eigene Darstellung, Daten: Landesstatistik Steiermark

Zur weiteren Charakterisierung der heimischen Land- und Forstwirtschaft zeigt Abbildung 10 das Verhältnis zwischen land- und forstwirtschaftlicher Fläche und der Bruttowertschöpfung, die auf diesem Gebiet erzielt wird. Je 1 € ausgewiesener Bruttowertschöpfung wurde 2007 demnach in der Östlichen Obersteiermark mit beinahe 22 Quadratmetern die meiste Fläche benötigt. Ähnliche Werte für die benötigte Fläche weisen auch die Westliche Obersteiermark (20,7 m^2) sowie Liezen (19,7 m^2) auf. Einen deutlich geringeren Flächeneinsatz verzeichneten die West- und Südsteiermark (12,9 m^2), die Oststeiermark (10 m^2) sowie Graz (9,98 m^2).

Abbildung 10:   *Eingesetzte Fläche je 1 € Bruttowertschöpfung in Hektar, 2007*

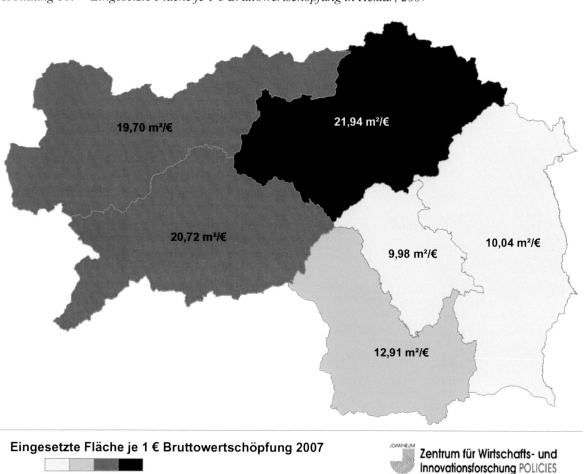

Eingesetzte Fläche je 1 € Bruttowertschöpfung 2007

9,98 - 10,04
10,05 - 12,91
12,92 - 20,72
20,73 - 21,94

Quelle: Eigene Darstellung, Daten: Statistik Austria

4.1.2   Derzeitige Gefährdungslage

Um einen Überblick über die derzeitige Gefährdungslage in der heimischen Landwirtschaft zu bekommen, wird in Abbildung 11 das Ausmaß der Schäden an Ernte, Flur und/oder Vieh für das Jahr 2009 dargestellt. Als Schadensursache wird vor allem Hochwasser genannt. 2009 wies die Oststeiermark mit 5,19 Mio. Euro (34,1 €/ha landwirtschaftlicher Fläche) die größte Schadenssumme aus. Auch in der West- und Südsteiermark war die Schadenssumme mit 1,82 Mio. Euro (23,7 €/ha) im Vergleich zu den übrigen steirischen Regionen relativ hoch. Liezen verzeichnete 0,59 Mio. Euro (16,8 €/ha), Graz wies 0,42 Mio. Euro (11,1 €/ha) aus und in der Östlichen Obersteiermark belief sich die Schadenssumme auf 0,32 Mio. Euro (ca. 9 €/ha). Die geringsten Schäden wurden demnach in der Westlichen Obersteiermark verzeichnet. Hier belief sich die Summe auf 0,24 Mio. Euro (4,3 €/ha).

Abbildung 11:   Schäden an Ernte, Flur und/oder Vieh, 2009

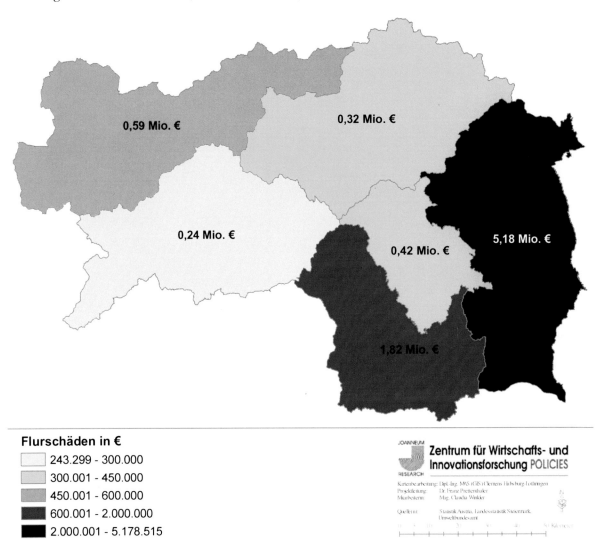

Quelle: Eigene Darstellung, Daten: Land Steiermark

Die Schäden, welche die Forstwirtschaft betreffen, gliedern sich vornehmlich in biotische und abiotische Schäden. Unter den biotischen Schadfaktoren werden alle der belebten Umwelt entstammenden und den Wald schädigenden Einflüsse zusammengefasst, was alle tierischen und pflanzlichen Schädlinge einbezieht. Abiotische Schäden sind jene, die der unbelebten Umwelt entstammen. Dabei handelt es sich vor allem um Witterungs- und Klimaeinflüsse. (FAFW, 2009)

Hinsichtlich der biotischen Schäden steht die Borkenkäfermassenvermehrung als Bedrohung der heimischen Wälder im Vordergrund. Laut Forstschutzbericht der steirischen Forstdirektion aus dem Jahr 2009 befindet sich der Borkenkäferschadholzanfall seit 1992 auf hohem Niveau. Als Gründe dafür werden die künstliche Verbreitung der Fichte, eine mangelhafte Waldhygiene, ein vermehrtes Vorkommen von abiotischen Schäden (wie etwa Windwurf oder Schneebruch), aber eben auch die Änderung der klimatischen Rahmenbedingungen (Klimaerwärmung) angesehen. Die Bilanz seit Beginn der 1990er Jahre gestaltet sich für die Steiermark folgendermaßen:

- Allgemein höhere Temperatursummen (Temperaturanstieg seit den 70er Jahren) in Verbindung mit Niederschlagsdefiziten, insbesondere während der Vegetationsperioden

- Windwurf durch den Föhnsturm im November 2002 (hauptsächlich betroffen: Liezen, Östliche und Westliche Obersteiermark)

- Windwurf im Juli 2004 (hauptsächlich betroffen: Graz, Oststeiermark, West- uns Südsteiermark)

- Windwurf im Jänner 2007 (Sturm Kyrill, hauptsächlich betroffen: Liezen, Östliche und Westliche Obersteiermark)

- Schneebruch September und November 2007 (hauptsächlich betroffen: Liezen, Östliche und Westliche Obersteiermark)

- Windwürfe im Jahr 2008: Jänner 2008 Sturm „Paula" (hauptsächlich betroffen: Graz, West- und Südsteiermark, Östliche Obersteiermark, Westliche Obersteiermark und Oststeiermark); März 2008 Sturm „Emma" (hauptsächlich betroffen: Liezen)

Des Weiteren fallen besonders in den Schadgebieten immer wieder Einzelwürfe bei Gewitter- bzw. Winterstürmen an, womit erneut über große Flächen verteilt viele Einzelbäume als Brutstätten für Borkenkäfer vorhanden sind. Die oben genannten Gründe für die Massenvermehrung des Schädlings lassen keine Entspannung der Borkenkäfersituation erwarten. Neben den traditionellen Schadensschwerpunktgebieten, die meist unter 700 Meter Seehöhe zu finden sind, treten seit 2003 große Borkenkäferprobleme bis in die Hochlagen auf, insbesondere in ehemaligen Windwurfgebieten. Seit dem Beginn des Auftretens der Massenvermehrung ist in der Steiermark insgesamt eine Schadholzmenge von etwa 6,2 Millionen Festmetern angefallen. (FAFW, 2009)

Abbildung 12 zeigt die in den einzelnen steirischen Regionen durch Borkenkäferbefall angefallenen Schadensmengen für das Jahr 2007 sowie die Entwicklung der Schadensmenge seit 1991. Vor allem die Regionen Graz und Liezen waren 2007 stark von Borkenkäferbefall betroffen (je 0,91 Festmeter Schadholz je Hektar). Am geringsten waren die Oststeiermark (0,10 fm/ha) und die Westliche Obersteiermark (0,27 fm/ha) betroffen. Die West- und Südsteiermark wiesen 0,68 fm/ha aus, die Östliche Obersteiermark verzeichnete 0,53 fm/ha. Jede der steirischen NUTS 3-Regionen wies eine deutliche Zunahme der jährlichen Menge an Schadholz je Hektar auf, wobei sich diese Menge in Liezen von 1991 bis 2007 mehr als verzwanzigfachte. Hohe Zuwachsraten wiesen auch die Westliche Obersteiermark (+983,9 %) und die Östliche Obersteiermark (+778,4 %) auf. Graz und die West- und Südsteiermark verzeichneten ähnliche Zuwächse (+563,5 % bzw. +535,2 %), der geringste Anstieg fand in der Oststeiermark statt (+218,6 %).

Abbildung 12:   Durch Borkenkäferbefall verursachte Schadholzmengen in Festmeter je Hektar, 2007 (Veränderung 1991-2007)

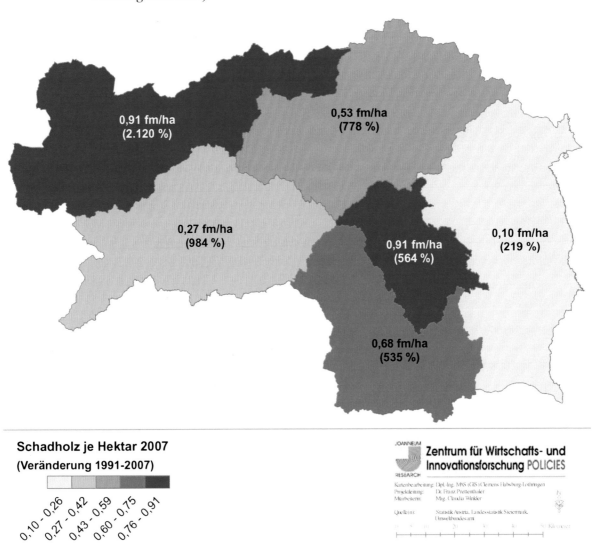

0,91 fm/ha
(2.120 %)

0,53 fm/ha
(778 %)

0,27 fm/ha
(984 %)

0,91 fm/ha
(564 %)

0,10 fm/ha
(219 %)

0,68 fm/ha
(535 %)

Schadholz je Hektar 2007
(Veränderung 1991-2007)

0,10 - 0,26
0,27 - 0,42
0,43 - 0,59
0,60 - 0,75
0,76 - 0,91

JOANNEUM
RESEARCH
Zentrum für Wirtschafts- und
Innovationsforschung POLICIES

Kartenbearbeitung: Dipl.-Ing. MAS (GIS) Clemens Habsburg-Lothringen
Projektleitung: Dr. Franz Prettenthaler
Mitarbeiterin: Mag. Claudia Winkler

Quelle(n):   Statistik Austria, Landesstatistik Steiermark,
                     Umweltbundesamt

Quelle: Eigene Darstellung, Daten: Fachabteilung Forstwesen (Forstdirektion) der Steiermärkischen Landesregierung

Beim Thema der bereits angesprochenen abiotischen Schäden spielten neben Schäden durch Schneebruch in den letzten Jahren vor allem Sturmschäden eine große Rolle. 2008 fielen in der Steiermark beispielsweise insgesamt ca. 5 Millionen Festmeter Schadholz durch Windwurf und Windbruch an, was etwa der Jahreseinschlagsmenge in der Steiermark entspricht. Der Großteil des Gesamtschadens entfiel mit ca. 4 Millionen Festmetern Schadholz auf den Orkan „Paula", der Ende Jänner 2008 in der Steiermark wütete. Hauptsächlich betroffen waren dabei die Bezirke Graz, West- und Südsteiermark, Östliche Obersteiermark, Westliche Obersteiermark und Oststeiermark. Der Sturm „Emma" verursachte im März 2008 einen weiteren Schadholzanfall von ca. 150.000 Festmetern, wobei nennenswerte Schadholzmengen nur aus dem Bezirk Liezen gemeldet wurden. Weitere Schadholzmengen fielen bei diversen Sommer- und Winterstürmen vorwiegend in den Sturmschadensgebieten an. Abbildung 13 zeigt die im Jahr 2008 betroffenen steirischen Sturmschadensflächen. Der finanzielle Schaden wird auf ca. 150 Millionen Euro geschätzt. Insgesamt war eine Schadensfläche von ca. 14.000 Hektar betroffen. (FAFW, 2008)

Abbildung 13:   Sturmschadensflächen in der Steiermark, 2008

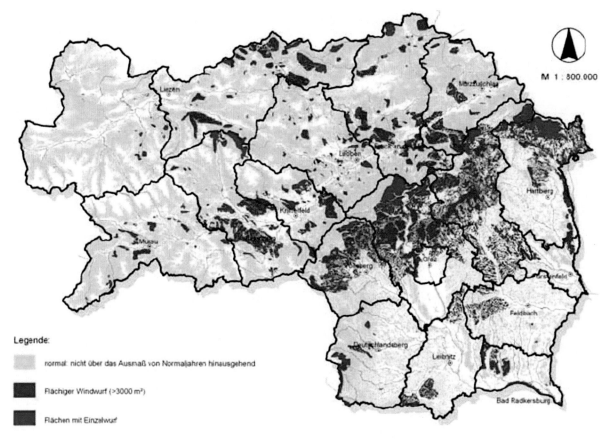

Legende:

░░ normal: nicht über das Ausmaß von Normaljahren hinausgehend

▓▓ Flächiger Windwurf (>3000 m²)

▓▓ Flächen mit Einzelwurf

Quelle: FAFW (2008)

2009 fiel der Schadholzanfall mit ca. 250.000 Festmetern wieder deutlich geringer aus. Am stärksten betroffen waren im vergangenen Jahr die Bezirke Leoben (ca. 43.000 fm), Mürzzuschlag (ca. 32.000 fm), Stainach (ca. 24.000 fm), Liezen und Deutschlandsberg (je ca. 20.000 fm), d.h. zu den Schadensgebieten zählten vor allem die NUTS 3-Regionen Liezen, die Östliche Obersteiermark sowie die West- und Südsteiermark. Der Schaden fiel etwa zu je einem Drittel einzeln, in Nestern und flächig an. Besonders die Einzelwürfe bergen dabei die Gefahr, Ausgangspunkte für spätere Borkenkäfernester zu sein. Durch Schneebruch fielen steiermarkweit ca. 85.000 Festmeter Schadholz an. Hierbei war die Westliche Obersteiermark am stärksten betroffen. (FAFW, 2009)

4.1.3   Vulnerabilitätsanalyse und Gesamtrisikoeinschätzung

Quantitative Analyse

Landwirtschaft

Die Risikobewertung der Schäden in der steirischen Landwirtschaft[5] wird auf Basis von Daten der Steiermärkischen Landesregierung, Fachabteilung 10A – Agrarrecht und ländliche Entwicklung, die den Zeitraum von 1989 bis 2009 umfassen und auf Jahresbasis vorliegen, für die Regionen Graz, Liezen, Östliche Obersteiermark, Oststeiermark, West- und Südsteiermark und Westliche Obersteiermark durchgeführt. Diese Daten beziehen sich auf Schäden an Ernte, Flur und/oder Vieh, wobei als Schadensursache vor allem Hochwasser genannt wird.

---

[5] i.e. Schäden an Ernte, Flur und/oder Vieh

Der zwischen 1989 und 2009 angefallene Gesamtschaden verteilt sich mit den in Tabelle 5 dargestellten Anteilen auf die einzelnen steirischen NUTS 3-Regionen. Ein Großteil des Gesamtschadens entfiel demnach auf die Oststeiermark sowie die West- und Südsteiermark.

Tabelle 5:   Anteile am Gesamtschaden an Ernte, Flur und/oder Vieh der einzelnen NUTS 3-Regionen, 1989-2009

NUTS 3-Region	Anteil
Graz	7%
Liezen	10%
Östliche Obersteiermark	9%
Oststeiermark	37%
West- und Südsteiermark	27%
Westliche Obersteiermark	11%

Quelle: Eigene Berechnung, Daten: Land Steiermark – Fachabteilung Agrarrecht und ländliche Entwicklung

Im Folgenden wird anhand der zwischen 1989 und 2009 jährlich verzeichneten Schäden an Ernte, Flur und/oder Vieh eine Risikobewertung durchgeführt. Tabelle 6 zeigt für jede Region den Mittelwert, Median, VaR (95 %) und zentrierten VaR (95 %) der absoluten Schadensdaten in Euro pro Jahr. Der Vergleich zwischen Mittelwert und Median gibt Aufschluss darüber, ob der verwendete Datensatz Ausreißer (d.h. in Einzelfällen außergewöhnlich hohe bzw. niedrige Werte) enthält, die den Mittelwert verzerren könnten. Der jährliche VaR (95 %) gibt jenen Schaden an, der mit 95 %-iger Wahrscheinlichkeit innerhalb eines Jahres nicht überschritten wird, während der jährliche zentrierte VaR (95 %) jenen über den mittleren Schaden hinausgehenden Verlust beziffert, der mit 95 %-iger Wahrscheinlichkeit innerhalb eines Jahres nicht überschritten wird.

Tabelle 6:   Ergebnisse der Risikoeinschätzung hinsichtlich Schäden in der Landwirtschaft (Angaben in €/Jahr)

Region	Mittelwert	Median	VaR(95%)	VaR-MW[6]
Graz	191.118	80.733	918.000	727.000
Liezen	278.620	141.149	686.000	408.000
Östliche Obersteiermark	264.384	185.320	756.000	491.000
Oststeiermark	1.075.411	426.420	4.693.000	3.618.000
West- und Südsteiermark	775.281	502.143	2.094.000	1.318.000
Westliche Obersteiermark	313.014	224.269	802.000	489.000

Anmerkung: Rundungsdifferenzen nicht ausgeglichen

Quelle: Eigene Berechnung, Daten: Land Steiermark – Fachabteilung Agrarrecht und ländliche Entwicklung

---

[6] „VaR-MW" steht für den zentrierten VaR (95 %), also Value-at-Risk (95 %) abzüglich Mittelwert.

Wie der vierten Spalte in Tabelle 6 entnommen werden kann, stellen die Oststeiermark sowie die West- und Südsteiermark jene steirischen NUTS 3-Regionen dar, die gemäß den (nicht normalisierten) historischen Schadensdaten das höchste Risiko für Schäden in der Landwirtschaft aufweisen. Für eine bessere Vergleichbarkeit des Risikoausmaßes in den einzelnen Regionen wird die Risikobewertung in weiterer Folge zusätzlich auch anhand normalisierter Schadensdaten – d.h. anhand der Schäden in Euro pro Hektar landwirtschaftlicher Fläche – vorgenommen. Zunächst veranschaulicht Tabelle 7 aber die Ergebnisse der Risikobewertung für die gesamte Steiermark. Der mittlere Schaden liegt steiermarkweit bei 2,9 Mio. €/Jahr, der jährliche VaR (95 %) bei etwa 8,57 Mio. €. Für den jährlichen zentrierten VaR (95 %) ergibt sich somit ein Wert von rund 5,67 Mio. €, d.h. mit einer Wahrscheinlichkeit von 95 % übersteigt der innerhalb eines Jahres erwachsende Schaden an Ernte, Flur und/oder Vieh den durchschnittlichen jährlichen Schaden von 2,9 Mio. € um nicht mehr als 5,67 Mio. €. Oder anders ausgedrückt: einmal in 20 Jahren ist mit einem Schadensausmaß an Ernte, Flur und/oder Vieh zu rechnen, das den durchschnittlichen Schaden um mehr als 5,67 Mio. € übersteigt.

Tabelle 7: *Ergebnisse der Risikoeinschätzung hinsichtlich Schäden in der Landwirtschaft für die gesamte Steiermark (Angaben in €/Jahr)*

Region	Mittelwert	Median	VaR(95%)	VaR-MW
Steiermark	2.897.828	1.673.001	8.570.000	5.670.000

Anmerkung: Rundungsdifferenzen nicht ausgeglichen

Quelle: Eigene Berechnung, Daten: Land Steiermark – Fachabteilung Agrarrecht und ländliche Entwicklung

Wie bereits erwähnt, werden im Folgenden zur besseren Vergleichbarkeit der einzelnen steirischen NUTS 3-Regionen normalisierte Schadensdaten – also landwirtschaftliche Schäden in Euro pro Hektar landwirtschaftlicher Fläche – betrachtet. Für jede Region werden Mittelwert, Median sowie VaR (95 %) des normalisierten Schadens an Ernte, Flur und/oder Vieh ausgewertet.

Region Graz:

Der mittlere Schaden in der Region Graz liegt bei 5,1 €/ha/Jahr, während sich der Median auf einen Schaden von 2,2 €/ha/Jahr beläuft. Diese Abweichung des Medians vom Mittelwert deutet auf Ausreißer hin, die tatsächlich zu Beginn der Zeitreihe (in den Jahren 1989 und 1991) beobachtet werden können. Der jährliche VaR (95 %) liegt für die betrachtete Region bei etwa 24,5 €/ha. Gemäß den historischen Schadensdaten wird demnach innerhalb eines Jahres mit einer Wahrscheinlichkeit von 95 % ein Schadensausmaß von 24,5 € pro Hektar landwirtschaftlicher Fläche in der Region Graz nicht überschritten. Oder anders ausgedrückt: statistisch gesehen kommt es in der Region Graz einmal in 20 Jahren zu Schäden an Ernte, Flur und/oder Vieh, die das Ausmaß von 24,5 €/ha überschreiten.

Region Liezen:

Der mittlere Schaden liegt für die Region Liezen bei 7,9 €/ha/Jahr, der Median hingegen weist einen Schaden von 4 €/ha/Jahr aus. Dieser doch große Unterschied deutet wiederum auf Ausreißer hin. In diesem Fall kann ein sehr großer Ausreißer im Jahr 2002 beobachtet werden. Der jährliche VaR (95 %) liegt für die Region Liezen bei etwa 19,4 €/ha.

Region Östliche Obersteiermark:

Für die Region Östliche Obersteiermark beläuft sich der mittlere Schaden auf 7,5 €/ha/Jahr, während der Median bei einem Schaden von 5,3 €/ha/Jahr liegt. Ausreißer sind im Jahr 1989 und im Jahr 1998 zu beobachten. Der jährliche VaR (95 %) beträgt rund 21,5 €/ha.

Region Oststeiermark:

Die Region Oststeiermark weist einen mittleren Schaden von 7,1 €/ha/Jahr auf. Der Median beläuft sich auf einen Schaden von 2,8 €/ha/Jahr. Die Differenz zwischen Mittelwert und Median ist in dieser Region wieder groß und deutet abermals auf Ausreißer hin, die den Mittelwert verzerren. Diese Ausreißer sind vor allem in den Jahren 1991 und 2009 zu beobachten. Der jährliche VaR (95 %) liegt für die Region Oststeiermark bei etwa 31 €/ha.

Region West- und Südsteiermark:

Für die Region West- und Südsteiermark beträgt der mittlere Schaden 10,1 €/ha/Jahr, während der Median bei einem Schaden von 6,5 €/ha/Jahr liegt. Wie im Falle der Oststeiermark kann auch für diese Region ein großer Ausreißer im Jahr 1991 beobachtet werden. Der jährliche VaR (95 %) beläuft sich auf rund 27,2 €/ha/Jahr.

Region Westliche Obersteiermark:

Die Westliche Obersteiermark weist einen mittleren Schaden von 5,6 €/ha/Jahr auf. Der Median beläuft sich auf einen Schaden von 4 €/ha/Jahr. Zu Beginn der Zeitreihe ist ein Ausreißer zu beobachten, der im Vergleich zu anderen Ausreißern (zum Beispiel in der Region Liezen) allerdings niedrig ist. Der jährliche VaR (95 %) liegt für die Westliche Obersteiermark bei etwa 14,3 €/ha.

Die Ergebnisse der Risikobewertung auf Basis normalisierter Schadensdaten sind in Tabelle 8 nochmals zusammengefasst. Zusätzlich ist in der letzten Spalte auch der zentrierte VaR (95 %), also die Differenz zwischen VaR (95 %) und Mittelwert, ausgewiesen.

Tabelle 8:   *Ergebnisse der Risikoeinschätzung hinsichtlich Schäden in der Landwirtschaft (Angaben in*
            €/ha/Jahr)

Region	Mittelwert	Median	VaR(95%)	VaR-MW
Graz	5,1	2,2	24,5	19,4
Liezen	7,9	4,0	19,4	11,5
Östliche Obersteiermark	7,5	5,3	21,5	14,0
Oststeiermark	7,1	2,8	31,0	23,9
West- und Südsteiermark	10,1	6,5	27,2	17,1
Westliche Obersteiermark	5,6	4,0	14,3	8,7

Anmerkung: Rundungsdifferenzen nicht ausgeglichen

Quelle: Eigene Berechnung, Daten: Land Steiermark – Fachabteilung Agrarrecht und ländliche Entwicklung

Gemessen am zentrierten VaR (95 %) handelt es sich bei der Oststeiermark um jene Region, die das verhältnismäßig größte Risiko hinsichtlich Schäden an Ernte, Flur und/oder Vieh aufweist. Im Unterschied zur Risikobewertung mit nicht-normierten Schadensdaten (siehe Tabelle 6) folgt Graz noch vor der West- und Südsteiermark. Dass ein Großteil der landwirtschaftlichen Schäden in den beiden Regionen Oststeiermark und West- und Südsteiermark angefallen ist, konnte bereits in Tabelle 5 festgestellt werden. Die Region Graz zeigt einen im Vergleich zum mittleren Schaden sehr hohen VaR (95 %) und kann daher auch als relativ risikobehaftet bezeichnet werden (siehe wiederum Spalte vier in Tabelle 8). Die Westliche Obersteiermark ist dieser Analyse zufolge die derzeit am wenigsten risikobehaftete Region.

Der größte Schadenswert wurde im Jahr 2002 in Liezen (59,5 €/ha) realisiert, obwohl die Region gleichzeitig einen relativ niedrigen VaR (95 %) aufweist. Das kann darauf zurückgeführt werden, dass der Value-at-Risk per Definition besagt, dass 95 % der Schadensrealisierungen unter dem ausgewiesenen Wert liegen werden, allerdings keine Aussagen darüber trifft, um welche Höhe dieser Wert in den übrigen 5 % der Fälle überschritten wird.

Tabelle 9 zeigt die Ergebnisse der Risikobewertung für die gesamte Steiermark. Der mittlere Schaden liegt steiermarkweit bei 43,2 €/ha/Jahr, der jährliche VaR (95 %) bei etwa 120 €/ha. Für den jährlichen zentrierten VaR (95 %) ergibt sich somit ein Wert von rund 76 €/ha.

Tabelle 9: *Ergebnisse der Risikoeinschätzung hinsichtlich Schäden in der Landwirtschaft für die gesamte Steiermark (Angaben in €/ha/Jahr)*

Region	Mittelwert	VaR(95%)	VaR-MW
Steiermark	43,2	120	76

Anmerkung: Rundungsdifferenzen nicht ausgeglichen

Quelle: Eigene Berechnung, Daten: Land Steiermark – Fachabteilung Agrarrecht und ländliche Entwicklung

Der **Grad der Unsicherheit der Risikobewertung** hinsichtlich Schäden an Ernte, Flur und/oder Vieh ist, insbesondere auch im Vergleich zu den anderen im Rahmen dieses Impulsprojekts durchgeführten quantitativen Bewertungen, als **gering** einzustufen (siehe auch Tabelle 2). Mit einem Beobachtungszeitraum von 21 Jahren ist die zur Verfügung stehende Zeitreihe vergleichsweise lang. Zum niedrigen Grad der Unsicherheit trägt zusätzlich bei, dass keine Sprünge oder andere Unregelmäßigkeiten in den Daten zu beobachten sind. Außerdem liegen die Daten auf NUTS 3-Ebene vor, weshalb Mittelwerte bzw. Quantile für die einzelnen Regionen direkt berechnet bzw. geschätzt werden konnten.

Forstwirtschaft – biotische Schäden (Borkenkäferbefall)

Neben der Analyse der Schäden in der Landwirtschaft wird auch eine Risikobewertung der durch Borkenkäferbefall entstandenen Schäden in der steirischen Forstwirtschaft durchgeführt. Die Verteilung des innerhalb der Betrachtungsperiode (1991-2007) angefallenen Gesamtschadens auf die steirischen NUTS 3-Regionen, gemessen in Festmeter Schadholzmenge, ist in Tabelle 10 angeführt.

Tabelle 10: *Anteile der einzelnen NUTS 3-Regionen am Gesamtschaden in der Forstwirtschaft durch Borkenkäferbefall (1991-2007)*

NUTS 3-Region	Anteil
Graz	12 %
Liezen	20 %
Östliche Obersteiermark	25 %
Oststeiermark	11 %
West- und Südsteiermark	23 %
Westliche Obersteiermark	9 %

Quelle: Eigene Berechnung, Daten: Fachabteilung Forstwesen (Forstdirektion) der Steiermärkischen Landesregierung

Im Folgenden wird der durch Borkenkäferbefall entstandene Verlust betrachtet. Dieser ergibt sich aus der angefallenen Schadholzmenge, bewertet mit dem Verlust je Festmeter Holz. Für diesen Verlust werden in den weiteren Berechnungen des mittleren Schadens, des VaR (95 %) etc. in Anlehnung an eine diesbezügliche Auskunft der Fachabteilung Forstwesen (Forstdirektion) der Steiermärkischen Landesregierung 30 € je betroffenem Festmeter Holz angenommen. Es sei an dieser Stelle erwähnt, dass in vielen Fällen (auch bei abiotischen Einflüssen wie Windwurf und Schneebruch) nicht der gesamte betroffene Baum als Schadholz (so genanntes Schleifholz) anfällt, sodass der nicht betroffene Teil des Holzes (so genanntes Blochholz) weiterhin zum üblichen Marktpreis verkauft werden kann. Für eine nähere Betrachtung wären allerdings historische Daten zum Verhältnis des verbleibenden Blochholzes zum Schleifholz in Schadensfällen nötig. Da diese nicht vorliegen, ist von einer leichten Überbewertung des Schadens auszugehen. Andererseits kann aufgrund der limitierten Datenlage weder den eventuell höheren Erntekosten, die speziell bei Windwurf entstehen und je nach Gelände unterschiedlich hoch ausfallen, noch den Marktpreisschwankungen für Holz, das bei einem Mehrangebot im Schadensfall zu günstigeren Preisen abgegeben werden muss, in vollem Umfang Rechnung getragen werden. Diese Effekte dämpfen eine allfällige Überbewertung, weil sie den Schaden weiter erhöhen. Zudem verbleibt im Schadensfall mehr Holz im Wald zurück, als es bei einem geplanten Baumschlagen der Fall wäre, was sich ebenfalls auf die gesamten finanziellen Einbußen seitens der WaldbesitzerInnen zusätzlich negativ auswirkt. Im Falle des Borkenkäferbefalls sei auch darauf hingewiesen, dass vor allem Fichtenbestände von Borkenkäfern betroffen sind, wobei Fichtenholz einen unterschiedlichen Schleifholzpreis erzielt als Laubhölzer. Es ist weiters zu beachten, das die im Folgenden untersuchen Schäden je nach Jahreszeit eine unterschiedliche Auswirkung auf den Ernteentfall haben: Kommt es in der Hauptwachstumssaison (Mai bis Juli) zu biotischen oder abiotischen Schäden, zu Wassermangel in Folge höherer Durchschnittstemperaturen etc., haben diese Einflüsse höhere negative Auswirkungen auf die forstwirtschaftliche Ertragslage.

Region Graz:

Der durch Borkenkäferbefall entstandene Verlust beträgt im Mittel 1.072.500 €/Jahr, der Median beläuft sich auf einen Verlust von 654.000 €/Jahr. Der jährliche VaR (95 %) liegt bei etwa 2,2 Mio. €. Gemäß den historischen Schadensdaten kommt es demnach mit einer Wahrscheinlichkeit von 95 % innerhalb eines Jahres zu keinen durch Borkenkäferbefall verursachten Verlusten, die ein Ausmaß von 2,2 Mio. € übersteigen, bzw. zu keinen durch Borkenkäferbefall verursachten Verlusten, die den mittleren Verlust um mehr als 1,14 Mio. € übersteigen.

Region Liezen:

Der durch Borkenkäferbefall entstandene Verlust liegt hier im Mittel bei 1.753.564 €/Jahr, der Median beläuft sich auf einen Verlust von 686.100 €/Jahr. Die große Differenz zwischen Mittelwert und Median deutet auf Ausreißer in der Datenreihe hin. Tatsächlich hat sich der Schaden in den Jahren 2004 bis 2007 gegenüber dem langjährigen Durchschnitt stark erhöht. Der jährliche VaR (95 %) liegt in der Region Liezen bei rund 5 Mio. €, der jährliche zentrierte VaR (95 %) bei etwa 3,3 Mio. €.

Region Östliche Obersteiermark:

In der Östlichen Obersteiermark beträgt der entstandene Verlust im Mittel 2.183.271 €/Jahr, während sich der Median auf einen Verlust von 1.254.000 €/Jahr beläuft. Auch für diese Region kann in den Jahren 2004 bis 2007 eine deutliche Erhöhung des Verlustes an hochwertigem Holz durch Borkenkäferbefall festgestellt werden. Der jährliche VaR (95 %) und der jährliche zentrierte VaR (95 %) liegen bei etwa 5,5 Mio. € bzw. 3,3 Mio. €.

Region Oststeiermark:

Der durch Borkenkäferbefall entstandene Verlust beträgt im Mittel 931.553 €/Jahr, der Median beläuft sich auf einen Verlust von 902.400 €/Jahr. Der jährliche VaR (95 %) und der jährliche zentrierte VaR (95 %) betragen rund 1,9 Mio. € bzw. 1 Mio. €.

Region West- und Südsteiermark:

In der West- und Südsteiermark fallen im Mittel Verluste in der Höhe von 1.989.336 €/Jahr durch Borkenkäferbefall an. Der Median weist einen Verlust von 2.135.400 €/Jahr aus. Der jährliche VaR (95 %) beträgt etwa 3,2 Mio. €. Demzufolge liegt der innerhalb eines Jahres durch Borkenkäferbefall entstandene Verlust mit einer Wahrscheinlichkeit von 95 % nicht mehr als 1,2 Mio. € über dem durchschnittlichen jährlichen Schaden.

Region Westliche Obersteiermark:

Der entstandene Verlust beträgt im Mittel 798.844 €/Jahr, der Median beläuft sich auf einen Verlust von 526.500 €/Jahr. Der jährliche VaR (95 %) liegt bei rund 1,85 Mio. €, während sich der jährliche zentrierte VaR (95 %) auf etwa 1,05 Mio. € beläuft.

Tabelle 11 fasst die Ergebnisse für den forstwirtschaftlichen Sektor nochmals zusammen.

Tabelle 11: *Ergebnisse der Risikoeinschätzung hinsichtlich Schäden durch Borkenkäferbefall in der Forstwirtschaft (Angaben in €/Jahr)*

Region	Mittelwert	Median	VaR(95%)	VaR-MW
Graz	1.072.500	654.000	2.220.000	1.148.000
Liezen	1.753.564	686.100	5.067.000	3.313.000
Östliche Obersteiermark	2.183.271	1.254.000	5.478.000	3.295.000
Oststeiermark	931.553	902.400	1.939.500	1.008.000
West- und Südsteiermark	1.989.336	2.135.400	3.204.000	1.215.000
Westliche Obersteiermark	798.844	526.500	1.853.000	1.054.000

Anmerkung: Rundungsdifferenzen nicht ausgeglichen

Quelle: Eigene Berechnung, Daten: Fachabteilung Forstwesen (Forstdirektion) der Steiermärkischen Landesregierung, BMLFUW (2010)

Die Regionen mit dem höchsten VaR (95 %) bzw. zentrierten VaR (95 %) und im Zuge dessen mit der höchsten Vulnerabilität gegenüber Borkenkäferbefall sind Liezen und die Östliche Obersteiermark. Die Region West- und Südsteiermark weist zwar auch einen relativ hohen VaR (95 %) aus, gleichzeitig aber auch einen sehr hohen mittleren Verlust. Dies bedeutet, dass der VaR (95 %) im Vergleich zum Mittelwert in dieser Region nicht ausnehmend hoch ist, was in der letzten Spalte von Tabelle 11 veranschaulicht wird.

Tabelle 12 zeigt die Ergebnisse der Risikobewertung für die gesamte Steiermark. Der mittlere Schaden liegt steiermarkweit bei 8.729.066 €/Jahr, der jährliche VaR (95 %) bei etwa 16 Mio. €. Für den jährlichen zentrierten VaR (95 %) ergibt sich somit ein Wert von rund 8,45 Mio. €.

Tabelle 12:   *Ergebnisse der Risikoeinschätzung hinsichtlich Schäden durch Borkenkäferbefall in der Forstwirtschaft für die gesamte Steiermark (Angaben in €/Jahr)*

Region	Mittelwert	VaR(95%)	VaR-MW
Steiermark	8.729.066	16.041.000	8.449.000

Anmerkung: Rundungsdifferenzen nicht ausgeglichen

Quelle: Eigene Berechnung, Daten: Fachabteilung Forstwesen (Forstdirektion) der Steiermärkischen Landesregierung, BMLFUW (2010)

Um im Rahmen der Risikoanalyse auch die Bedeutung der Forstwirtschaft in der jeweiligen NUTS 3-Region zu berücksichtigten und damit eine bessere Vergleichbarkeit der einzelnen Regionen zu gewährleisten, wird die Risikoeinschätzung nochmals anhand des entstandenen Verlusts je Hektar Waldfläche durchgeführt. Die Ergebnisse sind in Tabelle 13 dargestellt.

Tabelle 13:   *Ergebnisse der Risikoeinschätzung hinsichtlich Schäden durch Borkenkäferbefall in der Forstwirtschaft (Angaben in €/ha/Jahr)*

Region	Mittelwert	Median	VaR(95%)	VaR-MW
Graz	16,4	10,0	34,0	17,6
Liezen	9,9	3,9	28,6	18,7
Östliche Obersteiermark	9,0	5,2	22,5	13,5
Oststeiermark	6,4	6,2	13,3	6,9
West- und Südsteiermark	16,7	17,9	26,8	10,2
Westliche Obersteiermark	4,3	2,8	10,0	5,7

Anmerkung: Rundungsdifferenzen nicht ausgeglichen

Quelle: Eigene Berechnung, Daten: Fachabteilung Forstwesen (Forstdirektion) der Steiermärkischen Landesregierung, BMLFUW (2010)

Wird die Risikobewertung anhand der normalisierten Schadensdaten vorgenommen, stellen Liezen und Graz die Regionen mit dem höchsten zentrierten VaR (95 %) dar. Zwar hat die Region Graz bei Betrachtung der absoluten Werte einen vergleichsweise geringen zentrierten VaR (95 %), gemessen an der forstwirtschaftlichen Fläche weist die Region allerdings einen sehr hohen Wert auf. Während für die Region Östliche Obersteiermark hinsichtlich der absoluten Werte ein vergleichsweise hoher zentrierter VaR (95 %) verzeichnet wird, ist dieser gemessen an der forstwirtschaftlichen Fläche vergleichsweise relativ gering.

Tabelle 14 zeigt die Ergebnisse der Risikobewertung für die gesamte Steiermark. Der mittlere Schaden liegt steiermarkweit bei 62,6 €/ha/Jahr, der jährliche VaR (95 %) bei etwa 119 €/ha. Für den jährlichen zentrierten VaR (95 %) ergibt sich somit ein Wert von rund 56,3 €/ha.

Tabelle 14:   *Ergebnisse der Risikoeinschätzung hinsichtlich Schäden durch Borkenkäferbefall in der Forstwirtschaft für die gesamte Steiermark (Angaben in €/ha/Jahr)*

Region	Mittelwert	VaR(95%)	VaR-MW
Steiermark	62,6	118,8	56,3

Anmerkung: Rundungsdifferenzen nicht ausgeglichen

Quelle: Eigene Berechnung, Daten: Fachabteilung Forstwesen (Forstdirektion) der Steiermärkischen Landesregierung, BMLFUW (2010)

Der **Grad der Unsicherheit der Risikobewertung** hinsichtlich Schäden durch Borkenkäferbefall in der Forstwirtschaft ist, insbesondere auch im Vergleich zu den anderen im Rahmen dieses Impulsprojekts durchgeführten quantitativen Bewertungen, als **eher gering** einzustufen (siehe auch Tabelle 2). Mit einem Beobachtungszeitraum von 17 Jahren ist die zur Verfügung stehende Zeitreihe vergleichsweise lang. Zum eher niedrigen Grad der Unsicherheit trägt zusätzlich bei, dass keine Sprünge oder andere Unregelmäßigkeiten in den Daten zu beobachten sind. Außerdem liegen die Daten auf NUTS 3-Ebene vor, weshalb Mittelwerte bzw. Quantile für die einzelnen Regionen direkt berechnet bzw. geschätzt werden konnten. Allerdings wird für die Berechnung des Risikos ein pauschaler Schadenswert je Festmeter Holz angenommen, wodurch die Unsicherheit der Schätzung erhöht wird.

Forstwirtschaft – abiotische Schäden (Windwurf):

Für die Risikobewertung der durch Windwurf verursachten Schäden in der steirischen Forstwirtschaft liegen Daten der Steiermärkischen Landesregierung, Fachabteilung 10C – Forstwesen, über die zwischen 2002 und 2010 pro Jahr angefallene Schadholzmenge (gemessen in Festmetern) vor. Die monetäre Bewertung der Schadholzmenge erfolgt, wie schon im Falle der Schäden durch Borkenkäferbefall, durch einen pauschalen Schadensbetrag von 30 € je Festmeter Schadholz.

Bei Stürmen ist die Wahrscheinlichkeit, dass hohe Schäden auftreten, im Vergleich zu anderen Wetterereignissen relativ groß. Daher zählen Stürme zu Zufallsereignissen mit einer so genannten „heavy-tailed"-Verteilung[7]. Um eine adäquate Schätzung einer „heavy-tailed"-Verteilung (bzw. eines Quantils) durchführen zu können, wird eine längere Zeitreihe als die hier vorhandene (neun Jahre) benötigt. Das liegt daran, dass bei „heavy-tailed"-Verteilungen der Rand (siehe $\overline{F}$ in Fußnote 7) einen besonders großen Einfluss hat. Will man zum Beispiel ein Quantil schätzen, so werden für das 95 %-Quantil (rechter Rand) die oberen 5 % der Daten herangezogen. Das bedeutet bei einer kurzen Zeitreihe allerdings, dass kaum Datenpunkte für die Schätzung zur Verfügung stehen. Daher kann die Schätzung des VaR (95 %) (i.e. 95 %-Quantil) nur als eine grobe Schätzung herangezogen werden und die Werte sind mit äußerster Vorsicht zu betrachten.

---

[7] Man spricht von einer „heavy-tailed"-Verteilung bzw. eine Zufallsvariable X hat „fat tails" oder ist „heavy-tailed", wenn

$$\lim_{x \to \infty} \frac{\overline{F}(x)}{e^{-\lambda x}} = \infty,$$

wobei $\overline{F}(x) = 1 - F(x)$ den rechten Rand der Verteilungsfunktion beschreibt. Eine Zufallsvariable X, für die gilt, dass für $k \in \mathbf{N}$. $E[X^k] = \infty$ wird oft auch „heavy-tailed" genannt. Zum Beispiel gilt für die Student's t Verteilung mit p Freiheitsgraden, dass die ersten $p-1$ Momente existieren, allerdings das p-te Moment ($E[X^p] = \infty$) nicht mehr existiert. (Dragoti-Çela, o. J.)

Die Ergebnisse der durchgeführten Risikobewertung sind in Tabelle 15 dargestellt. Gemessen am jährlichen zentrierten VaR (95 %), der auf den nicht normalisierten historischen Schadensdaten basiert, weisen demnach Graz, die West- und Südsteiermark sowie Liezen die höchste Vulnerabilität gegenüber forstwirtschaftlichen Schäden durch Windwurf auf.

Tabelle 15:   *Ergebnisse der Risikoeinschätzung hinsichtlich Schäden durch Windwurf (Angaben in €/Jahr)*

Region	Mittelwert	Median	VaR(95%)	VaR-MW
Graz	5.468.490	570.000	26.900.000	21.400.000
Liezen	6.567.510	1.300.500	24.900.000	18.400.000
Östliche Obersteiermark	6.416.280	2.665.500	20.100.000	13.500.000
Oststeiermark	2.388.030	456.600	10.800.000	8.600.000
West- und Südsteiermark	5.995.380	1.200.000	26.600.000	20.800.000
Westliche Obersteiermark	5.960.130	1.881.000	21.100.000	15.300.000

Anmerkung: Rundungsdifferenzen nicht ausgeglichen

Quelle: Eigene Berechnung, Daten: Fachabteilung Forstwesen (Forstdirektion) der Steiermärkischen Landesregierung

Tabelle 16 zeigt die Ergebnisse der Risikobewertung für die gesamte Steiermark. Der mittlere Schaden liegt für die gesamte Steiermark bei 32.795.790 €/Jahr, der jährliche VaR (95 %) bei etwa 114,7 Mio. €. Demnach ergibt sich für den jährlichen zentrierten VaR (95 %) ein Wert von rund 82 Mio. €.

Tabelle 16:   *Ergebnisse der Risikoeinschätzung hinsichtlich Schäden durch Windwurf in der Forstwirtschaft für die gesamte Steiermark (Angaben in €/Jahr)*

Region	Mittelwert	Median	VaR(95%)	VaR-MW
Steiermark	32.795.790	10.224.490	114.700.000	82.000.000

Anmerkung: Rundungsdifferenzen nicht ausgeglichen

Quelle: Eigene Berechnung, Daten: Fachabteilung Forstwesen (Forstdirektion) der Steiermärkischen Landesregierung

In Hinblick auf eine bessere Vergleichbarkeit der einzelnen steirischen NUTS 3-Regionen wird die Risikobewertung zusätzlich auch für die normalisierten Schadensdaten, d.h. die Schäden durch Windwurf je Hektar Waldfläche, durchgeführt. Tabelle 17 bietet einen Überblick über die Ergebnisse. Demnach handelt es sich auch gemäß den normalisierten Schadensdaten bei Graz, der West- und Südsteiermark und Liezen um die Regionen mit der höchsten Vulnerabilität.

Tabelle 17: Ergebnisse der Risikoeinschätzung hinsichtlich Schäden durch Windwurf (Angaben in €/ha/Jahr)

Region	Mittelwert	Median	VaR(95%)	VaR-MW
Graz	83,7	8,7	412,0	328,8
Liezen	36,9	7,2	140,8	103,5
Östliche Obersteiermark	26,4	11,1	82,7	56,3
Oststeiermark	16,2	3,0	74,1	57,6
West- und Südsteiermark	50,1	9,9	222,9	172,7
Westliche Obersteiermark	32,1	10,2	113,3	81,4

Anmerkung: Rundungsdifferenzen nicht ausgeglichen

Quelle: Eigene Berechnung, Daten: Fachabteilung Forstwesen (Forstdirektion) der Steiermärkischen Landesregierung

Tabelle 18 zeigt das Ergebnis der Risikobewertung mittels normalisierter Daten für die Steiermark. Der mittlere Schaden liegt steiermarkweit bei 245,7 €/ha/Jahr, der jährliche VaR (95 %) bei etwa 942,9 €/ha. Somit ergibt sich ein jährlicher zentrierter VaR (95 %) von 698 €/ha.

Tabelle 18: Ergebnisse der Risikoeinschätzung hinsichtlich Schäden durch Windwurf in der Forstwirtschaft für die gesamte Steiermark (Angaben in €/ha/Jahr)

Region	Mittelwert	Median	VaR(95%)	VaR-MW
Steiermark	245,7	68,7	942,9	698,0

Anmerkung: Rundungsdifferenzen nicht ausgeglichen

Quelle: Eigene Berechnung, Daten: Fachabteilung Forstwesen (Forstdirektion) der Steiermärkischen Landesregierung

Der **Grad der Unsicherheit der Risikobewertung** hinsichtlich Schäden durch Windwurf in der Forstwirtschaft ist, insbesondere auch im Vergleich zu den anderen im Rahmen dieses Impulsprojekts durchgeführten quantitativen Bewertungen, als **hoch** einzustufen (siehe auch Tabelle 2). Mit einem Beobachtungszeitraum von neun Jahren ist die zur Verfügung stehende Zeitreihe zur Schätzung eines 20-jährigen Ereignisses kurz. Hinzu kommt, dass im Jahr 2008 für die meisten Regionen wegen der Stürme Paula und Emma Ausreißer zu beobachten sind, wodurch die Werte verzerrt werden. Aufgrund dieser beiden Punkte und der heavy-tailed Verteilung von Stürmen bergen die Schätzungen ein hohes Maß an Unsicherheit. Zudem wird für die Berechnung des Risikos ein pauschaler Schadenswert je Festmeter Holz angenommen, wodurch die Unsicherheit der Schätzung erhöht wird.

Forstwirtschaft – abiotische Schäden (Schneebruch):

Für die Risikobewertung der durch Schneebruch verursachten Schäden in der steirischen Forstwirtschaft liegen Daten der Steiermärkischen Landesregierung, Fachabteilung 10C – Forstwesen, über die zwischen 2002 und 2010 pro Jahr angefallene Schadholzmenge (gemessen in Festmetern) vor. Die monetäre Bewertung der

Schadholzmenge erfolgt, wie schon im Falle der Schäden durch Borkenkäferbefall und Windwurf, durch einen pauschalen Schadensbetrag von 30 € je Festmeter Schadholz.

Tabelle 19 zeigt den mittleren Schaden, den Median, den VaR (95 %) sowie den zentrierten VaR (95 %) der jährlichen Schäden aufgrund von Schneebruch für die steirischen NUTS 3-Regionen. Gemessen am jährlichen zentrierten VaR (95 %) und basierend auf den (nicht normalisierten) historischen Schadensdaten weisen die Östliche Obersteiermark, die West- und Südsteiermark sowie die Westliche Obersteiermark die höchste Vulnerabilität gegenüber forstwirtschaftlichen Schäden durch Schneebruch auf.

Tabelle 19:   *Ergebnisse der Risikoeinschätzung hinsichtlich Schäden durch Schneebruch (Angaben in €/Jahr)*

Region	Mittelwert	Median	VaR(95%)	VaR-MW
Graz	108.833	55.500	293.000	184.000
Liezen	442.500	195.000	1.641.000	1.199.000
Östliche Obersteiermark	2.518.233	339.000	11.139.000	8.620.000
Oststeiermark	183.833	96.000	490.000	306.000
West- und Südsteiermark	719.667	283.200	2.830.000	2.110.000
Westliche Obersteiermark	827.667	297.600	2.547.000	1.719.000

Anmerkung: Rundungsdifferenzen nicht ausgeglichen

Quelle: Eigene Berechnung, Daten: Fachabteilung Forstwesen (Forstdirektion) der Steiermärkischen Landesregierung

In Tabelle 20 sind die Ergebnisse der Risikobewertung hinsichtlich Schäden durch Schneebruch für die gesamte Steiermark dargestellt. Der mittlere Schaden liegt steiermarkweit bei 4,8 Mio. €/Jahr, der jährliche VaR (95 %) beträgt etwa 16,1 Mio. € und der jährliche zentrierte VaR (95 %) beläuft sich auf rund 11,3 Mio. €.

Tabelle 20:   *Ergebnisse der Risikoeinschätzung hinsichtlich Schäden durch Schneebruch in der Forstwirtschaft für die gesamte Steiermark (Angaben in €/Jahr)*

Region	Mittelwert	Median	VaR(95%)	VaR-MW
Steiermark	4.800.612	1.655.510	16.102.000	11.327.000

Anmerkung: Rundungsdifferenzen nicht ausgeglichen

Quelle: Eigene Berechnung, Daten: Fachabteilung Forstwesen (Forstdirektion) der Steiermärkischen Landesregierung

Für eine bessere Vergleichbarkeit der einzelnen NUTS3-Regionen wird die Risikobewertung zusätzlich auch wieder für die normalisierten Schadensdaten, d.h. den Schaden durch Schneebruch je Hektar Waldfläche, durchgeführt. Das Ergebnis ist in Tabelle 21 dargestellt. Wie im Falle der nicht normalisierten Schadensdaten weisen die Östliche Obersteiermark, die West- und Südsteiermark sowie die Westliche Obersteiermark die höchste Vulnerabilität auf.

Tabelle 21: Ergebnisse der Risikoeinschätzung hinsichtlich Schäden durch Schneebruch (Angaben in €/ha/Jahr)

Region	Mittelwert	Median	VaR(95%)	VaR-MW
Graz	1,7	0,9	4,5	2,8
Liezen	2,5	1,1	9,2	6,7
Östliche Obersteiermark	10,3	1,4	45,8	35,4
Oststeiermark	1,3	0,7	3,4	2,1
West- und Südsteiermark	6,0	2,4	23,7	17,7
Westliche Obersteiermark	4,4	1,6	13,7	9,2

Anmerkung: Rundungsdifferenzen nicht ausgeglichen

Quelle: Eigene Berechnung, Daten: Fachabteilung Forstwesen (Forstdirektion) der Steiermärkischen Landesregierung

Tabelle 22 zeigt das Ergebnis der Risikobewertung mittels normalisierter Daten für die Steiermark. Der mittlere Schaden liegt steiermarkweit bei 26,2 €/ha/Jahr, der jährliche VaR (95 %) bei 75,3 €/ha. Somit ergibt sich ein jährlicher zentrierter VaR (95 %) von 49 €/ha.

Tabelle 22: Ergebnisse der Risikoeinschätzung hinsichtlich Schäden durch Schneebruch in der Forstwirtschaft für die gesamte Steiermark (Angaben in €/ha/Jahr)

Region	Mittelwert	Median	VaR(95%)	VaR-MW
Steiermark	26,2	11,2	75,3	49,0

Anmerkung: Rundungsdifferenzen nicht ausgeglichen

Quelle: Eigene Berechnung, Daten: Fachabteilung Forstwesen (Forstdirektion) der Steiermärkischen Landesregierung

Der **Grad der Unsicherheit der Risikobewertung** hinsichtlich Schäden durch Schneebruch in der Forstwirtschaft ist, insbesondere auch im Vergleich zu den anderen im Rahmen dieses Impulsprojekts durchgeführten quantitativen Bewertungen, als **mittel** einzustufen (siehe auch Tabelle 2). Mit einem Beobachtungszeitraum von neun Jahren ist die zur Verfügung stehende Zeitreihe zur Schätzung eines 20-jährigen Ereignisses kurz. Hinzu kommt, dass in der Östlichen Obersteiermark ein Ausreißer zu beobachten ist, wodurch die Werte verzerrt werden (die Anzahl der Asureißer ist jedoch nicht so groß wie bei den Daten bzgl. Windwurf). Zudem wird für die Berechnung des Risikos ein pauschaler Schadenswert je Festmeter Holz angenommen, wodurch die Unsicherheit der Schätzung erhöht wird.

Qualitative Analyse

Hinsichtlich klimainduzierter Schäden gilt die Land- und Forstwirtschaft aufgrund ihrer Exponiertheit verglichen mit anderen Wirtschaftssektoren als durchaus verwundbar. Gefahren stellen dabei direkte Auswirkungen des Klimawandels dar, wie etwa Stürme, Hagel oder Hitzeperioden, sowie indirekte Gefahren, wie etwa vermehrter Schädlings- und Krankheitsbefall. Bezogen auf die heimische Landwirtschaft wirken sich erhöhte Temperaturen in Verbindung mit einer höheren CO_2-Konzentration in der Atmosphäre und ausreichender

Nährstoffversorgung tendenziell positiv auf den Ertrag aus, insofern durch die Verfügbarkeit von Wasser kein limitierender Faktor vorhanden ist. In aktuell kühleren Regionen sind aufgrund der klimawandelbedingten Erwärmung tendenziell längere Vegetationszeiten zu erwarten. Der gleichzeitige Anstieg von Luftschadstoffen, wie zum Beispiel Ozon, in Verbindung mit einer Intensivierung des Einfalls von UV-B Strahlung, trägt hingegen zur Begrenzung des landwirtschaftlichen Zusatzertrages bei. Eine mögliche Zunahme der Windgeschwindigkeiten kann sich gemeinsam mit einem steigenden Risiko für Starkregen oder Hagel ebenfalls negativ auf die Landwirtschaft auswirken. Eine mögliche Begünstigung von Bodenerosionen würde ebenso dem Verlust von Nährstoffen und somit einer Reduktion der Bodenfruchtbarkeit Vorschub leisten. (Hohmann, 2002; Kommission der Europäischen Gemeinschaften, 2010; Hänggi et al., 2009)

Ein klimawandelverursachtes Ansteigen des Temperaturmittelwerts trägt zur Verschiebung der Baumgrenze nach oben bei, was längerfristig zu einer Vergrößerung des Waldgebietes führen kann. Durch steigende Temperaturen neu entstehende, eingewanderte bzw. aufgrund verbesserter Lebensbedingungen größere Schädlingspopulationen können diese positive Entwicklung jedoch begrenzen. Des Weiteren würde ein häufigeres Auftreten von Sturmereignissen, das mit Klimaänderungen einhergehen könnte, teure Wartungs- und Reparaturarbeiten in der Forstwirtschaft mit sich bringen. (Hohmann, 2002; Kommission der Europäischen Gemeinschaften, 2010; Hänggi et al., 2009)

Häufig auftretende Hitzeperioden leisten der Gefahr von Waldbränden tendenziell Vorschub[8]. Darüber hinaus neigt die natürliche Artenzusammenstellung aufgrund erhöhter Durchschnittstemperaturen zu Veränderungen und wachsendem Konkurrenzdruck. Es ist noch nicht endgültig geklärt, ob der Wald seine Rolle als Kohlenstoffdioxid-Senke auch in Zukunft behalten können wird. Während Prognosen zufolge in den nordwesteuropäischen Regionen künftig voraussichtlich keine Wasserknappheit vorherrschen wird und der Waldzuwachs in diesen Gebieten aufgrund einer längeren Wachstumssaison vielmehr begünstigt wird, wird Südeuropa – den Erfahrungen der letzten Jahre nach – aller Wahrscheinlichkeit nach mit einer vergleichsweise knapperen Verfügbarkeit von Wasser und damit einhergehenden Verlusten von Waldgebieten konfrontiert werden (demzufolge wäre in der Steiermark eventuell der so genannte „sommerwarme Osten" – i.e. die Südoststeiermark – betroffen) . (Hohmann, 2002; Kommission der Europäischen Gemeinschaften, 2010; Hänggi et al., 2009)

Längere Vegetationsphasen, die auch die heimische Forstwirtschaft betreffen, sowie eine Verschiebung der Baumgrenze nach oben haben laut Auskunft der Fachabteilung Forstwesen (Forstdirektion) der Steiermärkischen Landesregierung auch durchaus Auswirkungen auf heimische Wildtiere (Steinwild, Schneehuhn, Birkhuhn etc.), da deren natürliche Lebensräume verloren gehen. Eine Gegenmaßnahme wäre etwa die künstliche Erhaltung von Freiräumen. Andererseits ermöglichen höhere Durchschnittstemperaturen dem heimischen Wildtierbestand, leichter zu überwintern. Diese Einflüsse auf die heimischen Wildtiere schlagen sich in weiterer Folge im heimischen Jagdsektor nieder. Die Auswirkungen des Klimawandels auf die Tier- und Pflanzenwelt sind demnach gleichermaßen zu berücksichtigen, werden hier aber nicht quantitaiv bewertet.

Die bereits angesprochene Veränderung der natürlichen Baumartenzusammensetzung, welcher der Klimawandel tendenziell Vorschub leistet, bedeutet laut Fachabteilung Forstwesen (Forstdirektion) der Steiermärkischen Landesregierung größere betriebswirtschaftliche Risiken für die heimischen Forstbetriebe, da aufgrund der zusätzlichen externen Faktoren und aufgrund der langen Umsetzungsdauer von Anpassungsmaßnahmen im Forstbereich kein lineares Wirtschaften im herkömmlichen Sinn mehr möglich ist. Die Forstbetriebe sehen sich demnach einer erhöhten Anfälligkeit und dadurch einem höheren BetreiberInnenrisiko gegenüber.

---

[8] Augrund der limitierten Datenlage sowie des begrenzten Umfanges dieses Projektes, konnte auf Schäden durch Waldbrände an der heimischen Forstwirtschaft nicht näher eingegangen werden.

4.2 AUSGEWÄHLTE ASPEKTE DES KLIMARISIKOS IN DER ENERGIEWIRT-SCHAFT

Clemens Habsburg-Lothringen, Nikola Rogler, Claudia Winkler

4.2.1 Gefährdete Werte im Sektor und deren Verletzbarkeit

Um einen Überblick über den aktuellen Bestand der gefährdeten Werte im Bereich Stromversorgung zu vermitteln, zeigt Abbildung 14 das Mittelspannungsnetz der Unternehmen der Energie Steiermark AG bzw. von assoziierten Unternehmen der Energie Steiermark. Dieses umfasst eine Mittelspannungsnetzlänge von ca. 8.400 km und deckt damit rund 64 % des Gesamtbestandes des steirischen Stromversorgungsnetzes ab. Ein Großteil der Steiermark wird durch Leitungen der Stromnetz Steiermark GmbH abgedeckt; darüber hinaus führen rund 55 weitere Unternehmen die unmittelbare Stromversorgung in der Steiermark durch. In weiten Teilen der östlichen und westlichen Obersteiermark werden die Versorgungsaufgaben durch regionale oder kommunale Versorgungsunternehmen wahrgenommen. Daneben sind weite Teile der inneralpinen Regionen unaufgeschlossen bzw. werden diese nicht von öffentlichen Verteilernetzen versorgt.

Abbildung 14: Überblick Stromversorgung in der Steiermark (grün: Stromnetz Steiermark GmbH, violett: Pichler GesmbH, rot: Feistritzwerke Steweag GmbH)

Quelle: Eigene Darstellung, Daten: Stromnetz Steiermark GmbH

Tabelle 23 zeigt zudem die Anteile der steirischen NUTS 3-Regionen an den Freileitungen des steirischen Stromnetzes. Für diese besteht, verglichen mit Kabelleitungen, eine größere Exponiertheit und damit eine höhere Anfälligkeit für (klimabedingte) Natureinflüsse.

Es ist ersichtlich, dass sowohl bezüglich der allgemeinen Gesamtleitungslänge als auch hinsichtlich der Frei-
leitungsgesamtlänge die Oststeiermark den größten Anteil aufweist (35,4 % bzw. 40,6 %). Die West- und
Südsteiermark verzeichnen für beide Kategorien den zweitgrößten Anteil (19,9 % bzw. 24,8 %). Liezen weist
vergleichsweise die geringsten Anteile auf (8,5 % bzw. 6,1 %), die Westliche Obersteiermark verzeichnet
aktuell nur geringfügig größere Anteile (9,1 % bzw. 7,9 %). Graz liegt mit 15,6 % der Gesamtleitungslänge
bzw. 12,8 % der gesamten Freileitungen im Mittelfeld.

Tabelle 23:   Überblick Leitungslängen der steirischen NUTS 3-Regionen (2010)

	Anteil der Gesamtleitungs- länge je Region	Freileitung: Anteil der Gesamt- leitungslänge je Region
Graz	15,6 %	12,8 %
Liezen	8,5 %	6,1 %
Östliche Obersteiermark	11,4 %	7,8 %
Oststeiermark	35,4 %	40,6 %
West- und Südsteiermark	19,9 %	24,8 %
Westliche Obersteiermark	9,1 %	7,9 %

Quelle: Eigene Berechnung, Daten: Stromnetz Steiermark GmbH

Bei der Betrachtung dieser Zahlen und der Einschätzung der gefährdeten Werte der steirischen Regionen ist
zu beachten, dass ein vergleichsweise großer Anteil an der Gesamtleitungslänge (bzw. der gesamten Freilei-
tungslänge) einerseits im Falle negativer Umwelteinwirkungen eine Risikostreuung bedeutet, andererseits mit
der höheren Dichte des regionalen Stromnetzes eine größere Exponiertheit besteht.

Um die potenzielle Verletzbarkeit der Bevölkerung durch klimainduzierte Störungen und Schäden am steirischen Stromnetz darzustellen, zeigt Abbildung 15 die aktuelle Anzahl der NetzkundInnen je Kilometer Leitungslänge des steirischen Stromnetzes der Energie Steiermark. Dabei wird wiederum die Gesamtlänge des
Netzes der Stromnetz Steiermark GmbH, zuzüglich jenes der Unternehmen Pichler GesmbH sowie der Feistritzwerke Steweag GmbH berücksichtigt. Die deutlich höchste Anzahl an KundInnen je Kilometer und damit
die breiteste Betroffenheit an Haushalten bei Störungen im regionalen Stromnetz weist Graz auf (73,4). Diesem Wert folgt mit einigem Abstand die Östliche Obersteiermark (49,0). Die übrigen Regionen weisen sehr
ähnliche Werte auf (Westliche Obersteiermark: 39,5, Liezen: 39,1, West- und Südsteiermark: 32,5), wobei in
der Oststeiermark die geringste Anzahl an NetzkundInnen je Kilometer Leitungslänge besteht (39,1).

Abbildung 15:   Anzahl der KundInnen je Kilometer Leitungslänge des steirischen Stromnetzes (Energie
Steiermark AG), 2010

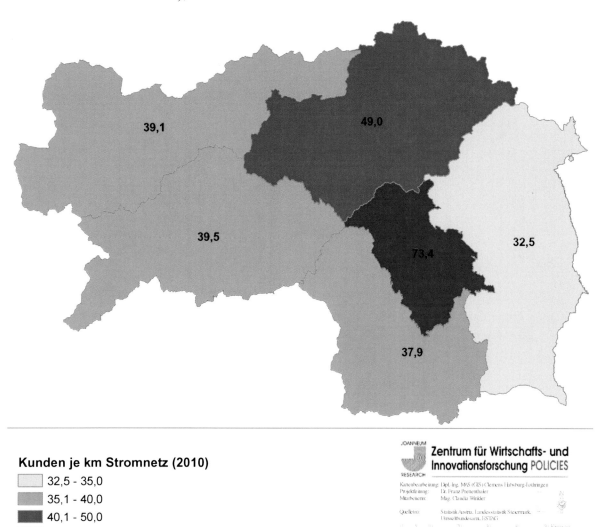

Kunden je km Stromnetz (2010)

   32,5 - 35,0
   35,1 - 40,0
   40,1 - 50,0
   50,1 - 73,4

Quelle: Eigene Darstellung, Daten: Stromnetz Steiermark GmbH

Um einen Einblick in die steirische Energieerzeugung aus Wasserkraft zu geben, zeigt Abbildung 16 die steirischen Kraftwerke der VERBUND-Austrian Hydro Power AG. Betrachtet man das Regelarbeitsvermögen[9] (RAV) gemessen in GWh je 1.000 Hektar, ergeben sich für die steirischen NUTS 3-Regionen mitunter sehr unterschiedliche Werte (siehe Abbildung 17).

---

[9] Das Regelarbeitsvermögen bezeichnet die elektrische Energie bei Laufwasserkraftwerken, die mit dem nutzbaren Zufluss im Regeljahr erzeugt werden kann. Das Regeljahr ist ein fiktives Jahr, dessen wasserwirtschaftliche Größen Durchschnittswerte von möglichst vielen Jahren sind.
(http://www.esv.or.at/fileadmin/redakteure/ESV/Foerderungen/Oekostrom/ESV_FAQ_KWKW_07-2010.pdf, Stand Jänner 2011)

Abbildung 16:   Überblick Energieerzeugung aus Wasserkraft in der Steiermark (Beispiel: Kraftwerke der AHP)

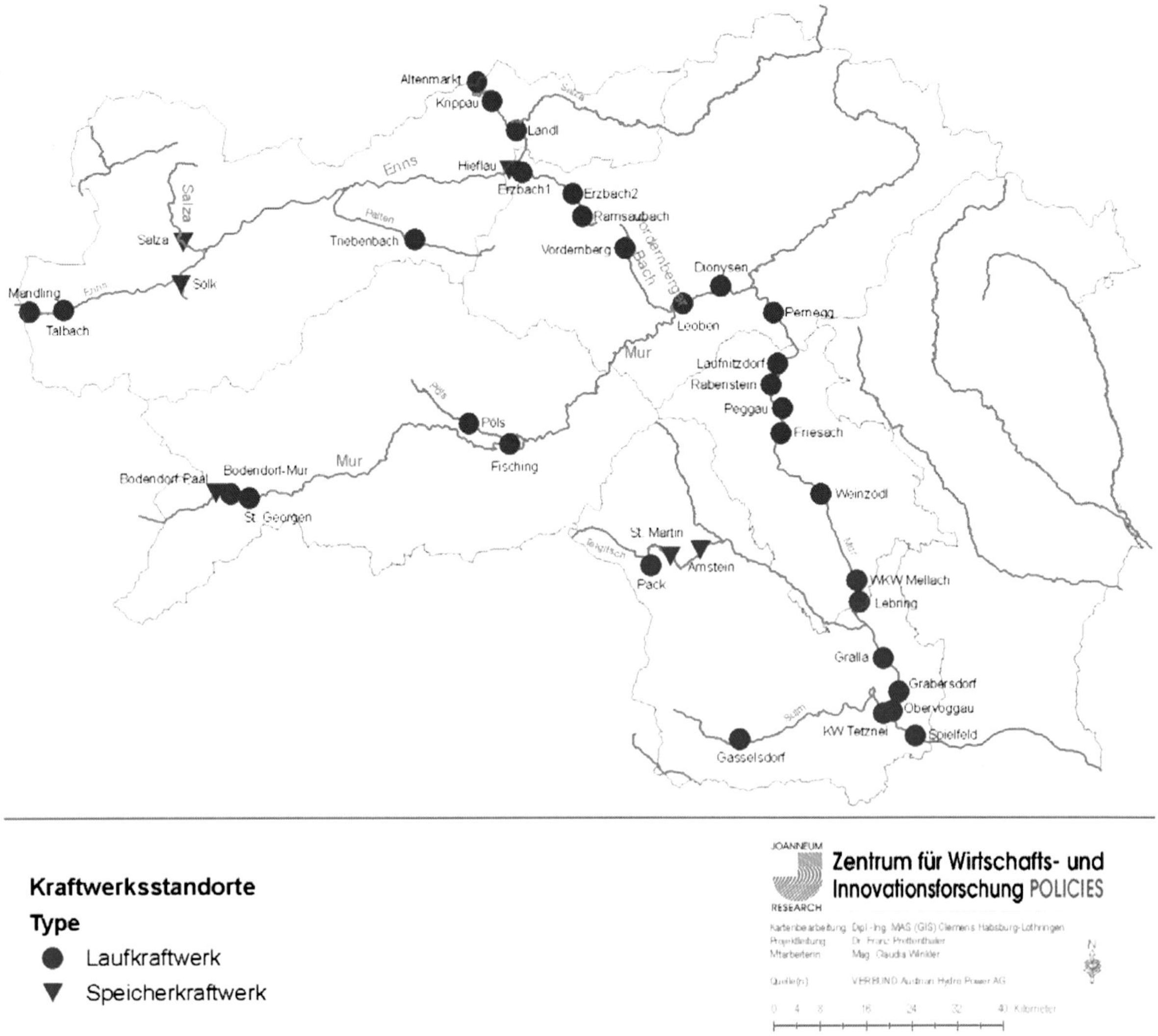

Kraftwerksstandorte

Type

● Laufkraftwerk

▼ Speicherkraftwerk

Quelle: Eigene Darstellung; Daten: VERBUND-Austrian Hydro Power AG (2006)

Den höchsten Wert wies 2007 Graz mit einem RAV von 3,84 GWh je 1.000 ha auf. Liezen verzeichnete 3,28 GWh je 1.000 ha, die West- und Südsteiermark 1,61 GWh je 1.000 ha. Die Westliche Obersteiermark und die Östliche Obersteiermark wiesen mit 0,77 GWh bzw. 0,75 GWh sehr ähnliche Werte je 1.000 ha auf. Der niedrigste Wert wurde 2007 mit 0,20 GWh je 1.000 ha in der Oststeiermark verzeichnet.

Abbildung 17: Regelarbeitsvermögen Wasserkraftwerke VERBUND-Austrian Hydro Power AG Steiermark in GWh je 1.000 Hektar, 2007

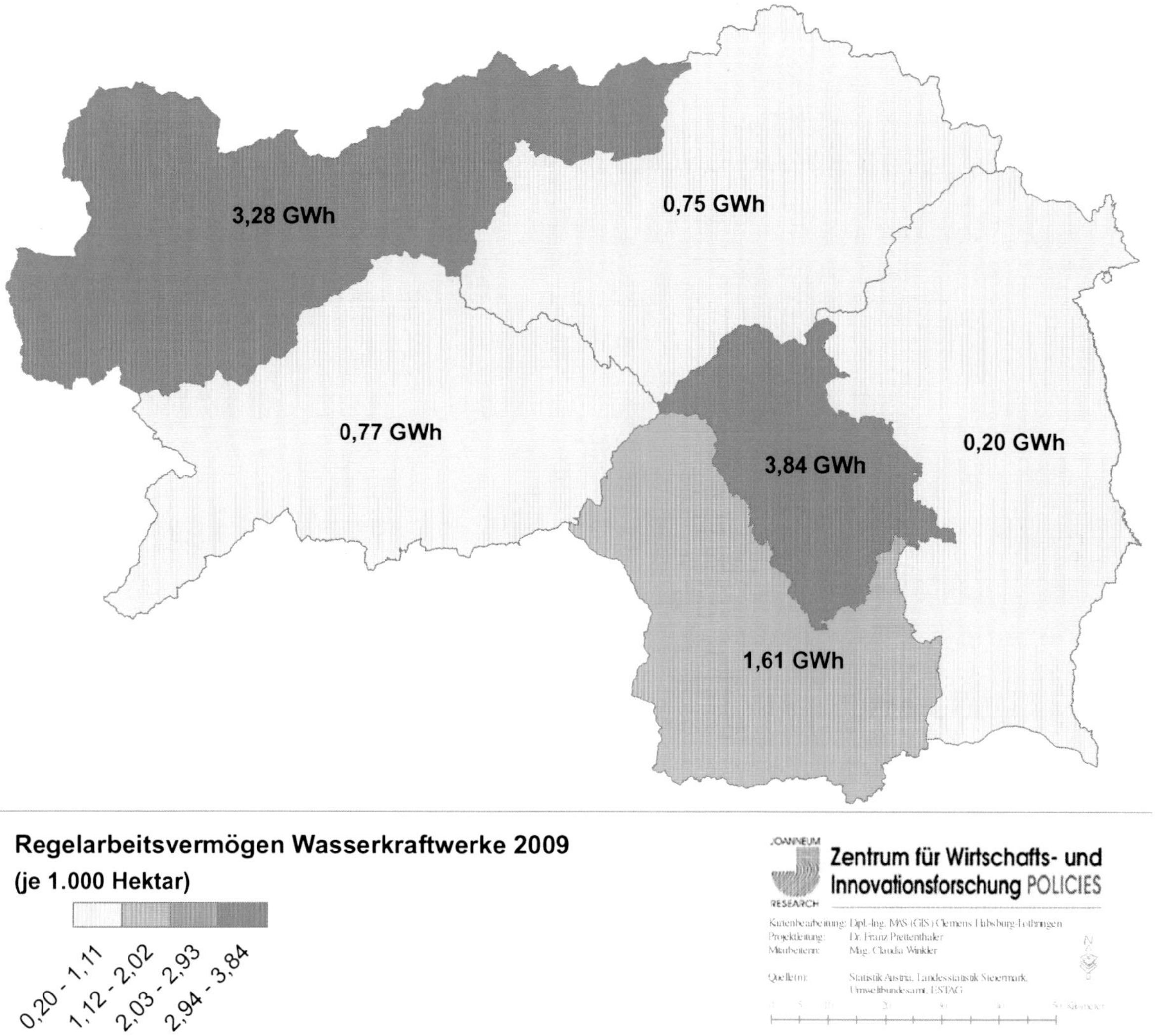

Regelarbeitsvermögen Wasserkraftwerke 2009 (je 1.000 Hektar)

Quelle: Eigene Darstellung, Daten: Landesstatistik Steiermark

4.2.2 Derzeitige Gefährdungslage

Hinsichtlich klimabedingter Schäden in der steirischen Stromversorgung zeigt Abbildung 18 jene Wiederherstellungskosten des ordnungsgemäßen Betriebszustandes je Kilometer Mittelspannungsleitung der Stromnetz Steiermark GmbH, die durch Beschädigungen des Versorgungsnetzes im Zuge klimasensitiver Elementarereignisse wie z.B. Sturm, Schnee, Eisregen, Gewitter, Hagel etc. angefallen sind. Es ist ersichtlich, dass vor allem die Region Liezen vergleichsweise hohe Wiederherstellungskosten aufweist, insbesondere im Jahr 2007. Im Gegensatz dazu fielen in der Östlichen Obersteiermark im Jahr 2007 keine bzw. nur sehr geringe Schäden an. Auch wenn die Kosten je Kilometer Mittelspannungsleitung in dieser Region in den letzten beiden Aufzeichnungsjahren im Vergleich zu den Vorjahren deutlich angestiegen sind, bleiben sie insgesamt dennoch relativ gering. Im Allgemeinen fielen die Wiederherstellungskosten über die einzelnen Jahre des betrachteten Zeitraums sehr unterschiedlich aus.

In Bezug auf die Gesamtsumme der entstandenen Kosten zwischen 2005 und 2010[10] weist Liezen bei weitem die höchsten Gesamtkosten auf. Insbesondere 2007 fielen für Liezen außerordentlich hohe Wiederherstellungskosten an, aber auch 2005, 2006 und 2009 wies die Region vergleichsweise hohe Reparaturkosten auf. Die geringsten Wiederherstellungskosten weist für den Zeitraum 2005 bis 2010 die Östliche Obersteiermark auf.

Abbildung 18: *Wiederherstellungskosten des Betriebszustandes je Kilometer Mittelspannungsleitung der Stromnetz Steiermark GmbH nach Elementarereignissen (in €), 2005 - 2010*

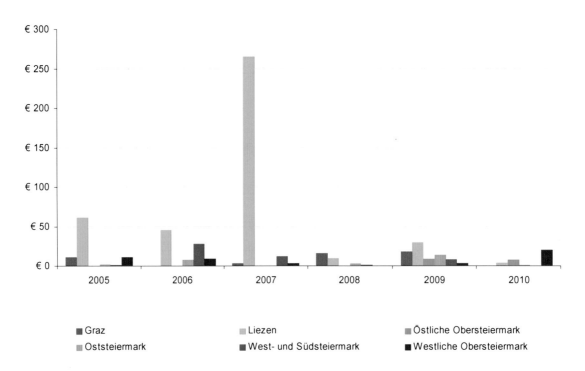

Quelle: Eigene Darstellung, Daten: Stromnetz Steiermark GmbH

4.2.3   Vulnerabilitätsanalyse und Gesamtrisikoeinschätzung

Quantitative Analyse

Steirisches Stromnetz – Elementarschäden (ohne Katastrophenschäden)

Den folgenden Berechnungen liegen die jährlichen Schadensdaten des Mittelspannungsnetzes der Stromnetz Steiermark GmbH zwischen 2005 und 2009 zugrunde[11]. Die Schadensdaten umfassen dabei sämtliche Kosten für die Wiederherstellung des ordnungsgemäßen Betriebszustandes nach dem Eintreten von Beschädigungen durch Elementarereignisse – wie z.B. Sturm (ausgenommen Katastrophenschäden durch die Stürme „Paula", „Emma" und „Louis"), Schnee, Eisregen, Gewitter, Hagel etc.

Tabelle 24 zeigt die Aufteilung der zwischen 2005 und 2009 angefallenen normalisierten Gesamtelementarschäden am Mittelspannungsnetz der Stromnetz Steiermark GmbH auf die einzelnen steirischen NUTS 3-Regionen. Da der Ausreißer in der Region Liezen im Jahr 2007 (siehe Abbildung 18) eine stark verzerrende

---

[10] Der Gesamtjahreswert für 2010 wurde auf Basis der Reparaturkosten, die bis Ende November dieses Jahres angefallen sind, hochgerechnet.

[11] Daten zu den jährlichen Schäden am Mittelspannungsnetz der Pichler GesmbH und der Feistritzwerke, deren Leitungen sich vor allem in der Oststeiermark befinden (siehe Abbildung 14), liegen im Gegensatz zu den Schäden am Mittelspannungsnetz der Stromnetz Steiermark GmbH nur für einen einzigen Beobachtungszeitpunkt vor und können daher im Rahmen der Risikobewertung nicht berücksichtigt werden.

Wirkung hat, werden die Anteile sowohl für die Originaldaten als auch für die um den Ausreißer korrigierten Daten dargestellt.

Tabelle 24:   *Anteile der einzelnen NUTS 3-Regionen am Gesamtschaden am Mittelspannungsnetz der Stromnetz Steiermark GmbH, 2005-2010*

NUTS 3-Region	Anteil (Originaldaten)	Anteil (Ausreißer-korrigierte Daten)
Graz	8 %	12 %
Liezen	69 %	46 %
Östliche Obersteiermark	3 %	4 %
Oststeiermark	5 %	10 %
West- und Südsteiermark	8 %	20 %
Westliche Obersteiermark	7 %	8 %

Quelle: Eigene Berechnung, Daten: Stromnetz Steiermark GmbH

Aufgrund der eingeschränkten Datenlage (nur sechs Beobachtungspunkte je Region) wird für die folgende Risikobewertung auf die räumliche Differenzierung verzichtet. Das heißt, es wird so verfahren, als ob alle Schadensdaten aus derselben Region stammen würden. Es erfolgt quasi die Schaffung einer „synthetischen" Region. Auf diese Weise kann eine Erhöhung der Datenpunkte von 6 auf 36 erreicht werden, was die Schätzungen der Risikoanalyse robuster macht. Unter Verwendung der absoluten Schadenszahlen ergibt sich bei dieser Vorgehensweise für die „synthetische" Region ein mittlerer Schaden von 16.298 €/Jahr. Dieser Mittelwert wird allerdings durch den oben erwähnten Ausreißer in der Region Liezen im Jahr 2007 verzerrt. Zum Vergleich des Mittelwerts kann der Median herangezogen werden. Dieser entspricht dem Wert, der in der Mitte der Datenverteilung liegt. Er wird von Ausreißern lediglich in einem geringen Ausmaß beeinflusst und beläuft sich im vorliegenden Fall auf 6.406 €/Jahr. Um die verzerrende Wirkung des Ausreißers auf den Mittelwert zu verdeutlichen, sei folgendes Beispiel angeführt: Wäre in Liezen im Jahr 2007 ein Schaden in der Höhe von 100.000 € statt der tatsächlichen 212.507 € angefallen, würde sich der Mittelwert nur auf 13.172 €/Jahr belaufen, während der Median stabil auf 6.406 €/Jahr verharren würde.

Der realisationsbezogene VaR (95 %) der „synthetischen" Region liegt bei etwa 48.900 € und wird durch den Ausreißer in Liezen kaum verzerrt. Gemäß der historischen Datenlage wird demnach einmal in 20 Realisationen bzw. einmal in 3,3 Jahren[12] ein Schaden von 48.900 € erreicht oder überschritten.

Zusätzlich zur Risikobewertung für die „synthetische" Region wird, trotz der eingeschränkten Datenlage von nur sechs Beobachtungspunkten, auch das Ergebnis der Risikobewertung für die gesamte Steiermark ausgewiesen (siehe Tabelle 25). Allerdings gilt zu beachten, dass die Schätzungen in diesem Fall ein hohes Maß an Unsicherheit aufweisen und sich der Anspruch auf Genauigkeit daher auf die Größenordnung beschränkt. Wie Tabelle 25 zu entnehmen ist, beläuft sich der mittlere Schaden steiermarkweit auf 97.788 €/Jahr. Der jährliche VaR (95 %) wird auf etwa 211.000 € und der jährliche zentrierte VaR (95 %) auf rund 113.000 € geschätzt.

---

[12] Indem auf die räumliche Differenzierung verzichtet und so getan wird, als ob alle Daten aus derselben „synthetischen" Region stammen würden, liegen pro Jahr sechs Beobachtungspunkte bzw. Realisationen vor. Eine Eintrittswahrscheinlichkeit von einmal in 20 Realisationen ist daher äquivalent zu einer Eintrittswahrscheinlichkeit von einmal in 3,3 Jahren.

Tabelle 25:   *Ergebnisse der Risikoeinschätzung hinsichtlich Elementarschäden am Mittelspannungsnetz*
                  der Stromnetz Steiermark GmbH für die gesamte Steiermark (Angaben in €/Jahr)

Region	Mittelwert	VaR(95%)	VaR-MW
Steiermark	97.788	211.000	113.000

Anmerkung: Rundungsdifferenzen nicht ausgeglichen

Quelle: Eigene Berechnung, Daten: Stromnetz Steiermark GmbH

Werden statt der absoluten Schadenszahlen normalisierte Daten verwendet – Schaden in € pro Kilometer
Leitungslänge des Mittelspannungsnetzes der Stromnetz Steiermark GmbH – ergibt sich für eine „synthetische" Region ein mittlerer Schaden im Wert von 16,78 €/km/Jahr, während sich der Median auf 6 €/km/Jahr
beläuft. Auch im Falle der normalisierten Daten wird der mittlere Schaden durch den Ausreißer im Jahr 2007
verzerrt. Wieder soll die verzerrende Wirkung des Ausreißers auf den Mittelwert mittels eines Beispiels ver-
deutlicht werden: Wäre in Liezen im Jahr 2007 ein Schaden in der Höhe von 100 €/km statt der tatsächlichen
265,3 €/km angefallen, würde sich der Mittelwert auf 12,2 €/km/Jahr belaufen, während der Median stabil auf
6 €/km/Jahr verharren würde.

Der realisationsbezogene VaR (95 %) der „synthetischen" Region liegt bei etwa 48 €/km und wird durch den
Ausreißer in Liezen kaum verzerrt. Gemäß der historischen Datenlage wird demnach einmal in 20 Realisationen bzw. einmal in 3,3 Jahren ein Schaden von 48 €/km erreicht oder überschritten.

Tabelle 26 zeigt die Ergebnisse der Risikobewertung für die gesamte Steiermark. Der mittlere Schaden liegt
steiermarkweit bei 100,68 €/km/Jahr, der jährliche VaR (95 %) wird auf etwa 210 €/km und der jährliche
zentrierte VaR (95 %) auf rund 109 €/km geschätzt.

Tabelle 26:   *Ergebnisse der Risikoeinschätzung hinsichtlich Elementarschäden am Mittelspannungsnetz*
                  der Stromnetz Steiermark GmbH für die gesamte Steiermark (Angaben in €/km/Jahr)

Region	Mittelwert	VaR(95%)	VaR-MW
Steiermark	100,68	210	109

Anmerkung: Rundungsdifferenzen nicht ausgeglichen

Quelle: Eigene Berechnung, Daten: Stromnetz Steiermark GmbH

Der **Grad der Unsicherheit der Risikobewertung** hinsichtlich der Elementarschäden am Mittelspannungsnetz ist, insbesondere auch im Vergleich zu den anderen im Rahmen dieses Impulsprojekts durchgeführten
quantitativen Bewertungen, als **hoch** einzustufen (siehe auch Tabelle 2). Der Anspruch der Genauigkeit beschränkt sich in diesem Fall also auf die Größenordnung. Die hohe Unsicherheit ist einerseits auf die spärliche
Datenlage zurückzuführen - die auf Jahresbasis vorliegenden Daten beschränken sich auf einen Zeitraum von
sechs Jahren. Andererseits ist ein extrem hoher Ausreißer (Liezen 2007) zu beobachten, der die Schätzungen
verzerrt und somit weitere Unsicherheiten verursacht.

Steirisches Stromnetz - Katastrophenschäden

Da in der vorangegangenen Berechnung nur die Kosten durch Elementarschäden analysiert wurden, erfolgt
nun die Risikobewertung der einzelnen Regionen anhand der Wiederherstellungskosten, die aufgrund von
Katastrophenereignissen angefallen sind. Konkret handelt es sich dabei um die Sturmereignisse „Emma",

„Paula" und „Louis". Für die Analyse liegen Schadensdaten an den Leitungen der Stromnetz Steiermark GmbH vor[13].

Die Daten stehen als Summe der angefallenen Kosten im Hochspannungs-, Mittelspannungs- und Niederspannungsnetz zur Verfügung. Um wie im Falle der Elementarereignisse die Schäden am Mittelspannungsnetz zu analysieren, werden diese aus der Summe herausgerechnet. Dazu werden folgende Informationen verwendet:

- Im Hochspannungsnetz hat lediglich der Sturm „Paula" in der Region Liezen Kosten von 238.000 € verursacht.

- Die gesamte Netzlänge des Mittelspannungsnetzes beträgt 6.179 km, die des Niederspannungsnetzes beträgt 16.431 km.

Mittels dieser Informationen wird der Gesamtschaden, der durch die drei Stürme am Mittelspannungsnetz verursacht wurde, herausgerechnet. Tabelle 27 zeigt, wie sich die insgesamt entstandenen Kosten am Mittelspannungsnetz der Stromnetz Steiermark GmbH in der Höhe von 901.195 € auf die drei Stürme aufteilen.

Tabelle 27:   *Anteil an den durch Katastrophenereignisse entstandenen Gesamtkosten je Sturm*

Sturm	Kosten	Anteil an Gesamtkosten
Paula (01/2008)	€ 687.092	76 %
Emma (03/2008)	€ 89.501	10 %
Louis (01/2009)	€ 124.602	14 %

Quelle: Eigene Berechnung, Daten: Stromnetz Steiermark GmbH

Tabelle 28 veranschaulicht die Aufteilung der durch die drei Stürme entstandenen Gesamtkosten am Mittelspannungsnetz der Stromnetz Steiermark GmbH auf die einzelnen NUTS 3-Regionen. Demnach waren die West- und Südsteiermark am stärksten betroffen.

---

[13] Daten zu den jährlichen Schäden am Stromnetz der Pichler GesmbH und der Feistritzwerke, deren Leitungen sich vor allem in der Oststeiermark befinden (siehe Abbildung 14), liegen im Gegensatz zu den Schäden an den Leitungen der Stromnetz Steiermark GmbH nur für ein Sturmereignis (Paula) vor und können daher im Rahmen der Risikobewertung nicht berücksichtigt werden. Jedoch geht aus diesen Daten hervor, dass zumindest im Falle des Sturmereignisses „Paula" der Schwerpunkt der Schäden in der Oststeiermark auf Leitungen der Pichler GesmbH und der Feistritzwerke Steweag GmbH entfiel.

Tabelle 28:   Anteil an den durch Katastrophenereignisse entstandenen Gesamtkosten je NUTS 3-Region

NUTS 3-Region	Kosten	Anteil an Gesamtkosten
Graz	€ 175.580	20 %
Liezen	€ 92.834	10 %
Östliche Obersteiermark	€ 88.973	10 %
Oststeiermark	€ 15.762	2 %
West- und Südsteiermark	€ 451.971	50 %
Westliche Obersteiermark	€ 76.075	8 %

Quelle: Eigene Berechnung, Daten: Stromnetz Steiermark GmbH

Tabelle 29 bis Tabelle 31 zeigen für jeden der drei Stürme die Aufteilung der am Mittelspannungsnetz der Stromnetz Steiermark GmbH verursachten Kosten auf die steirischen NUTS 3-Regionen.

Tabelle 29:   Verteilung der Kosten des Sturms „Paula" auf die NUTS 3-Regionen (Prozent der Kosten gemessen an Gesamtkosten des Sturms „Paula", i.e. 687.092 €)

NUTS 3-Region	Kosten	Anteil an Gesamtkosten
Graz	€ 169.047	25 %
Liezen	€ 40.051	6 %
Östliche Obersteiermark	€ 73.808	11 %
Oststeiermark	€ 3.390	~0 %
West- und Südsteiermark	€ 332.786	48 %
Westliche Obersteiermark	€ 68.010	10 %

Quelle: Eigene Berechnung, Daten: Stromnetz Steiermark GmbH

Tabelle 30:   *Verteilung der Kosten des Sturms „Emma" auf die NUTS 3-Regionen (Prozent der Kosten gemessen an Gesamtkosten des Sturms „Emma", i.e. 89.501 €)*

NUTS 3-Region	Kosten	Anteil an Gesamtkosten
Graz	€ 3.156	3 %
Liezen	€ 52.783	59 %
Östliche Obersteiermark	€ 13.713	15 %
Oststeiermark	€ 1.472	2 %
West- und Südsteiermark	€ 13.170	15 %
Westliche Obersteiermark	€ 5.207	6 %

Quelle: Eigene Berechnung, Daten: Stromnetz Steiermark GmbH

Tabelle 31:   *Verteilung der Kosten des Sturms „Louis" auf die NUTS 3-Regionen (Prozent der Kosten gemessen an Gesamtkosten des Sturms „Louis", i.e. 124.602 €)*

NUTS 3-Region	Kosten	Anteil an Gesamtkosten
Graz	€ 3.377	3 %
Liezen	€ 0	0 %
Östliche Obersteiermark	€ 1.452	1 %
Oststeiermark	€ 10.899	9 %
West- und Südsteiermark	€ 106.016	85 %
Westliche Obersteiermark	€ 2.858	2 %

Quelle: Eigene Berechnung, Daten: Stromnetz Steiermark GmbH

Zusammenfassend kann angemerkt werden, dass die Stürme „Paula" und „Louis" das Mittelspannungsnetz der Stromnetz Steiermark GmbH vor allem in der Region West- und Südsteiermark beschädigt haben, der Sturm „Emma" hingegen den größten Schaden in der Region Liezen verursacht hat.

Aufgrund der eingeschränkten Datenlage (nur drei Beobachtungspunkte je Region) wird wie schon im Fall der Elementarschäden am Mittelspannungsnetz für die folgende Risikobewertung vorerst auf die räumliche Differenzierung verzichtet. Es wird also wieder so verfahren, als ob alle Schadensdaten aus derselben Region stammen würden, was der Schaffung einer „synthetischen" Region gleichkommt. Auf diese Weise kann eine Erhöhung der Datenpunkte von 3 auf 18 erreicht werden, was die Schätzungen der Risikoanalyse robuster macht. Unter Verwendung der absoluten Schadenszahlen ergibt sich bei dieser Vorgehensweise für die „synthetische" Region ein mittlerer Schaden von 50.066 € pro Katastrophensturmereignis, während der Median 12.035 € pro Katastrophensturmereignis beträgt. Aufgrund des Ausreißers in der West- und Südsteiermark, verursacht durch den Sturm „Paula", der dort einen besonders hohen Schaden am Mittelspannungsnetz angerichtet hat, weicht der Mittelwert stark vom Median ab. Der realisationsbezogene VaR (95 %) der „synthetischen" Region beträgt etwa 170.000 €. Gemäß der historischen Datenlage wird demnach einmal in 20 Realisationen ein Schaden von 170.000 € erreicht oder überschritten.

Zusätzlich zur Risikobewertung für die „synthetische" Region wird, trotz der eingeschränkten Datenlage von nur drei Beobachtungspunkten, auch das Ergebnis der Risikobewertung für die gesamte Steiermark ausgewiesen (siehe Tabelle 32). Die Schätzungen sind aber mit großen Unsicherheiten behaftet und daher mit Vorsicht zu genießen. Wie Tabelle 32 zu entnehmen ist, wird der mittlere Schaden steiermarkweit auf etwa 300.400 € pro Katastrophensturmereignis geschätzt, der ereignisbezogene VaR (95 %) auf rund 640.000 € und der ereignisbezogene zentrierte VaR (95 %) auf etwa 340.000 €.

Tabelle 32:   *Ergebnisse für die gesamte Steiermark (Angaben in € pro Sturmereignis)*

Region	Mittelwert	VaR(95%)	VaR-MW
Steiermark	300.400	640.000	340.000

Anmerkung: Rundungsdifferenzen nicht ausgeglichen

Quelle: Eigene Berechnungen, Daten: Stromnetz Steiermark GmbH

Um einen groben Eindruck von der relativen Risikobetroffenheit der einzelnen NUTS 3-Regionen zu erhalten, werden zusätzlich auch regionale Risikoeinschätzungen ausgewiesen, die aufgrund der äußerst begrenzten Datenlage jedoch nicht direkt, sondern über die Disaggregation der steiermarkweiten Risikobewertung erfolgen. Zur Regionalisierung wird für jede Region jener Anteil herangezogen, den die über die drei Sturmereignisse summierten Windgeschwindigkeiten im Bereich des Leitungsnetzes innerhalb einer Region am steiermarkweiten Wert einnehmen. Tabelle 33 enthält das Ergebnis der Regionalisierung. Demnach stellen die Oststeiermark, die West- und Südsteiermark sowie die Östliche Obersteiermark die Regionen mit dem höchsten Risiko dar.

Tabelle 33:   *Ergebnisse der Risikoeinschätzung hinsichtlich Katastrophenschäden am Stromleitungsnetz (Angaben in € pro Sturmereignis)*

Region	Mittelwert	Prozent an Steiermark	VaR(95%)	VaR-MW
Graz	27.511	9,20 %	58.600	31.100
Liezen	37.959	12,60 %	80.900	42.900
Östliche Obersteiermark	49.697	16,40 %	105.200	55.800
Oststeiermark	81.865	27,30 %	174.400	92.500
West- und Südsteiermark	54.443	18,10 %	116.000	61.500
Westliche Obersteiermark	49.225	16,40 %	104.900	55.600

Anmerkung: Rundungsdifferenzen nicht ausgeglichen

Quelle: Eigene Berechnung, Daten: Stromnetz Steiermark GmbH

Zusätzlich zur Analyse der absoluten Schäden, die durch die Sturmereignisse „Emma", „Paula" und „Louis" am Mittelspannungsnetz der Stromnetz Steiermark GmbH verursacht wurden, erfolgt auch eine Betrachtung der Kosten je Kilometer Leitungslänge des Mittelspannungsnetzes der Stromnetz Steiermark GmbH. Die Aufteilung des Gesamtschadens in der Höhe von 683 €/km auf die steirischen NUTS 3-Regionen ist in Tabelle 34 dargestellt.

Tabelle 34:   *Anteil an den durch Katastrophenereignisse entstandenen Gesamtkosten je NUTS 3-Region (in €/km)*

NUTS 3-Region	Kosten	Anteil an Gesamtkosten
Graz	143 €/km	21 %
Liezen	116 €/km	17 %
Östliche Obersteiermark	83 €/km	12 %
Oststeiermark	10 €/km	1 %
West- und Südsteiermark	242 €/km	36 %
Westliche Obersteiermark	89 €/km	13 %

Quelle: Eigene Berechnung, Daten: Stromnetz Steiermark GmbH

Tabelle 35 bis Tabelle 37 veranschaulichen die Verteilung der Sturmkosten (in €/km) auf die steirischen NUTS 3-Regionen separat für jedes der drei betrachteten Sturmereignisse.

Tabelle 35:   *Verteilung der Kosten des Sturms „Paula" auf die NUTS 3-Regionen (in €/km)*

NUTS 3-Region	Kosten	Anteil an Gesamtkosten
Graz	138 €/km	27 %
Liezen	50 €/km	10 %
Östliche Obersteiermark	69 €/km	13 %
Oststeiermark	2 €/km	~0 %
West- und Südsteiermark	179 €/km	35 %
Westliche Obersteiermark	79 €/km	15 %

Quelle: Eigene Berechnung, Daten: Stromnetz Steiermark GmbH

Tabelle 36:   Verteilung der Kosten des Sturms „Emma" auf die NUTS 3-Regionen (in €/km)

NUTS 3-Region	Kosten	Anteil an Gesamtkosten
Graz	2 €/km	3 %
Liezen	66 €/km	69 %
Östliche Obersteiermark	13 €/km	13 %
Oststeiermark	1 €/km	1 %
West- und Südsteiermark	7 €/km	7 %
Westliche Obersteiermark	6 €/km	6 %

Quelle: Eigene Berechnung, Daten: Stromnetz Steiermark GmbH

Tabelle 37:   Verteilung der Kosten des Sturms „Louis" auf die NUTS 3-Regionen (in €/km)

NUTS 3-Region	Kosten	Anteil an Gesamtkosten
Graz	3 €/km	4 %
Liezen	0 €/km	0 %
Östliche Obersteiermark	1 €/km	2 %
Oststeiermark	7 €/km	9 %
West- und Südsteiermark	57 €/km	80 %
Westliche Obersteiermark	3 €/km	5 %

Quelle: Eigene Berechnung, Daten: Stromnetz Steiermark GmbH

Betrachtet man den Schaden am Mittelspannungsnetz der Stromnetz Steiermark GmbH pro km Leitungslänge, hat der Sturm „Paula" die Regionen West- und Südsteiermark sowie Graz, der Sturm „Emma" die Region Liezen und der Sturm „Louis" die Region West- und Südsteiermark am stärksten in Mitleidenschaft gezogen.

Wie schon im Fall der nicht normalisierten Daten wird aufgrund der eingeschränkten Datenlage (nur drei Beobachtungspunkte je Region) für die folgende Risikobewertung vorerst wieder auf die räumliche Differenzierung verzichtet. Unter Verwendung der normalisierten Schadensdaten ergibt sich bei dieser Vorgehensweise für die „synthetische" Region ein mittlerer Schaden von 38 €/km pro Katastrophensturmereignis, während der Median bei 7 €/km pro Katastrophensturmereignis liegt. Durch die Ausreißer in der West- und Südsteiermark und in der Region Graz, wo der Sturm „Paula" zu besonders hohen Wiederherstellungskosten am Mittelspannungsnetz der Stromnetz Steiermark GmbH geführt hat, weicht der Mittelwert stark vom Median ab. Der realisationsbezogene VaR (95 %) der „synthetischen" Region beträgt etwa 140 €/km. Gemäß der historischen Datenlage wird demnach einmal in 20 Realisationen ein Schaden von 140 €/km erreicht oder überschritten.

Zusätzlich zur Risikobewertung für die „synthetische" Region wird, trotz der eingeschränkten Datenlage von nur drei Beobachtungspunkten, auch wieder das Ergebnis der Risikobewertung für die gesamte Steiermark ausgewiesen (siehe Tabelle 38). Die Schätzungen sind aber mit großen Unsicherheiten behaftet und daher mit

Vorsicht zu genießen. Wie Tabelle 38 zu entnehmen ist, wird der mittlere Schaden steiermarkweit auf etwa 228 €/km pro Katastrophensturmereignis geschätzt, der ereignisbezogene VaR (95 %) auf rund 400 €/km und der ereignisbezogene zentrierte VaR (95 %) auf etwa 172 €/km.

Tabelle 38: *Ergebnisse für die gesamte Steiermark (Angaben in €/km/Sturmereignis)*

Region	Mittelwert	VaR(95%)	VaR-MW
Steiermark	228	400	172

Anmerkung: Rundungsdifferenzen nicht ausgeglichen

Quelle: Eigene Berechnungen, Daten: Stromnetz Steiermark GmbH

Um wieder einen groben Eindruck von der relativen Risikobetroffenheit der einzelnen NUTS 3-Regionen zu erhalten, werden zusätzlich auch regionale Risikoeinschätzungen ausgewiesen, die aufgrund der äußerst begrenzten Datenlage wie im Fall der nicht normalisierten Daten jedoch nicht direkt, sondern über die Disaggregation der steiermarkweiten Risikobewertung erfolgen. Für die Regionalisierung werden dieselben Anteile wie im Falle der nicht normalisierten Daten verwendet. Tabelle 39 enthält das Ergebnis der Regionalisierung.

Tabelle 39: *Ergebnisse der Risikoeinschätzung hinsichtlich Katastrophenschäden am Stromleitungsnetz (Angaben in €/km/Sturmereignis)*

Region	Mittelwert	Prozent an Steiermark	VaR(95%)	VaR-MW
Graz	21	9,20 %	37	16
Liezen	29	12,60 %	51	22
Östliche Obersteiermark	38	16,40 %	66	28
Oststeiermark	62	27,30 %	109	47
West- und Südsteiermark	41	18,10 %	72	31
Westliche Obersteiermark	37	16,40 %	66	28

Anmerkung: Rundungsdifferenzen nicht ausgeglichen

Quelle: Eigene Berechnung, Daten: Stromnetz Steiermark GmbH

Da für die Aufteilung der normalisierten Schäden auf die einzelnen Regionen derselbe Schlüssel verwendet wurde wie für die Aufteilung der nicht-normalisierten Schäden (siehe Tabelle 33), ergibt sich auch dieselbe Reihung hinsichtlich des Risikoausmaßes: Die Oststeiermark stellt die Region mit dem größten Risiko dar, gefolgt von der West- und Südsteiermark und der Östlichen bzw. Westlichen Obersteiermark.

Der **Grad der Unsicherheit der Risikobewertung** hinsichtlich der Katastrophenschäden durch Stürme am Mittelspannungsnetz ist, insbesondere auch im Vergleich zu den anderen im Rahmen dieses Impulsprojekts durchgeführten quantitativen Bewertungen, als **hoch** einzustufen (siehe auch Tabelle 2). Der Anspruch der Genauigkeit beschränkt sich in diesem Fall also auf die Größenordnung. Die hohe Unsicherheit ist einerseits auf die spärliche Datenlage zurückzuführen – es liegen lediglich Schadensdaten zu drei Sturmereignissen („Emma", „Paula" und „Louis") vor. Andererseits trägt auch die heavy-tailed Verteilung zur Unsicherheit bei. Das heißt, dass durch Katastrophensturmereignisse hohe Schäden entstehen können, die aufgrund der beschränkten Datenlage aber schwer abzuschätzen sind.

Steirische Wasserkraft

Für die Analyse des klimainduzierten Risikos, dem sich die steirische Wasserkraft gegenüber sieht, stehen viertelstündliche Erzeugungsdaten von drei Murlaufkraftwerken jeweils für den Zeitraum von 2002 bis 2009 zur Verfügung. Aufgrund der Anonymisierung der Daten erfolgt keine genauere Beschreibung der betrachteten Kraftwerke. Da die Daten starke saisonale Schwankungen aufweisen, werden sie in die Zeiträume Sommer (April-September) und Winter (Oktober-März) unterteilt. Diese Unterteilung ist durch folgende grundlegende Beobachtungen motiviert: Im Sommer ist aufgrund der hohen Niederschlagsmengen eine große Wassermenge vorhanden. Zusätzlich kommt im Frühling noch die Schneeschmelze hinzu. Hingegen fällt ein Großteil des Niederschlags im Winter in Form von Schnee an, der erst im Frühling die Flüsse und Kraftwerke erreicht. Im Gegensatz dazu muss das Argument beachtet werden, dass sich der tendenziell niedrigere Wasserstand im Winter aufgrund einer größeren Fallhöhe positiv auf die Energieerzeugung auswirkt. Eine genauere Spezifizierung würde allerdings einer detaillierten Untersuchung bedürfen.

Nach eingehender Analyse der Erzeugungsdaten der drei zur Verfügung stehenden Murkraftwerke werden für die Hochrechnung des Risikos auf die gesamte Steiermark die Daten jenes Kraftwerks verwendet, das sowohl bezogen auf die Erzeugung als auch auf das Risiko am besten ein durchschnittliches steirisches Wasserlaufkraftwerk repräsentieren dürfte. Auf diese Weise wird bei der Hochrechnung ein Risikoausgleich erreicht, indem Kraftwerke mit einem höheren Risiko (also kleinere Kraftwerke oder Kraftwerke an kleineren Flüssen) unterschätzt und Kraftwerke mit einem niedrigeren Risiko (also größere Kraftwerke oder Kraftwerke, die im Vergleich zum untersuchten Kraftwerk im Murverlauf weiter unten auftreten) überschätzt werden. Die Hochrechnung ergibt für die gesamte Steiermark eine durchschnittliche Jahreserzeugung von 2.065 GWh, wobei nur Laufkraftwerke berücksichtigt wurden. (Quelle: Verbund Austrian Hydro Power AG 2006)

In Tabelle 40 sind für die (hochgerechnete) Erzeugung der steirischen Wasserlaufkraftwerke der Mittelwert, VaR (95 %) und der zentrierte VaR (95 %) jeweils für einen Sommer- bzw. Wintermonat in GWh angegeben. Im Gegensatz zu den vorangegangenen Risikobewertungen, für die jeweils Schadensdaten herangezogen wurden, stehen für die Bewertung der Wasserkraft Erzeugungsdaten zur Verfügung. Während im Falle der Schadensdaten gilt, dass Werte als umso „ungünstiger" einzustufen sind, je höher sie ausfallen, gilt für Erzeugungsdaten genau der umgekehrte Schluss - je kleiner der Wert, desto „ungünstiger". Aus diesem Grund wird für den VaR (95 %) der Erzeugungsdaten nicht wie bei den Schadensdaten das obere, sondern das untere Quantil betrachtet und der zentrierte VaR (95 %) berechnet sich aus der Subtraktion des VaR (95 %) vom mittleren Umsatz.

Tabelle 40:   *Ergebnisse der Risikoeinschätzung hinsichtlich der Stromerzeugung von Wasserkraftwerken für die gesamte Steiermark (Angaben in GWh/Monat)*

Region	Mittelwert	VaR(95%)	MW-VaR
Sommer	238	107	131
Winter	104	21	83

Anmerkung: Rundungsdifferenzen nicht ausgeglichen

Quelle: Eigene Berechnung, Daten: Stromnetz Steiermark GmbH bzw. Verbund Austrian Hydro Power AG (2006)

Durch die Gewichtung der täglichen Erzeugungswerte der Kraftwerke mit den täglichen Strompreisen der EXAA (Energy Exchange Austria) kann der Umsatz geschätzt werden. Tabelle 41 stellt jeweils für einen Sommer- bzw. Wintermonat den Mittelwert, VaR (95 %) und zentrierten VaR (95 %) des Umsatzes dar.

Tabelle 41: Ergebnisse der Risikoeinschätzung hinsichtlich des Umsatzes von Wasserkraftwerken für die gesamte Steiermark (Angaben in €/Monat)

Region	Mittelwert	VaR(95%)	MW-VaR
Sommer	8.950.000	3.190.000	5.770.000
Winter	4.800.000	1.650.000	3.140.000

Anmerkung: Rundungsdifferenzen nicht ausgeglichen

Quelle: Eigene Berechnung, Daten: Stromnetz Steiermark GmbH bzw. Energy Exchange Austria

Der monatliche VaR (95 %) in der Höhe von rund 3,19 Mio. € besagt, dass mit einer Wahrscheinlichkeit von 95 % innerhalb eines Sommermonats Umsätze von mehr als 3,19 Mio. € erzielt werden, oder anders ausgedrückt, dass statistisch gesehen einmal in 20 Sommermonaten Umsätze von weniger als 3,19 Mio. € erwirtschaftet werden. Bezogen auf den mittleren Umsatz pro Sommermonat (8,95 Mio. €) kommt es gemäß den historischen Umsatzdaten demnach einmal in 20 Sommermonaten zu Umsatzeinbußen von mehr als 5,77 Mio. €.

Unter Berücksichtigung der Korrelationen, die die Umsätze zwischen den einzelnen Monaten aufweisen, können die in Tabelle 41 angeführten Monatswerte auch auf das ganze Jahr hochaggregiert werden. Für den jährlichen zentrierten VaR (95 %) ergibt sich demnach ein Wert von etwa 35,3 Mio. €. Diese 35,3 Mio. € bezeichnen den im Vergleich zum Umsatzmittel gemessenen Verlust, der statistisch gesehen einmal in 20 Jahren überschritten wird.

Kommt es innerhalb eines Jahres aufgrund eines unterdurchschnittlichen Wasserdargebots zu Umsatzeinbußen, also zu negativen Abweichungen vom mittleren Umsatz, belaufen sich diese gemäß den historischen Daten durchschnittlich auf 21,9 Mio. €.

Der **Grad der Unsicherheit der Risikobewertung** hinsichtlich der Umsätze durch Stromerzeugung aus Wasserkraft ist, insbesondere auch im Vergleich zu den anderen im Rahmen dieses Impulsprojekts durchgeführten quantitativen Bewertungen, als **eher gering** einzustufen (siehe auch Tabelle 2). Für einen Zeitraum von acht Jahren liegen viertelstündliche Erzeugungsdaten von drei Wasserkraftwerken vor. Diese wurden für die Analyse zu Tagesdaten (separat für Sommer- und Winterhalbjahr) zusammengefasst, sodass die Schätzungen auf Basis von 1.500 Datenpunkten erfolgen konnten. Was allerdings den Grad der Unsicherheit etwas erhöht, ist die Unabhängigkeitsannahme, die hinter der Hochrechnung der Risikobewertung auf die gesamte Steiermark steht. Diese Erhöhung des Unsicherheitsgrades gilt allerdings nur bedingt, da die Wahl des Kraftwerks so erfolgt ist, dass ein Risikoausgleich stattfindet.

Steirische Windkraft

Für die Analyse des klimainduzierten Risikos, dem sich die steirische Windkraft gegenüber sieht, stehen viertelstündliche Erzeugungsdaten von drei steirischen Windparks für den Zeitraum von 2002 bis 2009 bzw. 2006 bis 2009 zur Verfügung. Anhand dieser Daten kann eine Risikoanalyse für die Energiegewinnung aus Windkraft in der Steiermark durchgeführt werden. Die drei Windparks ergeben zusammen eine durchschnittliche Jahreserzeugung von 63 GWh. In Tabelle 42 sind der Mittelwert, VaR (95 %) und zentrierte VaR (95 %) der Erzeugung jeweils für einen Monat angegeben. Nachdem es sich nicht um Schadens-, sondern Erzeugungsdaten handelt und Werte daher als umso „ungünstiger" eingestuft werden, je kleiner sie ausfallen, wird für den VaR (95 %) das untere Quantil betrachtet und der zentrierte VaR (95 %) über Substraktion des VaR (95 %) vom mittleren Umsatz berechnet.

Tabelle 42:   *Ergebnisse der Risikoeinschätzung hinsichtlich der Stromerzeugung von Windkraftwerken*
                   (Angaben in MWh/Monat)

Region	Mittelwert	VaR(95%)	MW-VaR
Steiermark (3 Windparks)	5.026	2.350	2.680

Anmerkung: Rundungsdifferenzen nicht ausgeglichen

Quelle: Eigene Berechnung, Daten: Stromnetz Steiermark GmbH

Durch die Gewichtung der täglichen Erzeugungswerte der Windparks mit den täglichen Strompreisen der EXAA (Energy Exchange Austria) kann der Umsatz geschätzt werden. Tabelle 43 stellt den Mittelwert, VaR (95 %) und zentrierten VaR (95 %) des Umsatzes dar (Angaben in €/Monat).

Tabelle 43:   *Ergebnisse der Risikoeinschätzung hinsichtlich der Umsätze von Windkraftwerken (Angaben*
                   in €/Monat)

Region	Mittelwert	VaR(95%)	MW-VaR
Steiermark (3 Windparks)	239.900	85.600	154.400

Anmerkung: Rundungsdifferenzen nicht ausgeglichen

Quelle: Eigene Berechnung, Daten: Stromnetz Steiermark GmbH bzw. Energy Exchange Austria

Der monatliche VaR (95 %) in der Höhe von rund 85.600 € besagt, dass mit einer Wahrscheinlichkeit von 95 % innerhalb eines Monats Umsätze von mehr als 85.600 € erzielt werden, oder anders ausgedrückt, dass statistisch gesehen einmal in 20 Monaten Umsätze von weniger als 85.600 € erwirtschaftet werden. Bezogen auf den mittleren Umsatz pro Monat kommt es gemäß den historischen Erzeugungsdaten demnach einmal in 20 Monaten zu Umsatzeinbußen von mehr als 154.400 €.

Unter Berücksichtigung der Korrelationen, die die Umsätze zwischen den einzelnen Monaten aufweisen, können diese Werte auch auf das ganze Jahr hochaggregiert werden. Somit erhält man für den jährlichen zentrierten VaR (95 %) 1,4 Mio. €. Statistisch gesehen ist demnach einmal in 20 Jahren im Vergleich zum mittleren Umsatz mit einem Verlust von mehr als 1,4 Mio. € zu rechnen.

Kommt es innerhalb eines Jahres aufgrund unterdurchschnittlicher Windverhältnisse zu Umsatzeinbußen, also zu negativen Abweichungen vom mittleren Umsatz, belaufen sich diese gemäß den historischen Daten durchschnittlich auf 400.000 €.

Insgesamt sind in der Steiermark Windanlagen mit einer Leistung von 49,8 MW installiert[14]. Das jährliche Regelarbeitsvermögen beläuft sich auf 94,6 GWh. Über die durchschnittliche Jahreserzeugung der drei untersuchten Windparks kann eine Hochrechnung der Risikobewertung auf die gesamte Steiermark erfolgen. Somit ergibt sich steiermarkweit für den jährlichen zentrierten VaR (95 %) ein Wert von 2,1 Mio. €. Führen unterdurchschnittliche Windverhältnisse innerhalb eines Jahres zu Umsatzeinbußen, so belaufen sich diese gemäß den Hochrechnungen steiermarkweit durchschnittlich auf 601.000 €.

Der **Grad der Unsicherheit der Risikobewertung** hinsichtlich der Umsätze durch Stromerzeugung aus Windkraft ist, insbesondere auch im Vergleich zu den anderen im Rahmen dieses Impulsprojekts durchgeführten quantitativen Bewertungen, als **eher gering** einzustufen (siehe auch Tabelle 2). Für einen Zeitraum von vier Jahren liegen viertelstündliche Erzeugungsdaten von drei Windparks vor. Diese wurden für die Analyse zu Tagesdaten zusammengefasst, sodass die Schätzungen auf Basis von 1.500 Datenpunkten erfolgen

---

[14] Siehe igwindkraft.at (Stand: Jänner 2011).

konnten. Was allerdings den Grad der Unsicherheit etwas erhöht, ist die Unabhängigkeitsannahme, die hinter der Hochrechnung der Risikobewertung auf die gesamte Steiermark steht. Diese Erhöhung des Unsicherheitsgrades gilt allerdings nur bedingt, da mit einem Anteil der drei Windparks von 60 % am Regelarbeitsvermögen der Steiermark ein Teil der Korrelationen berücksichtigt wurde.

Qualitative Analyse

Im Zusammenhang mit der heimischen Energiewirtschaft ist zu berücksichtigen, dass es durch eine Veränderung des aktuell vorherrschenden Klimas langfristig zu einer Abnahme der Produktion von Laufkraftwerken kommen kann. Ausgehend von klimawandelbedingten Rückgängen im Niederschlag ist aufgrund von Niederwasser mit Einbußen in der Energieerzeugung zu rechnen. Die genaue Dynamik, ab welchen Werten mit solchen Einbußen zu rechnen ist, bedarf jedoch einer detaillierten Untersuchung, da bei Niedrigwasser auch höhere Fallhöhen auftreten können. Im Falle vermehrter Starkregenereignisse steigt hingegen die Gefahr von Hochwasserereignissen, welche wiederum zu einer verringerten Stromerzeugung in den betroffenen Regionen beitragen. Im Falle vermehrter Hochwasser muss auch mit einer erhöhten Schwemmgutansammlung gerechnet werden, was negative Auswirkungen auf Wartungs- und Instandhaltungskosten von Wasserkraftanlagen nach sich zieht. (Hänggi et al., 2009; Ott et al., 2008; Matovelle et al., 2009; OcCC / ProClim, 2007)

Klimatische Veränderungen können gleichzeitig zu einer zeitlichen Verlagerung der Stromnachfrage führen. Aufgrund einer prognostizierten geringeren Anzahl an Heizgradtagen bei gleichzeitiger Zunahme der Anzahl an Kühlgradtagen werden insbesondere an Tagen mit verringerter Produktion Spitzennachfragen nach Elektrizität erwartet. Zudem wird von einer Verringerung des Wasserkraftpotenzials in Gesamteuropa zwischen 5 % und 10 % bis 2070 ausgegangen, welches sich Prognosen zufolge aus einer gesteigerten Produktion in Nord- und Osteuropa (15 %-30 %) und einem Produktionsrückgang (20 %-50 %) in Mittelmeerregionen zusammensetzt. Im Hitzesommer 2003 kam es bereits besonders an den Flüssen Mur und Enns zu starken Erzeugungseinbrüchen bei Laufkraftwerken, die nur teilweise durch Speicherkraftwerke ausgeglichen werden konnten. (Hänggi et al., 2009; Ott et al., 2008; Matovelle et al., 2009; OcCC / ProClim, 2007)

Die Windkraft spielt in der Steiermark aktuell eine eher untergeordnete Rolle. Nur etwa 2 % des steirischen Stromverbrauchs könnten potenziell von Windkraftwerken bedient werden. Eine Gefährdung des Windstromangebotes durch Stürme oder aber durch zu wenig Wind kann aber grundsätzlich nicht ausgeschlossen werden. Von einer Zunahme der Waldflächen, wie sie unter Punkt 4.1 für die Steiermark festgestellt wird, könnte die Energieerzeugung durch Biomasse profitieren, die bei zunehmenden Einbußen anderer Erzeugungseinrichtungen forciert werden könnte. (Hänggi et al., 2009; Ott et al., 2008; Matovelle et al., 2009; OcCC / ProClim, 2007)

4.3   AUSGEWÄHLTE ASPEKTE DES KLIMARISIKOS IM BEREICH WASSERVER-
SORGUNG

Nikola Rogler, Claudia Winkler, Michael Kueschnig

4.3.1   Gefährdete Werte im Sektor und deren Verletzbarkeit

Abbildung 19 bietet einen Überblick über die aktuell durchschnittlich vorhandenen Grundwasserstände der steirischen Regionen. Es ist ersichtlich, dass insbesondere der steirische Westen – Liezen sowie die Westliche Obersteiermark – über verhältnismäßig hohe durchschnittliche Grundwasserpegel je 1.000 EinwohnerInnen verfügt. In diesen Regionen sind einerseits absolut die höchsten Grundwasserstände zu verzeichnen, andererseits leben hier auch vergleichsweise wenig Menschen, wodurch eine überdurchschnittlich hohe regionale Versorgungsmöglichkeit mit Grundwasser erklärt werden kann.

Abbildung 19:   Durchschnittliche Grundwasserpegel in Metern je 1.000 EinwohnerInnen, 2009

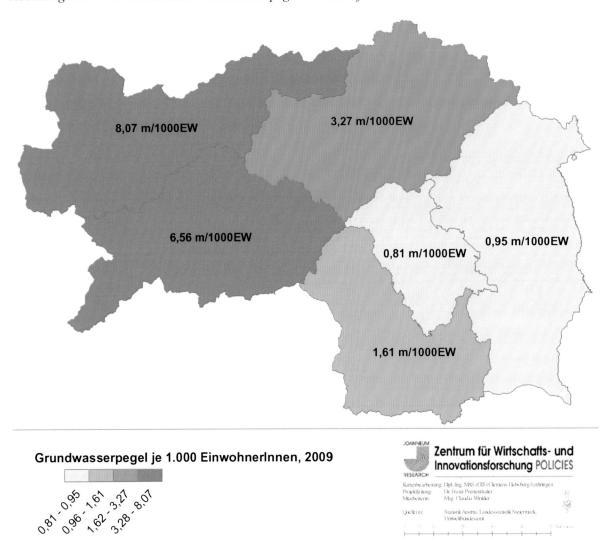

Quelle: Eigene Darstellung, Daten: Landesstatistik Steiermark

Im Gegensatz dazu weisen die süd-östlichen Regionen der Steiermark deutlich niedrigere Werte für den Grundwasserpegel je 1.000 EinwohnerInnen auf, was im Falle von Trockenperioden zu regionalen Engpässen führen kann. Graz verzeichnete dabei 2009 mit 0,81 Metern je 1.000 EinwohnerInnen den geringsten Wert, die Oststeiermark lag mit 0,91 Metern je 1.000 EinwohnerInnen nur geringfügig darüber, während die West- und Südsteiermark 1,61 Meter je 1.000 EinwohnerInnen verzeichneten. Die Östliche Obersteiermark wies einen durchschnittlichen Grundwasserpegel von 3,27 Metern je 1.000 EinwohnerInnen auf.

4.3.2 Derzeitige Gefährdungslage

Die Einsätze zur Wasserversorgung, welche im Krisenfall der Feuerwehr obliegen, sind in Abbildung 20 dargestellt. Hier wird deutlich, dass vor allem in der ersten Hälfte der dargestellten Aufzeichnungsperiode (1998 bis 2003) die Bevölkerung einzelner NUTS 3-Regionen auf Wasserlieferungen durch die Feuerwehr angewiesen war. Insbesondere zwei Regionen scheinen in dieser Periode von Wasserknappheit betroffen gewesen zu sein: die Oststeiermark sowie die West- und Südsteiermark. Diese Regionen weisen auch bei der Betrachtung der Grundwasserstände in Kapitel 4.3 mitunter die niedrigsten durchschnittlichen Grundwasserpegel je 1.000 EinwohnerInnen der steirischen Regionen auf. Vor allem im Jahr 2002 verzeichneten die Oststeiermark und die West- und Südsteiermark, aber auch Graz, äußert hohe Werte an bevölkerungsgewichteten Einsätzen zur Wasserversorgung. Allerdings handelte es sich beim Jahr 2002 auch um ein sehr hochwasserintensives Jahr, weshalb kaum davon ausgegangen werden kann, dass diese Einsätze zur Wasserversorgung überwiegend aufgrund von Wasserknappheit durch Dürre stattfanden, sondern vielmehr aufgrund beschädigter Wasserleitungen zustande kamen. Die ebenfalls große Zahl an Einsätzen im Jahr 2003 ist auf den Rekordsommer dieses Jahres, der von Hitze und Trockenheit gekennzeichnet war, zurückzuführen.

Von 2004 bis 2009 fanden vergleichsweise nur wenige Einsätze zur Wasserversorgung statt. Allerdings waren nach wie vor die Regionen Oststeiermark sowie West- und Südsteiermark am deutlichsten von der Notwendigkeit der zusätzlichen Wasserversorgung durch die Feuerwehr betroffen.

Über den gesamten Zeitraum weisen Liezen, die Östliche Obersteiermark sowie die Westliche Obersteiermark die geringste Anzahl an Feuerwehreinsätzen je 1.000 EinwohnerInnen zur Wasserversorgung auf. Auch Graz verzeichnet zum Großteil niedrige Werte, mit Ausnahme des Jahres 2002 (wie bereits erwähnt).

Abbildung 20:   *Anzahl   Feuerwehreinsätze   aufgrund von Wasserversorgung 1998-2009 (je 1.000 EinwohnerInnen)*

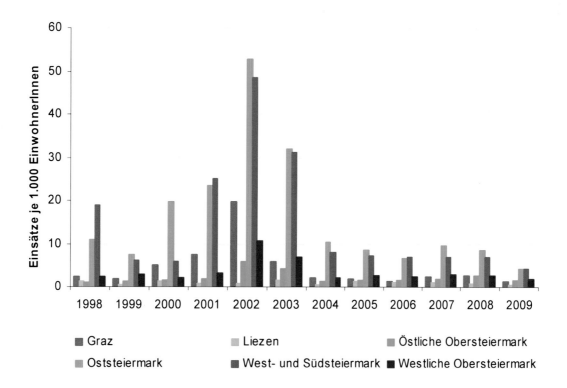

Quelle: Eigene Berechnungen, Daten: Landesfeuerwehrverband Steiermark

4.3.3   Vulnerabilitätsanalyse und Gesamtrisikoeinschätzung

Für die Risikobewertung hinsichtlich der Wasserversorgung der steirischen Regionen in Trockenzeiten, die eine Aufgabe der steirischen Feuerwehren darstellt, steht als Datenbasis die Anzahl der jährlichen Feuerwehreinsätze bezüglich der Wasserversorgung für den Zeitraum von 1998 bis 2009 zur Verfügung. Als Quelle dient die Einsatzstatistik des Landesfeuerwehrverbandes Steiermark. Pro Einsatz werden in Anlehnung an die aktuelle Tarifordnung Kosten in der Höhe von 443 € angenommen.

In Tabelle 44 sind der mittlere Schaden, der Median, der VaR (95 %) und der zentrierte VaR (95 %) für jede NUTS 3-Region angegeben.

Tabelle 44:   Ergebnisse der Risikoeinschätzung hinsichtlich Kosten der Wasserversorgung (Angaben in €/Jahr)

Region	Mittelwert	Median	VaR(95%)	VaR-MW
Graz	735.749	404.459	2.079.000	1.343.000
Liezen	36.068	34.111	54.000	17.000
Östliche Obersteiermark	186.023	137.330	420.000	234.000
Oststeiermark	1.843.914	1.136.295	4.710.000	2.866.000
West- und Südsteiermark	1.208.356	585.203	3.220.000	2.011.000
Westliche Obersteiermark	179.046	135.780	430.000	251.000

Anmerkung: Rundungsdifferenzen nicht ausgeglichen

Quelle: Eigene Berechnungen, Daten: Landesfeuerwehrverband Steiermark

Wie aus Tabelle 44 ersichtlich, handelt es sich bei der Oststeiermark mit einem jährlichen zentrierten VaR (95 %) von rund 2,87 Mio. € um die Region mit dem höchsten Risiko in Bezug auf Kosten durch Wasserversorgung. Es folgen die West- und Südsteiermark sowie Graz.

Tabelle 45:   Ergebnisse der Risikoeinschätzung hinsichtlich Kosten der Wasserversorgung für die gesamte Steiermark (Angaben in €/Jahr)

Region	Mittelwert	Median	VaR(95%)	VaR-MW
Steiermark	4.189.156	2.436.500	10.800.000	6.600.000

Anmerkung: Rundungsdifferenzen nicht ausgeglichen

Quelle: Eigene Berechnungen, Daten: Landesfeuerwehrverband Steiermark

Für die gesamte Steiermark liegt der mittlere Schaden bei 4.189.156 €/Jahr und der jährliche VaR (95 %) beträgt rund 10,8 Mio. € (siehe Tabelle 45). Somit ergibt sich ein jährlicher zentrierter VaR (95 %) von rund 6,6 Mio. €.

Um einen besseren Regionenvergleich zu ermöglichen, werden die Einsätze zur Wasserversorgung auf Einsätze je 1.000 EinwohnerInnen einer Region normalisiert. Die monetäre Bewertung des Risikos erfolgt wiederum in Anlehnung an die Tarifordnung mit Kosten von 443 € je Einsatz. In Tabelle 46 sind der mittlere Schaden, der Median, der VaR (95 %) und der zentrierte VaR (95 %) für jede Region jeweils auf Basis der normierten Daten angegeben.

Tabelle 46:   *Ergebnisse der Risikoeinschätzung hinsichtlich Kosten der Wasserversorgung (Angaben in €/1.000 EinwohnerInnen/Jahr)*

Region	Mittelwert	Median	VaR(95%)	VaR-MW
Graz	2.000	1.085	5.720	3.720
Liezen	445	421	660	220
Östliche Obersteiermark	974	719	2.200	1.220
Oststeiermark	7.169	4.418	18.310	11.140
West- und Südsteiermark	6.490	3.143	17.290	10.800
Westliche Obersteiermark	1.601	1.214	3.840	2.240

Anmerkung: Rundungsdifferenzen nicht ausgeglichen

Quelle: Eigene Berechnungen, Daten: Landesfeuerwehrverband Steiermark

Auch normalisiert auf die regionale Bevölkerung zeigt sich, dass die Oststeiermark und die West- und Südsteiermark gemäß dem zentrierten VaR (95 %) die Regionen mit dem höchsten Risiko darstellen (rund 11.140 €/1.000 EinwohnerInnen/Jahr bzw. rund 10.800 €/1.000 EinwohnerInnen/Jahr). In Tabelle 47 sind die Ergebnisse hinsichtlich des Gesamtrisikos für die Steiermark dargestellt. Der mittlere Schaden liegt für die Steiermark bei 18.680 €/1.000 EinwohnerInnen/Jahr, der jährliche VaR (95 %) bei etwa 47.600 €/1.000 EinwohnerInnen. Daraus folgt ein jährlicher zentrierter VaR (95 %) von rund 28.900 €/1.000 EinwohnerInnen.

Tabelle 47:   *Ergebnisse der Risikoeinschätzung hinsichtlich Kosten der Wasserversorgung für die gesamte Steiermark (Angaben in €/1.000 EinwohnerInnen/Jahr)*

Region	Mittelwert	Median	VaR(95%)	VaR-MW
Steiermark	18.680	10.959	47.600	28.900

Quelle: Eigene Berechnungen, Daten: Landesfeuerwehrverband Steiermark

Der **Grad der Unsicherheit der Risikobewertung** hinsichtlich der Kosten der Wasserversorgung ist, insbesondere auch im Vergleich zu den anderen im Rahmen dieses Impulsprojekts durchgeführten quantitativen Bewertungen, als **eher gering** einzustufen (siehe auch Tabelle 2). Daten zur Anzahl der Feuerwehreinsätze liegen für einen Zeitraum von zwölf Jahren vor. Allerdings mussten Annahmen über die Kosten je Feuerwehreinsatz getroffen werden, was ein gewisses Maß an Unsicherheit mit sich bringt.

Qualitative Analyse

Hinsichtlich der heimischen Wasserversorgung stellt im Zusammenhang mit klimawandelinduzierten Einflüssen vor allem die prognostizierte Zunahme von Wetterextremereignissen ein besonderes Risiko dar. Durch die erwartete Zunahme von Starkregenereignissen ist ein vermehrtes Auftreten lokaler Überschwemmungen zu befürchten, da Rückhaltebecken und Kanalisation auf vergangene Niederschlagsmengen ausgelegt sind. Negative Konsequenzen wären dabei Qualitätseinbußen des Trinkwasservorrates und im Zuge dessen erhöhte gesundheitliche und hygienetechnische Belastungen der Bevölkerung. Weiters kann es durch überlaufendes Mischwasser zu Zerstörungen und Bodenerosionen kommen. (OcCC/ProClim, 2007; Ott et al., 2008; Blumenthal, R. et al., 2010; Formayer, H.,2006)

Ein verstärktes Auftreten von Hitzeperioden würde durch eine stärkere Verdunstung zu einer vermehrten Austrocknung des Bodens führen. Dies würde wiederum eine Verringerung der lokalen Fähigkeit des Bodens, Wasser aufzunehmen, bedeuten. Damit zusammenhängend auftretende Trockenrisse und Verkrustungen bedeuten eine Verminderung der Fähigkeit zur Humusbildung und bei plötzlich einsetzendem Niederschlag eine Erhöhung der Gefahr des Einspülens von Verunreinigungen in Trinkwasserquellen. Lokal kann während Hitzeperioden weiters die Möglichkeit eines Absinkens des Grundwasserspiegels bestehen, was zu einem Versorgungsengpass bei Hausbrunnen führen kann. (OcCC/ProClim, 2007; Ott et al., 2008; Blumenthal, R. et al., 2010; Formayer, H.,2006)

Mögliche Angebotsschwankungen durch Überschwemmungen, längere Trockenphasen oder eine höhere Verdunstung führen mitunter zu Produktionseinbußen und schaffen – in Verbindung mit einem tendenziell erhöhten Wasserbedarf in der Land- und Forstwirtschaft, im Energiesektor, im Tourismus und in der öffentlichen Wasserversorgung – Konkurrenzsituationen. (OcCC/ProClim, 2007; Ott et al., 2008; Blumenthal, R. et al., 2010; Formayer, H.,2006)

Quelle: WVTLO

Abbildung 21:   Rohre der Transportleitung Oststeiermark

Der Bau der Transportleitung Oststeiermark um rund 16 Mio. € ist eine der ersten vorausschauenden Klimaanpassungsmaßnahmen im Wasserversorgungsbereich in Österreich. Dass im Falle der Wasserversorgung die Kosten einer Ersatzversorgung mittels Tankwägen nur eine grob untertriebene Schätzung des langfristigen ökonomischen Klimarisikos ist, wird in Prettenthaler/Dalla-Via (2007) umfassend dokumentiert. Die negativen Folgen einer unsicheren Wasserversorgung für Tourismusentwicklung und Betriebsansiedelung würden in der Oststeiermark bei weitem höher anzusetzen sein als die Kosten dieser Investition.

4.4 AUSGEWÄHLTE ASPEKTE DES KLIMARISIKOS IM BEREICH DER INFRASTRUKTUR

Claudia Winkler, Clemens Habsburg-Lothringen

4.4.1 Gefährdete Werte im Sektor und deren Verletzbarkeit

Der Anteil der Straßenverkehrsfläche an der Gesamtfläche der einzelnen steirischen NUTS 3-Regionen sowie die Veränderung dieses Anteiles von 1981 bis 2005 sind in Abbildung 22 dargestellt. Den höchsten Anteil an der Gesamtfläche nahmen 2005 mit 3,5 % die Verkehrsflächen im Gebiet Graz ein, was eine Steigerung von 1,2 % bedeutet. Einen ähnlichen Wert wies mit 3,25 % der Gesamtfläche (+1,3 %) die Oststeiermark auf. Die niedrigsten Anteile der Verkehrsfläche an der regionalen Gesamtfläche wiesen Liezen (0,9 %, +0,4 %) und die Östliche Obersteiermark (0,8 %, +0,8 %) auf. In der West- und Südsteiermark betrug der Anteil der Verkehrsfläche an der Gesamtfläche 2005 2,7 % bei einer Steigerung von 0,9 % seit 1981. Die Westliche Obersteiermark verzeichnete einen Anteil von 2,1 % an der regionalen Gesamtfläche bei einem Wachstum von +0,4 %.

Abbildung 22: Anteil der Straßenverkehrsfläche an der regionalen Gesamtfläche in %, 2005 (Veränderung 1981-2005)

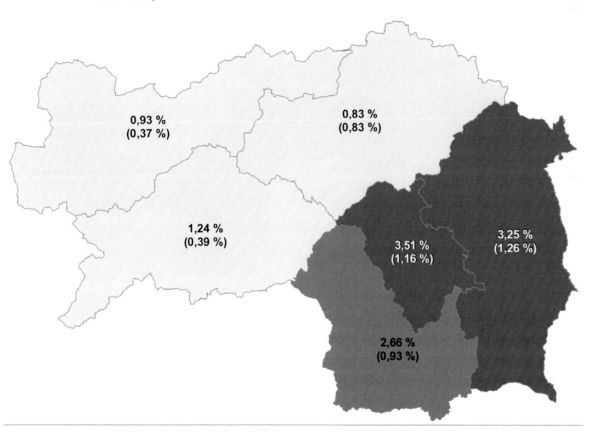

Anteil Verkehrsfläche an Gesamtfläche 2005

(Veränderung 1981-2005)

Quelle: Eigene Darstellung, Daten: Landesstatistik Steiermark

In Abbildung 23 sind die Straßenverkehrsflächen der steirischen NUTS 3-Regionen pro Kopf für 2005 sowie
deren Veränderung zwischen 1981 und 2005 dargestellt. Diese Betrachtung zeigt, dass die Oststeiermark mit
406,1 m^2 die größte Fläche je EinwohnerIn aufwies, wobei dieser Wert zwischen 1981 und 2005 um 56,6 %
gestiegen ist. Die geringste Pro-Kopf-Fläche verzeichnete hingegen das Grazer Gebiet (109,0 m^2 pro Kopf),
das mit einer Veränderung von +31,5 % gleichzeitig den kleinsten Zuwachs aufwies. Zum größten Zuwachs
an Straßenverkehrsfläche kam es mit +104,76 % in der Östlichen Obersteiermark, die im Jahr 2005 278,0 m^2
Verkehrsfläche aufwies. Die Region Liezen zählte 2005 mit 371,48 m^2 (+65,1 %) ebenfalls einen vergleichsweise hohen Wert an Straßenverkehrsfläche pro Kopf, die Westliche Obersteiermark wies 352,6 m^2 Verkehrsfläche (+57,1 %) je EinwohnerIn aus, die West- und Südsteiermark verzeichneten 309,35 m^2 (+49,8 %). Somit kam es in sämtlichen NUTS 3-Regionen der Steiermark zwischen 1981 und 2005 zu einem deutlichen
Zuwachs an Straßenverkehrsflächen.

Abbildung 23:   Straßenverkehrsfläche je EinwohnerIn in m^2, 2005 (Veränderung 1981-2005)

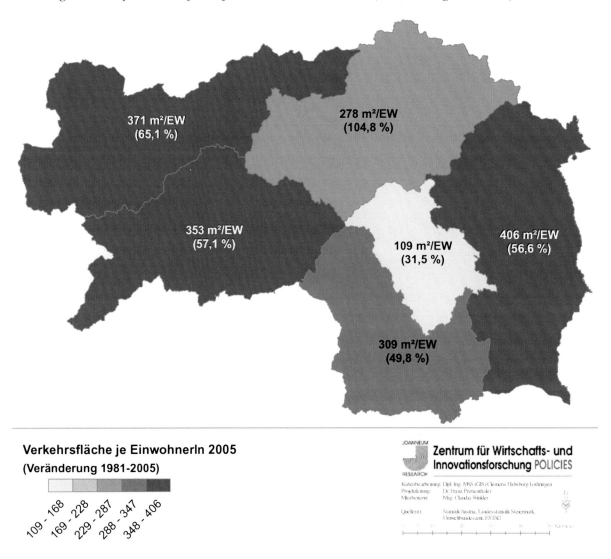

Quelle: Eigene Darstellung, Daten: Landesstatistik Steiermark

Bezüglich der Verkehrsinfrastruktur ist auch die Schieneninfrastruktur von Bedeutung. Der Anteil der Bahnfläche an der regionalen Gesamtfläche wies 2005 in allen steirischen NUTS 3-Regionen ähnliche Werte auf
(siehe Abbildung 24), wobei die Veränderungen zwischen 1981 und 2005 verschwindend gering sind. Auffällig dabei ist, dass in allen Regionen ein Rückgang der Bahnfläche an der Gesamtfläche verzeichnet wurde,
was auf die Einstellung unrentabler Nebenstrecken im Zugverkehr hindeutet. Der größte Anteil an der Gesamtfläche findet sich in Graz (0,3 %, bei -0,09 % seit 1981). Liezen und die Östliche Obersteiermark ver-

zeichneten jeweils 0,2 % der Gesamtfläche als Bahnfläche (-0,01 % bzw. -0,08 %). Die Oststeiermark, die West- und Südsteiermark sowie die Westliche Obersteiermark wiesen jeweils 0,1 % der regionalen Gesamtfläche als Bahnfläche aus (-0,01 %, -0,03 % bzw. -0,01 %).

Abbildung 24:   Anteil der Bahnfläche an der regionalen Gesamtfläche in %, 2005 (Veränderung 1981-2005)

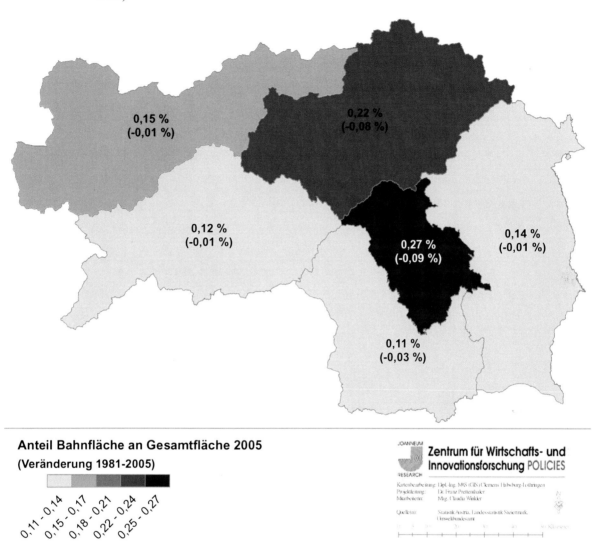

Anteil Bahnfläche an Gesamtfläche 2005
(Veränderung 1981-2005)

Quelle: Eigene Darstellung, Daten: Landesstatistik Steiermark

Abbildung 25 zeigt die Schienenverkehrsfläche je EinwohnerIn der steirischen NUTS 3-Regionen im Jahr 2005 sowie die Veränderung dieses Wertes zwischen 1981 und 2005. Auch hier wurde in sämtlichen Regionen ein Rückgang verzeichnet. Den größten Rückgang wies dabei mit -33,1 % Graz auf, wobei die Region 2005 mit 8,4 m^2 die geringste Bahnfläche je EinwohnerIn verzeichnete. Die größte Bahnfläche je EinwohnerIn verzeichnete Liezen mit 61,4 m^2 (-9,4 %). Die Östliche Obersteiermark wies 2005 40,9 m^2 pro Kopf aus (-15 %), die Oststeiermark 17,2 m^2 (-7,9 %) und die West- und Südsteiermark 12,6 m^2 (-21,5 %). Den geringsten Rückgang verzeichnete die Westliche Obersteiermark mit -0,7 % bei einer Schienenverkehrsfläche von 35,1 m^2 pro Kopf.

Abbildung 25:   Bahnfläche je EinwohnerIn in m², 2005 (Veränderung 1981-2005)

Bahnfläche je EinwohnerIn 2005

(Veränderung 1981-2005)

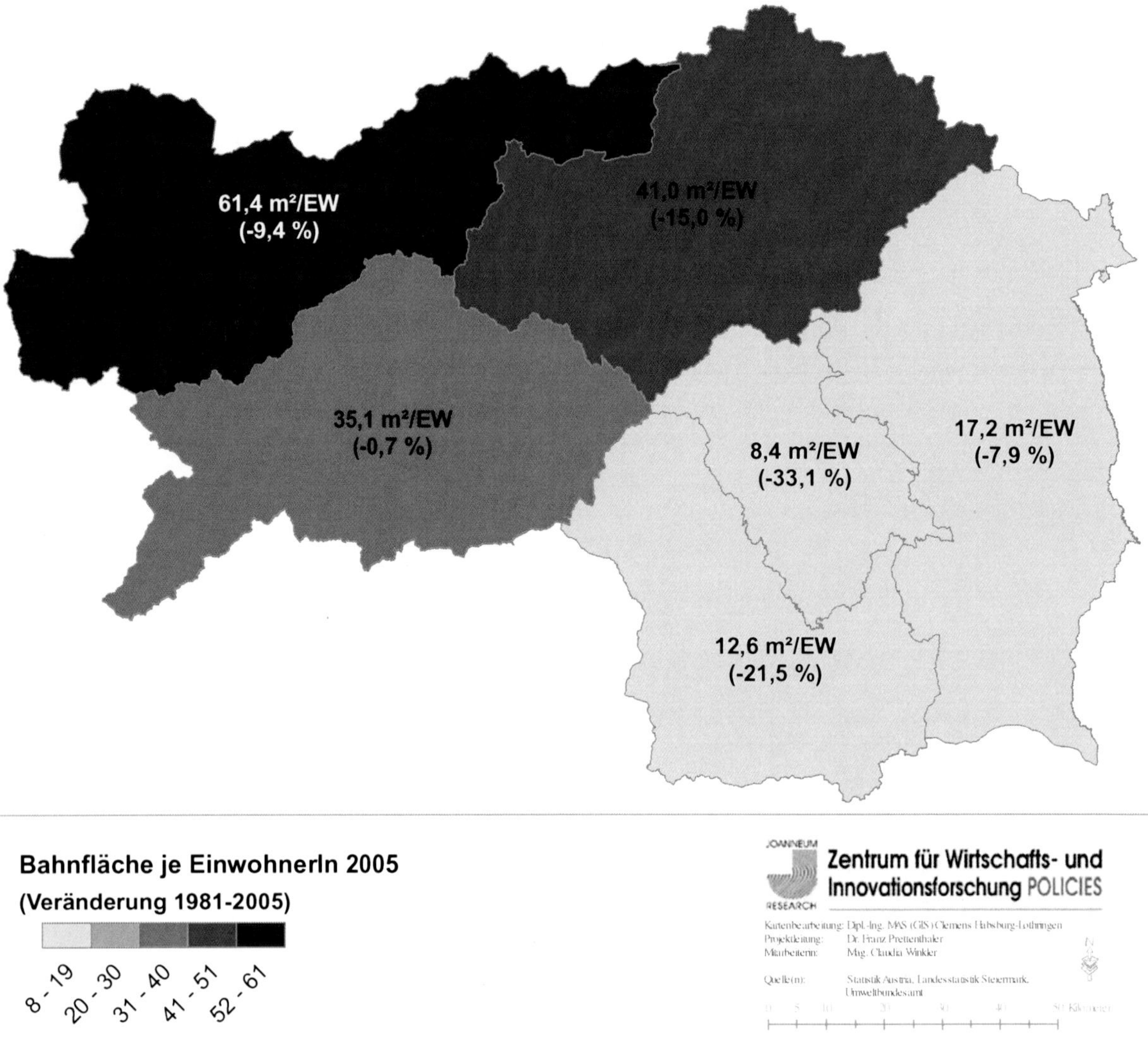

Quelle: Eigene Darstellung, Daten: Landesstatistik Steiermark

4.4.2 Derzeitige Gefährdungslage

Schäden an der steirischen Straßeninfrastruktur, die durch witterungs- und klimabedingte Faktoren aufgetreten sind und im Zuge dessen durch den Klimawandel beeinflusst werden, sind in Abbildung 26 dargestellt. Bei den angesprochenen witterungs- und klimabedingten Faktoren handelt es sich den Aufzeichnungen des Referats für Straßenbau- und Geotechnik der Steiermärkischen Landesregierung zufolge um Hochwasser, Erdrutsche, Vermurungen, Lawinen, Orkane und Bergstürze. Dabei wird die Anzahl der Schadensfälle an Landesstraßen je km^2 regionaler Verkehrsfläche gezeigt. Es ist deutlich zu erkennen, dass 2004 eine sehr große Anzahl an Straßenschäden aufgenommen und repariert wurde. Diese Auffälligkeit dürfte mit der Übertragung der Bundesstraßen (ausgenommen Schnellstraßen und Autobahnen) an die Bundesländer und mit damit verbundenen eventuellen Großreparaturmaßnahmen zusammenhängen. Jene Regionen, in denen die meisten Schadensfälle je km^2 Verkehrsfläche aufgezeichnet wurden, waren dabei die Oststeiermark und Liezen.

Die meisten Schadensfälle sind auf Erdrutsche zurückzuführen, insbesondere 2004 und 2009 war eine große Anzahl von Schäden durch Erdrutsche bedingt. Die meisten steirischen Regionen zählten in den Jahren 2004 und 2009 eine überdurchschnittliche Anzahl an Schäden an der Infrastruktur je km^2 Verkehrsfläche. (Ausnahmen: Östliche Obersteiermark für 2009 und Westliche Obersteiermark für 2004).

Abbildung 26:   Schadensfälle an Landesstraßen je km^2 der regionalen Gesamtverkehrsfläche, 2004-2009

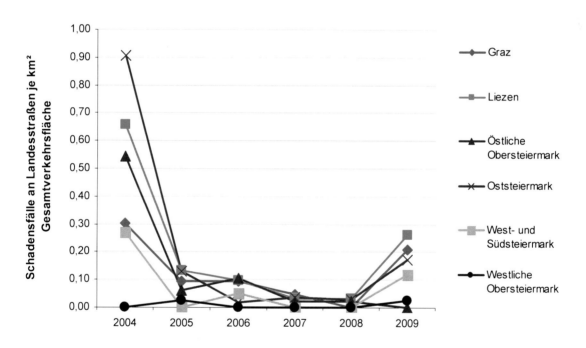

Quelle: Eigene Berechnungen, Daten: Referat Straßenbau- und Geotechnik der Steiermärkischen Landesregierung

Um einen Überblick der Kosten des allgemeinen Schadensausmaßes an der österreichischen Straßeninfrastruktur zu erhalten, sind in Tabelle 48 die Gesamtschäden sowie die Schäden je Kilometer an den Landesstraßen des Typs „B"[15] der einzelnen Bundesländer für 2009 aufgelistet. Für Wien sowie für die Kärntner Landesstraßen B liegen dabei keine Werte vor. Auffällig sind die hohen Schadenswerte für Landstraßen B im Allgemeinen sowie je Kilometer der Landstraßen B in der Steiermark, in Salzburg und in Tirol.

Tabelle 48:   *Schäden an den österreichischen Landesstraßen B (2009, in Mio. €)*

Bundesland	Schäden 2009 an Landesstraße B (in Mio. €, Anmeldung 2010)	Schäden 2009 an Landesstraße B (in Mio. €/km)
Burgenland	206	0,36
Kärnten	---	---
Niederösterreich	1.451	0,49
Oberösterreich	577	0,37
Salzburg	1.054	1,52
Steiermark	**2.134**	**1,34**
Tirol	1.051	1,08
Vorarlberg	50	0,17
Wien	---	---

Quelle: Eigene Berechnungen, Daten: BMVIT (2010)

Anhand der Zuweisung der Gesamtschadensmenge in der Steiermark kann eine Aussage darüber getroffen werden, in welcher NUTS 3-Region tendenziell die größten Schadenssummen zwischen 2005 und 2009 angefallen sind. In Abbildung 27 ist ersichtlich, dass insbesondere in der Region Liezen in diesem Zeitraum vergleichsweise hohe Schadenssummen je km^2 Straßenverkehrsfläche angefallen sind, vor allem 2008 und 2009. Relativ hohe Schadenswerte weist auch die Oststeiermark auf. Die deutlich niedrigsten Schadenssummen je km^2 Straßenverkehrsfläche wies im selben Zeitraum hingegen die Westliche Obersteiermark auf. Auch in der West- und Südsteiermark waren vergleichsweise niedrige Schadenswerte zu verzeichnen.

---

[15] i.e. ehemalige Bundesstraßen B.

Abbildung 27: Schadenssummen an Landesstraßen je km² der regionalen Gesamtverkehrsfläche, 2005-2009

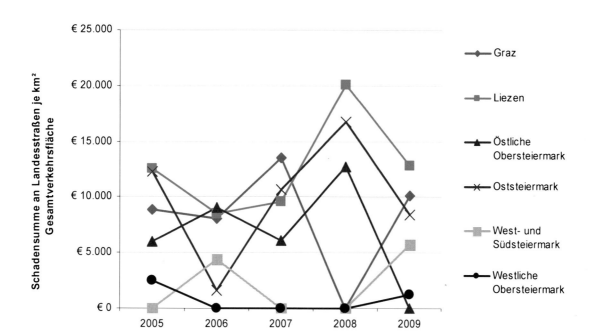

Quelle: Eigene Berechnungen, Daten: Referat Straßenbau- und Geotechnik der Steiermärkischen Landesregierung bzw. Bundesministerium für Finanzen, Unterlagen zum Finanzausgleich (Katastrophenfonds)

Die derzeitige Gefährdungslage der steirischen Schieneninfrastruktur ist anhand von Daten der Österreichischen Bundesbahnen zu klimainduzierten Schäden sowie deren monetärem Umfang an Gleiskörperanlagen zu erkennen. Zu diesem Zweck wurden Schadensdaten von 2005 bis 2009 ausgewertet. Seitens der Steirischen Landesbahnen liegen keine Schadensdaten vor, die Schienenverkehrsfläche der Landesbahnen ist dennoch in der gesamten Schienenfläche inkludiert. Eventuelle Verzerrungen sind daher zu berücksichtigen.

Abbildung 28 zeigt die Aufteilung des Gesamtschadens an der steirischen Schieneninfrastruktur auf die steirischen NUTS 3-Regionen. Demnach war zwischen 2005 und 2009 insbesondere die Schieneninfrastruktur der Östlichen Obersteiermark betroffen. Mehr als ein Drittel der gesamten Schadenssumme wurde in dieser Region verzeichnet. Etwas mehr als ein Viertel der gesamten Schadenssumme fiel in der Westlichen Obersteiermark an. Kaum betroffen waren hingegen die Oststeiermark (weniger als 1 % des Gesamtschadens) sowie die West- und Südsteiermark (4,3 %). In Graz wurden 12,1 % der gesamten Schadenssumme verzeichnet, in Liezen 19,1 %.

Abbildung 28:   Verteilung des Gesamtschadens an der steirischen Schieneninfrastruktur auf die steirischen Regionen, 2005-2009

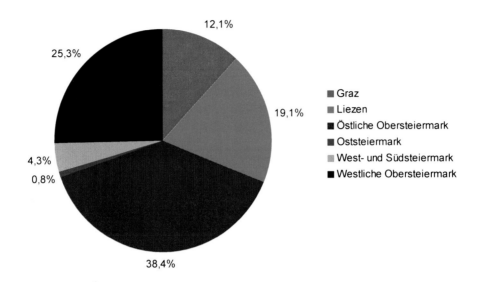

Quelle: Eigene Berechnungen, Daten: Österreichische Bundesbahnen

Abbildung 29 zeigt die Verteilung der Gesamtschadenssumme auf die einzelnen betrachteten Jahre. Die Gesamtschadenssumme betrug dabei zwischen 2005 und 2009 etwa 3 Millionen €. Es ist deutlich zu erkennen, dass die Schieneninfrastruktur 2008 durch klimabedingte Ereignisse beträchtlich in Mitleidenschaft gezogen wurde. 2006 kam es hingegen kaum zu Schäden an den Gleiskörpern, verglichen mit den anderen betrachteten Jahren.

Abbildung 29:   Verteilung des Gesamtschadens auf die einzelnen Jahre, 2005-2009

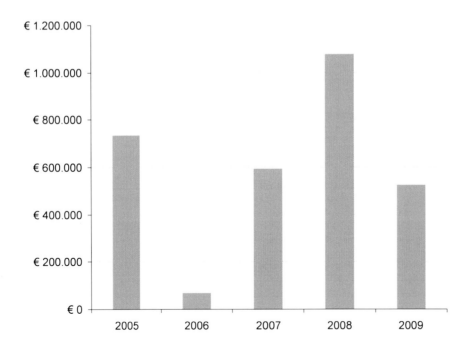

Quelle: Eigene Berechnungen, Daten: Österreichische Bundesbahnen

Wie sich die relative Aufteilung der jährlichen Schadenssummen auf die einzelnen steirischen Regionen gestaltet, ist in Abbildung 30 ersichtlich. Außer für die Oststeiermark, die auch in der Betrachtung der einzelnen

Jahre durchwegs geringe Anteile aufweist, zeigen sämtliche Regionen sehr unterschiedliche Schadensanteile über die einzelnen Jahre. So weist z. B. Graz zwischen 2005 und 2007 keine Schäden auf, während 2008 ein sehr hoher Schadensanteil anfällt. Die Westliche Obersteiermark weist hingegen im ersten sowie im letzten Jahr der Zeitreihe vergleichsweise hohe Schadensanteile auf.

Abbildung 30:   Anteil der regionalen Schadenssumme am jährlichen Gesamtschaden, 2005-2009 (in %)

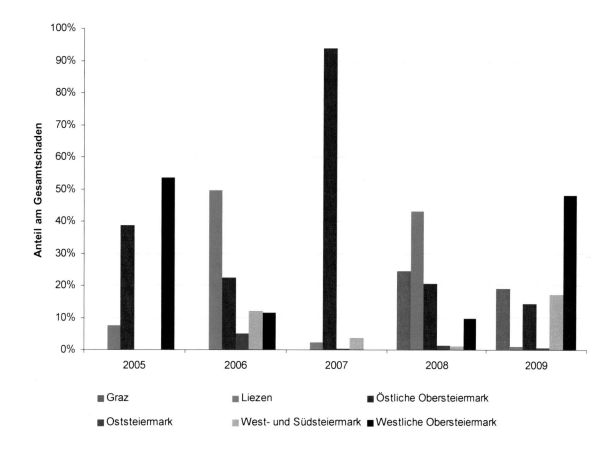

Quelle: Eigene Berechnungen, Daten: Österreichische Bundesbahnen

Die klimatisch bedingten Schäden an der Schieneninfrastruktur umfassen dabei beispielsweise Schneeverwehungen, Lawinen, Muren, Hochwasser, Windbruch etc. Ebenfalls klimatisch bedingt sind Schäden an den Gleiskörpern, die durch sehr hohe Temperaturen und somit sehr hohe Schienentemperaturen verursacht werden (siehe Abbildung 31). Die prognostizierten steigenden Durchschnittstemperaturen könnten daher auch in Zukunft zu einer Zunahme von so genannten Gleisverdrückungen führen.

Abbildung 31:   Gleisverdrückungen als Folge erhöhter Temperaturen

Quelle: Privat

Es sei an dieser Stelle erwähnt, dass auch die forstliche Straßeninfrastruktur durch klimatisch bedingte Einflüsse mitunter stark in Mitleidenschaft gezogen wird. Die Forststraßen sind im Falle von Stürmen, Starkregen etc. durch die direkten Auswirkungen dieser Vorkommnisse betroffen, erschwerend kommt in diesem Fall hinzu, dass auch der Abtransport beschädigter Bäume weiter zur Beschädigung der Forststraßeninfrastruktur beiträgt. Augrund der limitierten Datenlage sowie des begrenzten Umfanges dieses Projektes, wurden die Klimarisiken für die heimischen Forststraßen nicht quantitativ bewertet.

4.4.3 Vulnerabilitätsanalyse und Gesamtrisikoeinschätzung

Straßeninfrastruktur

Für die folgende Risikobewertung hinsichtlich klimabedingter Schäden an den steirischen Landstraßen stehen Schadensdaten von 2005 bis 2009 auf Monatsbasis zur Verfügung. Tabelle 49 zeigt, basierend auf den nicht-normalisierten Schadensdaten, den mittleren Schaden, den Median, den VaR (95 %) und den zentrierten VaR (95 %) für jede Region in Euro pro Monat.

Tabelle 49: Ergebnisse der Risikoeinschätzung hinsichtlich Schäden an Landstraßen (Angaben in €/Monat)

Region	Mittelwert	Median	VaR(95%)	VaR-MW
Graz	31.057	0	268.100	237.000
Liezen	10.805	0	98.000	87.200
Östliche Obersteiermark	24.330	0	98.000	73.700
Oststeiermark	91.075	0	537.300	446.300
West- und Südsteiermark	11.819	0	10.400	-1.400
Westliche Obersteiermark	2.464	0	1.500	-1.000

Anmerkung: Rundungsdifferenzen nicht ausgeglichen

Quelle: Eigene Berechnung, Daten: Referat Straßenbau- und Geotechnik der Steiermärkischen Landesregierung bzw. Bundesministerium für Finanzen, Unterlagen zum Finanzausgleich (Katastrophenfonds)

Wie aus Tabelle 49 ersichtlich, handelt es sich bei der Oststeiermark mit einem monatlichen zentrierten VaR (95 %) von etwa 446.300 € um die Region mit dem höchsten Schadensrisiko. Es folgen Graz und Liezen. Am Median ist zu erkennen, dass für alle Regionen mindestens die Hälfte der Daten den Wert Null annimmt. Für die West- und Südsteiermark und die Westliche Obersteiermark sind es sogar mehr als 90 % der Datenpunkte. Das mag auch damit zusammenhängen, dass die Schadensdaten im Zuge von Reparaturen erhoben werden, die zumeist in den Frühlings- bzw. Sommermonaten stattfinden. Aus diesem Grund ist auch der VaR (95 %) im Vergleich zum Mittelwert für diese Regionen eher klein, da der Mittelwert durch die wenigen (positiven) Werte stark ins Positive verzerrt wird.

Für die West- und Südsteiermark sowie für die Obersteiermark treten Schadensereignisse statistisch gesehen noch seltener als einmal in 20 Monaten auf. Daher wird zusätzlich der VaR (99 %) (i.e. Eintritt Schadensereignis einmal in 100 Monaten) berechnet. Die zusätzliche Betrachtung des VaR (99 %) liefert dabei die in Tabelle 50 angeführten Ergebnisse.

Tabelle 50:   *Zusätzliche Betrachtung VaR (99 %) für die Westliche Obersteiermark und die West- und*
                  Südsteiermark (Angaben in €/Monat)

Region	Mittelwert	Median	VaR(99%)	VaR-MW
West- und Südsteiermark	11.819	0	243.000	231.200
Westliche Obersteiermark	2.464	0	53.800	51.300

Anmerkung: Rundungsdifferenzen nicht ausgeglichen

Quelle: Eigene Berechnung, Daten: Referat Straßenbau- und Geotechnik der Steiermärkischen Landesregierung bzw. Bundesministerium für Finanzen, Unterlagen zum Finanzausgleich (Katastrophenfonds)

Der monatliche zentrierte VaR (99 %) von rund 231.200 € für die West- und Südsteiermark besagt etwa, dass dieser Wert zusätzlich zum mittleren Schaden ca. alle 100 Monate (8,3 Jahre) einmal überschritten wird. Die Ergebnisse für die gesamte Steiermark sind in Tabelle 51 angeführt.

Tabelle 51:   *Ergebnisse der Risikoeinschätzung hinsichtlich Schäden an der Straßeninfrastruktur für die*
                  Steiermark (Angaben in €/Monat)

Region	Mittelwert	Median	VaR(95%)	VaR-MW
Steiermark	171.570	0	1.044.000	872.000

Anmerkung: Rundungsdifferenzen nicht ausgeglichen

Quelle: Eigene Berechnung, Daten: Referat Straßenbau- und Geotechnik der Steiermärkischen Landesregierung bzw. Bundesministerium für Finanzen, Unterlagen zum Finanzausgleich (Katastrophenfonds)

Der mittlere Schaden liegt für die gesamte Steiermark bei 171.570 €/Monat, der monatliche VaR (95 %) bei etwa 1,04 Mio. €. Daraus ergibt sich ein monatlicher zentrierter VaR (95 %) von rund 872.000 €.

Zusätzlich wird dieselbe Analyse für einen normalisierten Datensatz durchgeführt. Hierfür werden die Schäden pro Region auf die je Region vorhandene Straßenverkehrsfläche bezogen (Schäden pro Hektar Straßenverkehrsfläche). In Tabelle 52 sind der mittlere Schaden, der Median, der VaR (95 %) und der zentrierte VaR (95 %) für die normalisierten Daten angegeben.

Tabelle 52:   *Ergebnisse der Risikoeinschätzung hinsichtlich Schäden an Landstraßen (Angaben in €/ha Verkehrsfläche/Monat)*

Region	Mittelwert	Median	VaR(95%)	VaR-MW
Graz	7,21	0	62,2	55,0
Liezen	3,60	0	32,3	28,7
Östliche Obersteiermark	5,10	0	20,5	15,4
Oststeiermark	8,40	0	49,3	41,0
West- und Südsteiermark	2,00	0	1,8	-0,2
Westliche Obersteiermark	0,65	0	0,4	-0,3

Anmerkung: Rundungsdifferenzen nicht ausgeglichen

Quelle: Eigene Berechnung, Daten: Referat Straßenbau- und Geotechnik der Steiermärkischen Landesregierung bzw. Bundesministerium für Finanzen, Unterlagen zum Finanzausgleich (Katastrophenfonds)

Die negativen Werte für die West- und Südsteiermark sowie für die Westliche Obersteiermark zeigen wiederum an, dass in diesen Regionen Schadensereignisse statistisch gesehen noch seltener als einmal in 20 Monaten auftreten. Aus diesem Grund wird für diese beiden Regionen zusätzlich der VaR (99 %) berechnet. Tabelle 53 zeigt das Ergebnis dieser Berechnung.

Tabelle 53:   *Zusätzliche Betrachtung VaR (99 %) für die West- und Südsteiermark und die Westliche Obersteiermark (Angaben in €/ha Verkehrsfläche/Monat)*

Region	Mittelwert	Median	VaR(99%)	VaR-MW
West- und Südsteiermark	2,00	0	41,0	39,0
Westliche Obersteiermark	0,65	0	14,2	13,5

Anmerkung: Rundungsdifferenzen nicht ausgeglichen

Quelle: Eigene Berechnung, Daten: Referat Straßenbau- und Geotechnik der Steiermärkischen Landesregierung bzw. Bundesministerium für Finanzen, Unterlagen zum Finanzausgleich (Katastrophenfonds)

Tabelle 54 zeigt die Ergebnisse der Berechnungen für die gesamte Steiermark. Der mittlere Schaden liegt für die Steiermark bei 26,85 €/ha/Monat, der monatliche VaR (95 %) bei rund 148 €/ha. Der monatliche zentrierte VaR (95 %) beläuft sich hingegen auf rund 121 €/ha, was bedeutet, dass ca. alle 20 Monate (1,7 Jahre) mit einem zusätzlichen Schaden zum mittleren Schaden gerechnet werden muss, der das Ausmaß von 121 €/ha überschreitet.

Tabelle 54:   *Ergebnisse der Risikoeinschätzung hinsichtlich Schäden an der Straßeninfrastruktur für die*
                  Steiermark (Angaben in €/ha Verkehrsfläche/Monat)

Region	Mittelwert	Median	VaR(95%)	VaR-MW
Steiermark	26,85	0	148	121

Anmerkung: Rundungsdifferenzen nicht ausgeglichen

Quelle: Eigene Berechnung, Daten: Referat Straßenbau- und Geotechnik der Steiermärkischen Landesregie-
rung bzw. Bundesministerium für Finanzen, Unterlagen zum Finanzausgleich (Katastrophenfonds)

Der **Grad der Unsicherheit der Risikobewertung** hinsichtlich Schäden an der Straßeninfrastruktur ist, insbesondere auch im Vergleich zu den anderen im Rahmen dieses Impulsprojekts durchgeführten quantitativen Bewertungen, als **gering** einzustufen (siehe auch Tabelle 2). Daten zu den Reparaturkosten liegen auf Monatsbasis für einen Zeitraum von fünf Jahren vor, womit sich ein Beobachtungszeitraum von 60 Monaten ergibt. Zum geringen Grad an Unsicherheit trägt auch bei, dass keine Sprünge oder andere Unregelmäßigkeiten in den Daten zu beobachten sind. Außerdem liegen die Daten auf NUTS 3-Ebene vor, weshalb die Mittelwerte bzw. Quantile für die einzelnen Regionen direkt berechnet bzw. geschätzt werden konnten.

Schieneninfrastruktur

Im Folgenden wurde anhand der im vorigen Kapitel dargestellten Schadensdaten der Österreichischen Bundesbahnen eine Risikobewertung der Schieneninfrastruktur der steirischen Regionen durchgeführt. Allerdings werden für die Risikobewertung anstatt der Jahresbetrachtung die monatlichen Schadensdaten an der Schieneninfrastruktur zwischen 2005 und 2009 herangezogen.

Aus datenschutzrechtlichen Gründen werden die von uns berechneten Mittelwerte und Values-at-Risk (95 %) auf regionaler Ebene nicht veröffentlicht. Es ist auch zu berücksichtigen, dass die entsprechenden Werte einer Verzerrung durch das Ausreißerjahr 2008 unterliegen, auch wenn dieser Umstand durch die Auswertung auf Monatsebene gemindert wird. Dennoch sollen hier zur Orientierung über die Schadenskonzentrationen relative Anteile der einzelnen regionalen Mittelwerte angegeben werden: für die Östliche Obersteiermark liegt der Wert nahezu bei 40 % des mittleren Gesamtschadens, für die Westliche Obersteiermark bei ca. 25 %, für Liezen bei etwa 20 % und für Graz bei ca. 10 %.

Da der Median dieser Berechnungen jeweils bei null liegt, sind in jeder Region in mindestens der Hälfte der Monate des beobachteten Zeitraums (2005-2009) keine Schäden eingetreten. Für die Region Graz treten Schadensereignisse statistisch gesehen noch seltener als einmal in 20 Monaten auf. Daher wurde zusätzlich der VaR (99 %) ermittelt, der die Größenordnung eines Schadensereignisses, das einmal in 100 Monaten (8,3 Jahre) eintritt, angibt.

Tabelle 55 zeigt die Ergebnisse der Berechnungen für die gesamte Steiermark. Der mittlere Schaden liegt steiermarkweit bei 50.011 €/Monat, der monatliche VaR (95 %) bei rund 424.000 €. Demnach ergibt sich für den monatlichen zentrierten VaR (95 %) ein Wert von etwa 374.000 €.

Tabelle 55:   *Ergebnisse der Risikoeinschätzung hinsichtlich Schäden an der Schieneninfrastruktur für die Steiermark (Angaben in €/Monat)*

Region	Mittelwert	Median	VaR(95%)	VaR-MW
Steiermark	50.011	1.100	424.000	374.000

Anmerkung: Rundungsdifferenzen nicht ausgeglichen

Quelle: Eigene Berechnung, Daten: Österreichische Bundesbahnen

Zusätzlich wird dieselbe Analyse auch für normalisierte Daten durchgeführt. Dazu werden die Schäden pro Region auf die je Region vorhandene Schienenfläche bezogen (Schäden pro Hektar Bahngrund). Tabelle 56 zeigt die Ergebnisse der Risikoeinschätzung für die gesamte Steiermark. Der mittlere Schaden liegt steiermarkweit demnach bei 107,8 €/ha/Monat, der monatliche VaR (95 %) bei rund 660 €/ha und der monatliche zentrierte VaR (95 %) beträgt rund 552 €/ha.

Tabelle 56:   *Ergebnisse der Risikoeinschätzung hinsichtlich Schäden an der Schieneninfrastruktur für die Steiermark (Angaben in €/ha/Monat)*

Region	Mittelwert	Median	VaR(95%)	VaR-MW
Steiermark	107,8	2,22	660	552

Quelle: Eigene Berechnung, Daten: Österreichische Bundesbahnen

Der **Grad der Unsicherheit der Risikobewertung** hinsichtlich Schäden an der Schieneninfrastruktur ist, insbesondere auch im Vergleich zu den anderen im Rahmen dieses Impulsprojekts durchgeführten quantitativen Bewertungen, als **gering** einzustufen (siehe auch Tabelle 2). Daten zu den Reparaturkosten liegen auf Monatsbasis für einen Zeitraum von fünf Jahren vor, womit sich ein Beobachtungszeitraum von 60 Monaten ergibt. Zum geringen Grad an Unsicherheit trägt auch bei, dass keine Sprünge oder andere Unregelmäßigkeiten in den Daten zu beobachten sind. Außerdem liegen die Daten auf NUTS 3-Ebene vor, weshalb die Mittelwerte bzw. Quantile für die einzelnen Regionen direkt berechnet bzw. geschätzt werden konnten.

Die ÖBB Infrastruktur AG, bei der wir uns sehr für die Zurverfügungstellung der Daten bedanken, betreibt eigene Forschungsprojekte zum exakten Monitoring ihrer Naturgefahrenexposition und zur Abschätzung des Klimarisikos. Sie verfolgt daher als maßgebliches Unternehmen im Bereich der Infrastruktur einen unternehmensweit sehr proaktiven Zugang, um das Schadensausmaß durch technische Präventivmaßnahmen zu reduzieren. Ein großer Teil der Überlegungen bezüglich einer notwendigen öffentlichen Adaptionsstrategie im Bereich der Infrastruktur ist daher von entsprechenden unternehmensinternen Strategien bereits abgedeckt.

Qualitative Analyse

Klimaveränderungen können sich an der (Verkehrs-)Infrastruktur insbesondere durch erhöhte Abnutzung infolge höherer Temperaturen, durch damit verbundene höhere Instandhaltungskosten, durch eine stärkere Verwitterung aufgrund von Starkregen sowie durch die größere Notwendigkeit von Ersatzinvestitionen bemerkbar machen. Die potenziellen Auswirkungen betreffen direkt die finanzielle Situation betroffener Unternehmen bzw. Straßenerhaltungsbetriebe. Ein künftig mögliches vermehrtes Auftreten von Tropentagen würde zur Erhöhung des Risikos von Struktur- und Materialschäden beitragen. In diesem Zusammenhang besteht die Möglichkeit einer verstärkt auftretenden Verformung von Asphalt und Gleisen sowie eines zunehmenden Aufbrechens von Betonfahrbahnen. Eine mögliche Überhitzung von Zügen, PKWs und Bussen bedeutet wiederum verstärkt negative gesundheitliche Auswirkungen auf die Fahrgäste. Mit zunehmender Temperatur wird auch ein Anstieg der Gefahr von Signalausfällen und Böschungsbränden erwartet. Eine klimawandelbe-dingte geringere Anzahl von Frosttagen würde jedoch gleichzeitig ein geringeres Risiko von Schienenbrüchen oder kältebedingten Straßenschäden bedeuten. (Hoffmann et al., 2009)

Im Falle vermehrt auftretender Starkregenfälle besteht die Gefahr der Unterspülung oder Überschwemmung von Drainagesystemen und Abflüssen der Straßen- sowie Schieneninfrastruktur. Dies birgt für die Stabilität von Bahndämmen und Gleisbetten Risiken. Des Weiteren können vermehrt Erosionen und Rutschungen auftreten. Durch eine aufgrund von vermehrten Starkregenfällen auftretende Zunahme der Bodenfeuchtigkeit können negative Folgen auf die Lebensdauer von Bodenleitungen und die Stabilität von Brücken und Tunnels nicht ausgeschlossen werden. Weitere Folgen sind mögliche negative Auswirkung auf die Sicherheit von Straßen und Gleisen sowie auf die Pünktlichkeit von Zugverbindungen. Ein verstärktes Auftreten von Stürmen kann Oberleitungen, Signale und Schilder beschädigen und birgt darüber hinaus die Gefahr umstürzender Bäume auf Fahrbahnen oder Gleise. Dies kann sich ebenfalls negativ auf die Zuverlässigkeit von Straßen- und Bahnverbindungen auswirken. (Hoffmann et al., 2009)

4.5 AUSGEWÄHLTE ASPEKTE DES KLIMARISIKOS IM BEREICH KATASTROPHENSCHUTZ UND PRÄVENTION

Michael Kueschnig, Claudia Winkler

4.5.1 Gefährdete Werte im Sektor und deren Verletzbarkeit

Abbildung 32 dient der Visualisierung der aktuell durch Hochwasser gefährdeten Werte und ist demnach auch ein wesentlicher Indikator für Katastrophenschutz und Prävention. In dieser Grafik wird für das Jahr 2009 der Anteil an Überschwemmungsgebieten für Hochwasserabflüsse mit der Jährlichkeit 200 (HQ200) innerhalb des Dauersiedlungsraumes der einzelnen steirischen NUTS 3-Regionen dargestellt (nach HORA Methodik ohne Berücksichtigung von Schutzbauten). Wie in Abbildung 32 ersichtlich ist, weisen die Regionen Östlichen Obersteiermark und Graz die größten Anteile von HQ200-Flächen am regionalen Dauersiedlungsraum auf (6,2 % bzw. 5,8 %). Die West- und Südsteiermark verzeichnete 2009 einen Anteil von 5 %, Liezen verzeichnete 4,4 %. Die niedrigsten Anteile weisen die Westliche Obersteiermark (3,4 %) sowie die Oststeiermark (2,7 %) auf.

Abbildung 32:   Anteil HQ200-Fläche lt. HORA am Dauersiedlungsraum in %, 2009

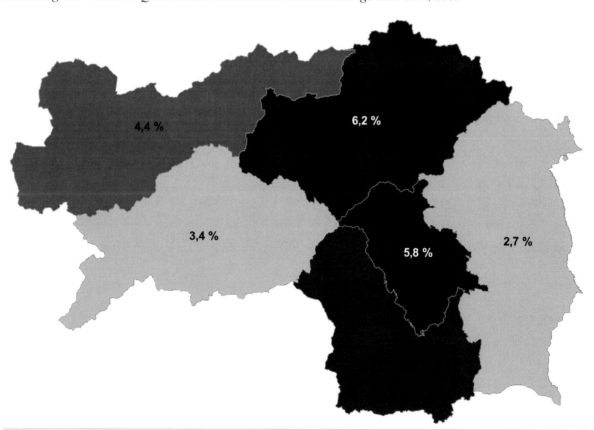

Anteil HQ200-Fläche am Dauersiedlungsraum 2009

Quelle: Eigene Berechnungen, Daten: HORA

4.5.2   Derzeitige Gefährdungslage

Für den Katastrophenschutz ist vor allem der Einsatz der steirischen Feuerwehren wesentlich. Ihre steigende Bedeutung wird insbesondere bei der Betrachtung der Einsatzstatistiken der letzen Jahre ersichtlich. In Abbildung 33 bis Abbildung 36 sind jene Einsatzstatistiken abgebildet, denen Ereignisse zugrunde liegen, die durch den Klimawandel beeinflusst werden. Dies sind: Hochwasser, Auspumparbeiten, Lawinen- und Murenabgänge, Sturmschäden sowie Wasserversorgung (siehe auch Abbildung 20). Für eine vergleichbare Betrachtung wurde die Zahl der Einsätze mit den EinwohnerInnenzahlen der einzelnen steirischen NUTS 3-Regionen normalisiert.

Die Einsätze bezüglich Hochwasser (siehe Abbildung 33) und Auspumparbeiten (Abbildung 34) entwickeln sich weitgehend parallel, allerdings ist aufgrund der höheren Häufigkeit von Auspumparbeiten auch darauf zu schließen, dass diese Einsätze nicht nur durch Hochwasserereignisse verursacht werden. Trotzdem wiesen die beiden Einsatzarten 2005 in sämtlichen Regionen und 2009 insbesondere in der Oststeiermark sowie in der West- und Südsteiermark vergleichsweise sehr hohe Werte auf. 2002 war vor allem die Region Liezen häufig durch technische Einsätze im Zusammenhang mit Hochwasser- und Auspumparbeiten betroffen. Hinsichtlich der Auspumparbeiten fielen 1998 und 1999 in der Oststeiermark sowie in der Westlichen Obersteiermark bzw. in der West- und Südsteiermark vermehrt Einsätze an.

Abbildung 33:   Anzahl Feuerwehreinsätze aufgrund von Hochwasser 1998-2009 (je 1.000 EinwohnerInnen)

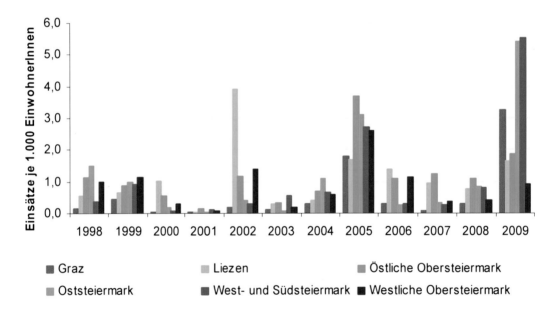

Quelle: Eigene Berechnungen, Daten: Landesfeuerwehrverband Steiermark

Abbildung 34: Anzahl   Feuerwehreinsätze   aufgrund   von   Auspumparbeiten   1998-2009   (je 1.000 EinwohnerInnen)

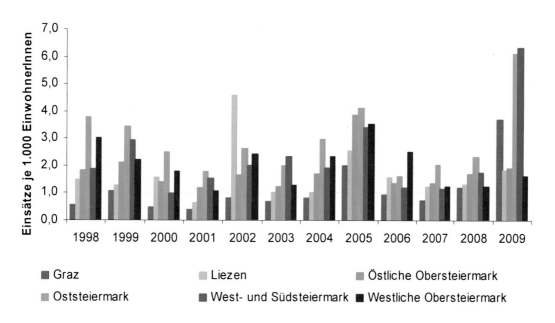

Quelle: Eigene Berechnungen, Daten: Landesfeuerwehrverband Steiermark

Abbildung 35 veranschaulicht die um die regionale Bevölkerung gewichtete Anzahl der Feuerwehreinsätze, die durch Lawinen- und Murenabgänge verursacht wurden. Hier fällt vor allem das Jahr 2005 auf, in dem in der Östlichen Obersteiermark eine sehr hohe Anzahl an Einsätzen je Gebiet verzeichnet wurde. Die Östliche Obersteiermark wies auch zwischen 2007 und 2009 vergleichsweise hohe Werte auf, wobei 2009 für alle Regionen vermehrt Einsätze verzeichnet wurden.

Abbildung 35:   Anzahl Feuerwehreinsätze aufgrund von Lawinen- und Murenabgängen 1998-2009 (je 1.000 EinwohnerInnen)

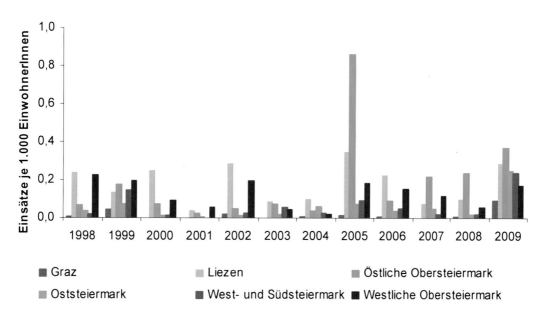

Quelle: Eigene Berechnungen, Daten: Landesfeuerwehrverband Steiermark

Die Anzahl der Einsätze aufgrund von Sturmschäden sind in Abbildung 36 dargestellt und zeigen insbesondere für 2008 sehr hohe Werte, was vor allem auf die Stürme „Paula" und „Emma" zurückzuführen ist. Verglichen mit dem „Ausnahmejahr" 2008 wies Liezen auch 2002 und 2007 eine ähnliche – und somit deutlich erhöhte – Anzahl an Feuerwehreinsätzen aufgrund von Sturmschäden auf. Auch die West- und Südsteiermark waren im betrachteten Zeitraum mehrmals schwerer betroffen als die übrigen steirischen Regionen: 1998, 2003 (ebenso die Westliche Obersteiermark) und 2004.

Abbildung 36:   Anzahl   Feuerwehreinsätze   aufgrund   von   Sturmschäden   1998-2009   (je 1.000 EinwohnerInnen)

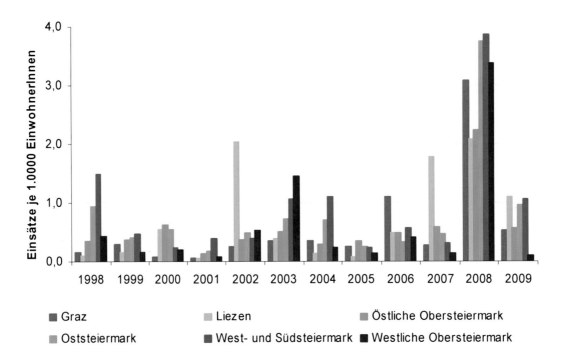

Quelle: Eigene Berechnungen, Daten: Landesfeuerwehrverband Steiermark

4.5.3   Vulnerabilitätsanalyse und Gesamtrisikoeinschätzung

Quantitative Analyse

Für die Bewertung des Risikos in Bezug auf Einsätze zum Katastrophenschutz steht als Datenbasis die Anzahl der jährlichen Feuerwehreinsätze bezüglich Auspumparbeiten, Hochwasser, Lawinen/Muren und Sturmschaden für den Zeitraum von 1998-2009 zur Verfügung, welche mit Kosten von 443 € pro Einsatz gewichtet werden[16]. In Tabelle 57 sind der mittlere Schaden, der Median, der VaR (95 %) und der zentrierte VaR (95 %) für jede NUTS 3-Region angegeben.

---

[16] Die Daten zur Anzahl der jährlichen Feuerwehreinsätze stammen aus der Einsatzstatistik des Landesfeuerwehr- verbandes Steiermark, die Kosten pro Einsatz leiten sich aus der Tarifordnung ab.

Tabelle 57: 	*Ergebnisse der Risikoeinschätzung hinsichtlich Kosten zum Katastrophenschutz (Angaben in €/Jahr)*

Region	Mittelwert	Median	VaR(95%)	VaR-MW
Graz	385.078	221.500	1.037.000	652.000
Liezen	132.679	126.034	270.000	137.000
Östliche Obersteiermark	313.459	280.640	578.000	264.000
Oststeiermark	570.473	478.218	1.128.000	558.000
West- und Südsteiermark	355.987	307.442	780.000	424.000
Westliche Obersteiermark	177.421	170.555	281.000	104.000

Anmerkung: Rundungsdifferenzen nicht ausgeglichen

Quelle: Eigene Berechnungen, Daten: Landesfeuerwehrverband Steiermark

Basierend auf den nicht-normalisierten Schadensdaten handelt es sich bei Graz mit einem jährlichen zentrierten VaR (95 %) von rund 652.000 € um die Region mit dem höchsten Risiko. Es folgen die Oststeiermark sowie die West- und Südsteiermark.

Tabelle 58 veranschaulicht die Risikoeinschätzung für die Steiermark als Ganzes. Der mittlere Schaden für die gesamte Steiermark liegt bei 1.935.098 €/Jahr, der jährliche VaR (95 %) beträgt rund 3,88 Mio. € und der jährliche zentrierte VaR (95 %) beläuft sich auf etwa 1,94 Mio. €.

Tabelle 58: 	*Ergebnisse der Risikoeinschätzung hinsichtlich Kosten zum Katastrophenschutz für die gesamte Steiermark (Angaben in €/Jahr)*

Region	Mittelwert	Median	VaR(95%)	VaR-MW
Steiermark	1.935.098	1.630.683	3.880.000	1.940.000

Anmerkung: Rundungsdifferenzen nicht ausgeglichen

Quelle: Eigene Berechnungen, Daten: Landesfeuerwehrverband Steiermark

Für eine bessere Vergleichbarkeit der Regionen werden die Einsätze der steirischen Feuerwehr zum Katastrophenschutz auf Einsätze je 1.000 EinwohnerInnen einer Region normalisiert. Für die monetäre Bewertung werden wieder die Kosten je Einsatz in Anlehnung an die Tarifordnung herangezogen. In Tabelle 59 sind für den normalisierten Datensatz der mittlere Schaden, der Median, der VaR (95 %) und der zentrierte VaR (95 %) für jede Region angegeben.

Tabelle 59:   *Ergebnisse der Risikoeinschätzung hinsichtlich Kosten zum Katastrophenschutz (Angaben in €/1.000 EinwohnerInnen/Jahr)*

Region	Mittelwert	Median	VaR(95%)	VaR-MW
Graz	1.007	560	2.630	1.620
Liezen	1.638	1.556	3.330	1.690
Östliche Obersteiermark	1.641	1.469	3.020	1.380
Oststeiermark	2.218	1.859	4.390	2.170
West- und Südsteiermark	1.912	1.651	4.190	2.270
Westliche Obersteiermark	1.587	1.525	2.510	930

Anmerkung: Rundungsdifferenzen nicht ausgeglichen

Quelle: Eigene Berechnungen, Daten: Landesfeuerwehrverband Steiermark

Aus Tabelle 59 geht hervor, dass gemäß der Risikoeinschätzung basierend auf normalisierten Daten die Oststeiermark und die West- und Südsteiermark jene Regionen mit dem höchsten Risiko darstellen. Die Region Graz rückt hingegen ins Mittelfeld ab.

Tabelle 60 zeigt die Ergebnisse hinsichtlich der auf die Bevölkerung normalisierten Einsätze für die gesamte Steiermark. Der mittlere Schaden liegt demnach für die Steiermark bei über 10.000 €/ha/Jahr, der jährliche VaR (95 %) bei etwa 18.400 €/ha. Der jährliche zentrierte VaR (95 %) beträgt rund 8.400 €/ha.

Tabelle 60:   *Ergebnisse der Risikoeinschätzung hinsichtlich Kosten zum Katastrophenschutz (Angaben in €/1.000 EinwohnerInnen/Jahr)*

Region	Mittelwert	Median	VaR(95%)	VaR-MW
Steiermark	10.003	8.487	18.400	8.400

Anmerkung: Rundungsdifferenzen nicht ausgeglichen

Quelle: Eigene Berechnungen, Daten: Landesfeuerwehrverband Steiermark

Der **Grad der Unsicherheit der Risikobewertung** hinsichtlich der Kosten für den Katastrophenschutz ist, insbesondere auch im Vergleich zu den anderen im Rahmen dieses Impulsprojekts durchgeführten quantitativen Bewertungen, als **eher gering** einzustufen (siehe auch Tabelle 2). Daten zur Anzahl der Feuerwehreinsätze liegen auf Jahresbasis für einen Zeitraum von zwölf Jahren vor. Allerdings mussten Annahmen über die Kosten pro Feuerwehreinsatz getroffen werden, was die Unsicherheit leicht erhöht.

4.6 AUSGEWÄHLTE ASPEKTE DES KLIMARISIKOS IM BEREICH VERSICHERUNG UND KATASTROPHENFONDS

Franz Prettenthaler, Judith Köberl

4.6.1 Gefährdete Werte im Sektor und deren Verletzbarkeit

Betrachtet man in Abbildung 37 die versicherten Flächen in der gesamtsteirischen Land- und Forstwirtschaft, wird die steigende Bedeutung von Versicherungen für diesen Wirtschaftssektor deutlich. Die in Kapitel 4.1 dargestellten Anteile der steirischen Land- und Forstwirtschaft an der regionalen Gesamtfläche, die eine starke Präsenz der heimischen Landwirtschaft im Süden sowie der Waldflächen im Norden aufzeigen, lassen auf die Wichtigkeit derartiger Versicherungen insbesondere in diesen Regionen schließen.

Abbildung 37: Versicherte Flächen in der steirischen Land- und Forstwirtschaft (Hagel und Mehrgefahrenversicherung), in 1.000 ha

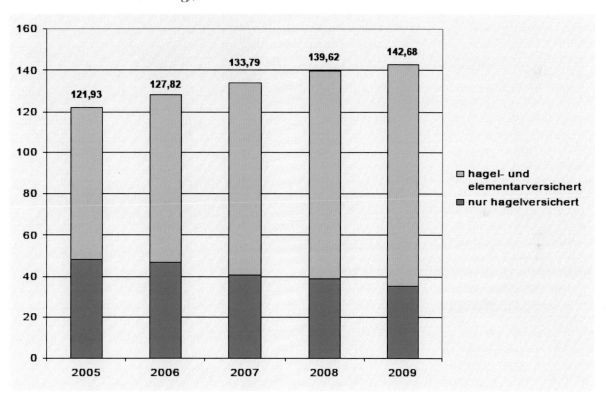

Quelle: Die Österreichische Hagelversicherung (2010)

Zudem zeigt Abbildung 38 die Versicherungssummen von Wohngebäuden in den steirischen NUTS 3-Regionen (2007 sowie deren Veränderung seit 1990), welche sich im Risikobereich 100-jährlicher Hochwasser befinden, wobei auch das mögliche Versagen des HQ100-Schutzes in Erwägung gezogen wird (= HORA-Ansatz, siehe auch Prettenthaler und Albrecher (Hg.), 2009). Als Versicherungssumme wird der Neubauwert verstanden, wobei zu beachten ist, dass der Großteil der betrachteten Gebäude nur durch den Katastrophenfonds (und hier nur zu ca. 50 %) abgedeckt ist. (Prettentaler et al., 2010)

Aus Abbildung 38 ist ersichtlich, dass es in jeder einzelnen Region zwischen 1990 und 2007 zu einem starken Anstieg der Versicherungssummen von Wohngebäuden im HQ100-Raum gekommen ist. Die deutlich größte Versicherungssumme verzeichnete 2007 Graz mit mehr als 37 Milliarden Euro, wobei dieser Wert seit 1990 um 130 % angestiegen ist. Zu den größten Steigerungen kam es in der Oststeiermark (+146 % auf

24,8 Milliarden Euro) sowie in der West- und Südsteiermark (+146 % auf 18,8 Milliarden Euro). Der geringste Zuwachs wurde hingegen in der Östlichen Obersteiermark verzeichnet (+104 % auf 16,6 Milliarden Euro). Die Westliche Obersteiermark wies 2007 einen Wert von 10,5 Milliarden Euro auf (+124 %), die niedrigste Versicherungssumme verzeichnete im selben Jahr Liezen mit 8,4 Milliarden Euro (+117 %).

Abbildung 38:   Versicherungssumme von Wohngebäuden in HQ100 in Mrd. €, 2007 (Veränderung 1990-2007)

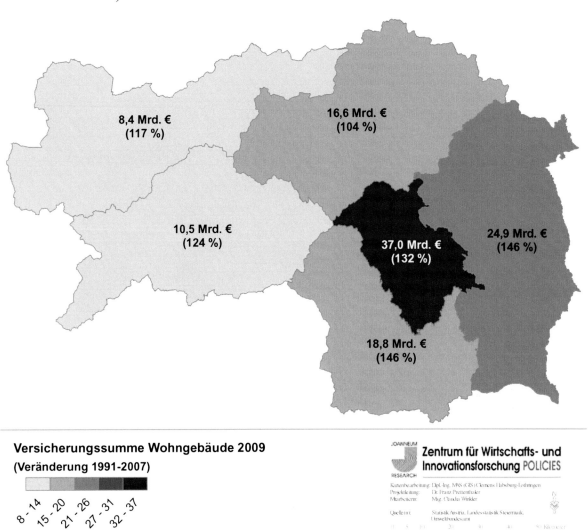

Quelle: Eigene Darstellung, Daten: Landesstatistik Steiermark

Klimawandelbedingte Risiken, aber auch Chancen, gehen in der Versicherungsbranche nicht nur, aber vor allem vom Anstieg der Häufigkeit und Intensität von Wetterextremereignissen aus. Gefährdungen können auch aus dem Entstehen neuer Wetterphänomene in zuvor nicht betroffenen Gebieten erwachsen. Erfahrungsgemäß laufen Prämien diesem Trend eher hinterher, was zu einem erhöhten Verlustrisiko für Versicherer werden kann. (Höppe et al., 2007)

4.6.2   Derzeitige Gefährdungslage

Hochwasser

Abbildung 39 zeigt das monetäre Ausmaß hochwasserbedingter Schäden privater Haushalte in der Steiermark, gemessen in Promille des Gebäudewerts (inkl. Inhalt). Besonders hoch sind die Schadenswerte für 2005 (0,094 ‰ des Gebäudewerts) und 2008 (0,126 ‰ des Gebäudewerts).

Abbildung 39: Schäden Privater in der Steiermark aufgrund von Hochwasser (in Promille des Gebäudewerts inkl. Inhalt; Baukostenindex angepasst), 1995-2009

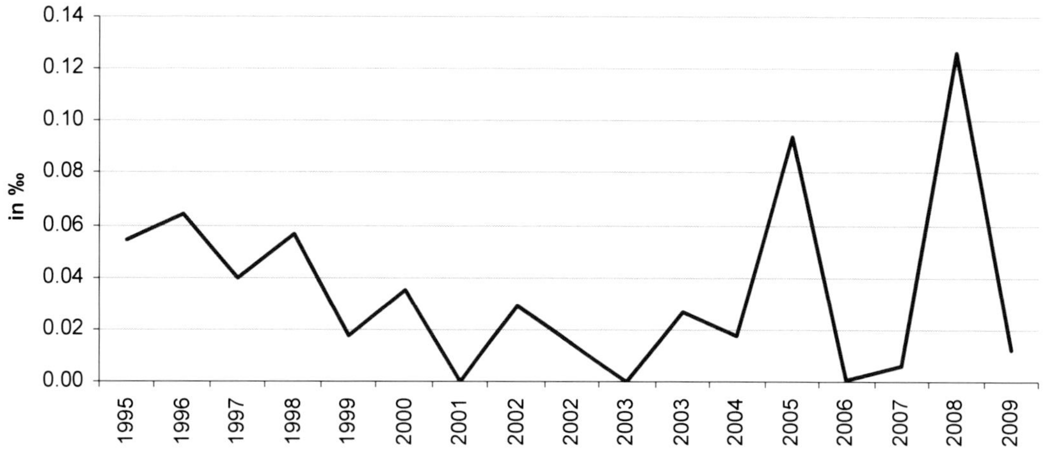

Quelle: Eigene Berechnung, Daten: Bundesministerium für Finanzen, Unterlagen zum Finanzausgleich (Katastrophenfonds)

Sturm

Für Hochwasser besteht kaum Versicherungsschutz, unter anderem deshalb, weil der Katastrophenfonds dieses Risiko zum Teil abdeckt. Eine solche Solidarleistung des Staates gibt es für das Sturmrisiko hingegen nicht. Daher herrschen aufgrund der Ubiquität des Sturmrisikos eine entsprechend hohe Nachfrage nach Sturmversicherungen und eine hohe Durchversicherungsrate. Infolge der hohen Schäden in den vergangenen Jahren wird die Versicherung dieses Risikos durch steigende Prämienforderungen der Rückversicherer jedoch zunehmend schwieriger.

Abbildung 40 veranschaulicht die vom Versicherungsverband Österreich (VVÖ) verzeichneten Schäden an Wohngebäuden pro durchschnittlichem Sturmereignis (inflations- und marktanteilsbereinigt), wobei all jene Stürme berücksichtigt sind, die zwischen 1998 und 2009 österreichweit einen Gesamtschaden von mehr als 3 Mio. Euro verursacht haben. Im Unterschied zu den vorangegangenen Kapiteln erfolgt die Darstellung ausnahmsweise nicht auf NUTS 3-Ebene, da die Daten auf 2-stelliger Postleitzahlebene[17] vorliegen. Wie Abbildung 40 zu entnehmen ist, sind die über alle vorliegenden Sturmereignisse gemittelten Schäden an Wohngebäuden im Gebiet des PLZ-2-Stellers 80[18] absolut gesehen am höchsten (501.600 €), im Gebiet des PLZ-2-Stellers 88[19] hingegen am niedrigsten (29.100 €).

---

[17] Die Außengrenzen der Postleitzahlenzweisteller stimmen nicht genau mit der steirischen Bundeslandgrenze überein.

[18] Der PLZ-2-Steller 80 umfasst den Bezirk Graz sowie Teile der Bezirke Graz-Umgebung, Feldbach, Leibnitz, Radkersburg und Weiz.

[19] Der PLZ-2-Steller 88 entspricht in etwa dem Bezirk Murau.

Abbildung 40:   Sturmschäden an Wohngebäuden (exkl. Inhalt) pro durchschnittliches Sturmereignis zwischen 1998 und 2009

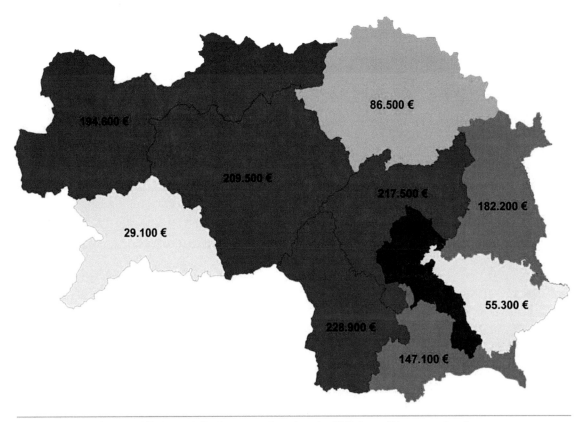

Sturmschäden an Wohngebäuden pro durchschnittliches Sturmereignis
(Inflations- und marktanteilsbereinigte Schäden in Euro)

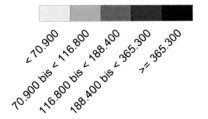

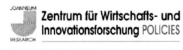
JOANNEUM
RESEARCH
Zentrum für Wirtschafts- und Innovationsforschung POLICIES

Kartenbearbeitung: Mag. Judith Köberl
Projektleitung: Dr. Franz Prettenthaler
Mitarbeiter/innen: Dipl.-Ing. Clemens Habsburg-Lothringen,
                                  Michael Kueschnig, Nikola Rogler Bakk.,
                                  Mag. Christoph Töglhofer, Mag. Claudia Winkler
Quelle(n):   Versicherungsverband Österreich (VVÖ) und
                                  eigene Berechnungen

Quelle: Eigene Berechnung, Daten: VVÖ

Ein etwas anderes Bild ergibt sich, wenn die Sturmschäden statt in Absolutwerten in Promille der Gebäudewerte (exkl. Inhalt) des jeweiligen PLZ-2-Steller-Gebietes dargestellt werden (siehe Abbildung 41). In diesem Fall weist das Gebiet des PLZ-2-Stellers 89[20] die höchsten Schäden pro durchschnittlichem Sturmereignis auf (0,02752 ‰ des Gebäudewerts), das Gebiet des PLZ-2-Stellers 83[21] hingegen die niedrigsten (0,00706 ‰ des Gebäudewerts).

---

[20] PLZ-2-Steller 89 entspricht in etwa dem Bezirk Liezen.

[21] PLZ-2-Steller 83 umfasst Teile der Bezirke Jennersdorf, Feldbach, Fürstenfeld, Graz-Umgebung, Leibnitz, Radkersburg und Weiz.

Abbildung 41: Sturmschäden an Wohngebäuden (exkl. Inhalt) pro durchschnittliches Sturmereignis zwischen 1998 und 2009 in Promille der Gebäudewerte

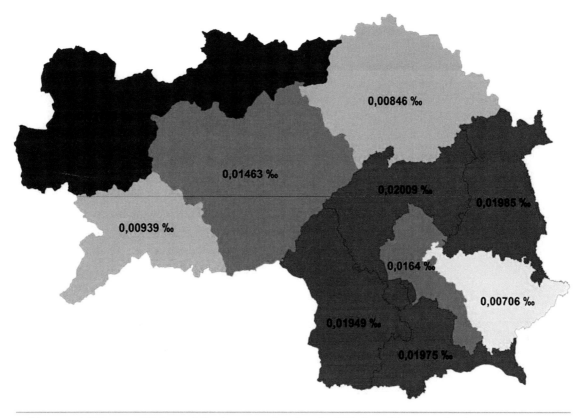

Sturmschäden an Wohngebäuden pro durchschnittliches Sturmereignis
(in Promille der Gebäudewerte je PLZ-2-Steller)

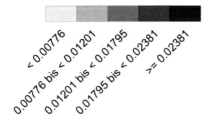

Quelle: Eigene Berechnung, Daten: VVÖ

4.6.3 Vulnerabilitätsanalyse und Gesamtrisikoeinschätzung

Quantitative Analyse

Schäden durch Hochwasserereignisse

Für die folgende Risikobewertung hinsichtlich Schäden durch Hochwasserereignisse in den steirischen NUTS 3-Regionen stehen als Datenbasis die Auszahlungen des Katastrophenfonds für Hochwasser für die Steiermark für die Jahre 1995 bis 2009 zur Verfügung.

In Tabelle 61 sind der mittlere Schaden, der Median, der VaR (95 %) sowie der zentrierte VaR (95 %) für die Steiermark in €/Jahr angegeben. Der mittlere Schaden liegt für die gesamte Steiermark bei 5.430.000 €/Jahr, der jährliche VaR (95 %) beträgt etwa 18,0 Mio. € und der jährliche zentrierte VaR (95 %) beläuft sich auf rund 12,6 Mio. €.

Tabelle 61:   Ergebnisse der Risikoeinschätzung hinsichtlich Schäden durch Hochwasser für die gesamte Steiermark (Angaben in €/Jahr)

Region	Mittelwert	Median	VaR(95%)	VaR-MW
Steiermark	5.430.000	4.140.000	18.000.000	12.600.000

Anmerkung: Rundungsdifferenzen nicht ausgeglichen

Quelle: Eigene Berechnung, Daten: Bundesministerium für Finanzen, Unterlagen zum Finanzausgleich

Um auch Aussagen über die Hochwasserrisiken für die steirischen NUTS 3-Regionen treffen zu können, muss aufgrund der limitierten Datenlage (Daten waren nur für die Gesamtsteiermark erhältlich) eine Regionalisierung vorgenommen werden, um das Risiko für die einzelnen Regionen abschätzen zu können.

Für die Hochwasser-Risikoabschätzung erfolgt diese Aufteilung, indem die Summe der Gebäudewerte je HQ_{100}-Zone der jeweiligen Region an der Summe der Gebäudewerte aller HQ_{100}-Zonen der Steiermark gemessen wird, wobei die Summe der Gebäudewerte der HQ_{100}-Zone um die Mur in Graz aus dieser Betrachtung ausgenommen wird, da diese Gebiete definitiv nicht von Murhochwasser (wofür es ausreichend Schutz gibt, der jedoch in HORA unberücksichtigt ist) sondern nur von den entsprechenden Zubringern bedroht werden. Daraus ergibt sich die in Tabelle 62 dargestellte Aufteilung des Mittelwerts, des VaR (95 %) und des zentrierten VaR (95 %).

Tabelle 62:   Ergebnisse der Risikoeinschätzung hinsichtlich Schäden durch Hochwasser (Angaben in €/Jahr)

Region	Mittelwert	VaR(95%)	VaR-MW
Graz	840.000	2.790.000	1.950.000
Liezen	470.000	1.560.000	1.090.000
Östliche Obersteiermark	1.240.000	4.110.000	2.870.000
Oststeiermark	1.150.000	3.830.000	2.700.000
West- und Südsteiermark	1.250.000	4.140.000	2.890.000
Westliche Obersteiermark	490.000	1.620.000	1.130.000

Quelle: Eigene Berechnung, Daten: Bundesministerium für Finanzen, Unterlagen zum Finanzausgleich

Tabelle 63 zeigt die Ergebnisse der Risikoberechnung für die gesamte Steiermark, wenn statt der absoluten Hochwasserschäden die normalisierten Daten, also die Schäden in Promille der Versicherungssumme, herangezogen werden.

Tabelle 63:   Ergebnisse der Risikoeinschätzung hinsichtlich Schäden durch Hochwasser für die gesamte Steiermark (Angaben in Promille der Versicherungssumme und pro Jahr)

Region	Mittelwert	Median	VaR(95%)	VaR-MW
Steiermark	0,035	0,030	0,100	0,066

Anmerkung: Rundungsdifferenzen nicht ausgeglichen

Quelle: Eigene Berechnung, Daten: Bundesministerium für Finanzen, Unterlagen zum Finanzausgleich

Der mittlere Schaden pro Jahr liegt für die gesamte Steiermark bei 0,035 ‰, der jährliche VaR (95 %) bei rund 0,1 ‰. Für den jährlichen zentrierten VaR (95 %) ergibt sich ein Wert von rund 0,066 ‰ (jeweils gemessen an der Versicherungssumme).

Da diese Daten, wie erwähnt, nur für die gesamte Steiermark vorliegen, muss eine Regionalisierung vorgenommen werden, um das Risiko für die einzelnen Regionen abschätzen zu können. Für die normalisierten Daten erfolgt die Aufteilung analog zur Aufteilung der Absolutschäden. Tabelle 64 zeigt das Ergebnis der Regionalisierung.

Tabelle 64: *Ergebnisse der Risikoeinschätzung hinsichtlich Schäden durch Hochwasser (Angaben in Promille der Versicherungssumme und pro Jahr)*

Region	Mittelwert	VaR(95%)	VaR-MW
Graz	0,0054	0,0155	0,0102
Liezen	0,003	0,0086	0,0056
Östliche Obersteiermark	0,008	0,023	0,015
Oststeiermark	0,0074	0,0212	0,014
West- und Südsteiermark	0,008	0,023	0,0151
Westliche Obersteiermark	0,0031	0,009	0,0059

Quelle: Eigene Berechnung, Daten: Bundesministerium für Finanzen, Unterlagen zum Finanzausgleich

Da die Regionalisierung jeweils mittels desselben Aufteilungsschlüssels erfolgt ist, liefern sowohl die Risikoeinschätzung basierend auf den Absolutschäden als auch die Risikoeinschätzung basierend auf den normalisierten Daten dieselbe Risikoreihung der einzelnen NUTS 3-Regionen: Zu den Regionen, die demzufolge dem höchsten Risiko hinsichtlich Hochwasserschäden ausgesetzt sind, zählen die West- und Südsteiermark, die Östliche Obersteiermark sowie die Oststeiermark.

Der **Grad der Unsicherheit der Risikobewertung** hinsichtlich Schäden durch Hochwasser ist, insbesondere auch im Vergleich zu den anderen im Rahmen dieses Impulsprojekts durchgeführten quantitativen Bewertungen, als **eher gering** einzustufen (siehe auch Tabelle 2). Jährliche Schadensdaten liegen für einen Zeitraum von 15 Jahren vor. Da jedoch nur Daten für die gesamte Steiermark zur Verfügung stehen, musste die Risikobewertung auf NUTS 3-Ebene von der steiermarkweiten Risikobewertung abgeleitet werden, was im Gegensatz zu einer direkten Schätzung ein höheres Maß an Unsicherheit birgt.

Schäden durch Sturmereignisse

Für die folgende Risikobewertung hinsichtlich Schäden durch Sturmereignisse in den steirischen NUTS 3-Regionen stehen als Datenbasis die vom Versicherungsverband Österreich verzeichneten Sturmschäden an Wohngebäuden (inflations- und marktanteilsbereinigt) zur Verfügung. Die Datenbasis umfasst all jene Sturmereignisse, die zwischen 1998 und 2009 österreichweit einen Gesamtschaden von mehr als 3 Mio. € verursacht haben. Die Schadensdaten liegen in diesem Fall ausnahmsweise nicht auf NUTS 3-Ebene, sondern auf PLZ-2-Steller-Ebene vor. Für die Risikobewertung erfolgt eine grobe Zuteilung der auf PLZ-2-Steller-Ebene vorliegenden Schäden auf die steirischen NUTS 3-Regionen, um zumindest größenordnungsmäßig einen Eindruck von der unterschiedlichen Betroffenheit der einzelnen NUTS 3-Regionen zu erhalten. Tabelle 65 zeigt den Mittelwert, Median, VaR (95 %) und zentrierten VaR (95 %) der Sturmschäden an Wohngebäuden (exkl. Inhalt) für jede Region in €/Jahr.

Tabelle 65:   *Ergebnisse der Risikoeinschätzung hinsichtlich Schäden an Wohngebäuden (exkl. Inhalt)*
              durch Sturmereignisse (Angaben in €/Jahr)

Region	Mittelwert[22]	Median	VaR(95%)	VaR-MW
Graz	2.277.323	484.280	10.610.000	8.330.000
Liezen	616.100	215.600	2.400.000	1.780.000
Östliche Obersteiermark	605.617	285.349	2.470.000	1.860.000
Oststeiermark	751.794	243.940	2.850.000	2.090.000
West- und Südsteiermark	1.190.783	295.587	5.350.000	4.160.000
Westliche Obersteiermark	423.811	131.127	1.760.000	1.330.000

Anmerkung: Rundungsdifferenzen nicht ausgeglichen

Quelle: Eigene Berechnung, Daten: VVÖ

Gemäß dem zentrierten VaR (95 %) in Tabelle 55 handelt es sich bei Graz, der West- und Südsteiermark sowie der Oststeiermark um jene Regionen, die dem höchsten Risiko in Bezug auf Sturmschäden ausgesetzt sind. Tabelle 66 zeigt die Ergebnisse der Risikoeinschätzung in Bezug auf Sturmschäden an Wohngebäuden für die gesamte Steiermark. Der mittlere Schaden liegt steiermarkweit bei 5.865.428 €/Jahr. Der jährliche VaR (95 %) beträgt rund 22,4 Mio. €, während sich der jährliche zentrierte VaR (95 %) auf etwa 16,5 Mio. € beläuft.

Tabelle 66:   *Ergebnisse der Risikoeinschätzung hinsichtlich Schäden an Wohngebäuden (exkl. Inhalt)*
              durch Sturmereignisse für die gesamte Steiermark (Angaben in €/Jahr)

Region	Mittelwert	Median	VaR(95%)	VaR-MW
Steiermark	5.865.428	2.592.942	22.400.000	16.500.000

Anmerkung: Rundungsdifferenzen nicht ausgeglichen

Quelle: Eigene Berechnung, Daten: VVÖ

Zusätzlich wird die Risikobewertung auch anhand der normalisierten Schadensdaten, also der Schäden gemessen in Promille der Versicherungssumme, durchgeführt. Tabelle 57 zeigt das entsprechende Ergebnis.

---

[22] Während Abbildung 40 die Schäden an Wohngebäuden (exkl. Inhalt) pro durchschnittliches Sturmereignis und auf PLZ-2-Steller-Ebene veranschaulicht, werden hier die Schäden an Wohngebäuden (exkl. Inhalt) pro Jahr und auf NUTS 3-Ebene ausgewiesen.

Tabelle 67: *Ergebnisse der Risikoeinschätzung hinsichtlich Schäden an Wohngebäuden (exkl. Inhalt) durch Sturmereignisse (Angaben in Promille der Gebäudewerte und pro Jahr)*

Region	Mittelwert[23]	Median	VaR(95%)	VaR-MW
Graz	0,115	0,030	0,51	0,39
Liezen	0,090	0,030	0,31	0,22
Östliche Obersteiermark	0,050	0,030	0,19	0,14
Oststeiermark	0,085	0,035	0,31	0,22
West- und Südsteiermark	0,120	0,030	0,57	0,45
Westliche Obersteiermark	0,053	0,020	0,21	0,16

Anmerkung: Rundungsdifferenzen nicht ausgeglichen

Quelle: Eigene Berechnung, Daten: VVÖ

Erfolgt die Risikobewertung anhand der normalisierten Schadensdaten, wird die West- und Südsteiermark mit einem jährlichen zentrierten VaR (95 %) von rund 0,45 ‰ als Region mit dem höchsten Risiko in Bezug auf Sturmschäden an Wohngebäuden ausgewiesen. Es folgen Graz und die Oststeiermark bzw. Liezen.

Tabelle 58 zeigt die Risikobewertung basierend auf den normalisierten Schadensdaten für die gesamte Steiermark. Der mittlere Schaden liegt steiermarkweit bei 0,027 ‰/Jahr, der jährliche VaR (95 %) bei rund 0,095 ‰. Somit beträgt der jährliche zentrierte VaR (95 %) rund 0,068 ‰.

Tabelle 68: *Ergebnisse der Risikoeinschätzung hinsichtlich Schäden an Wohngebäuden (exkl. Inhalt) durch Sturmereignisse für die gesamte Steiermark (Angaben in Promille der Gebäudewerte und Jahr)*

Region	Mittelwert	Median	VaR(95%)	VaR-MW
Steiermark	0,027	0,014	0,095	0,068

Anmerkung: Rundungsdifferenzen nicht ausgeglichen

Quelle: Eigene Berechnung, Daten: VVÖ

Der **Grad der Unsicherheit der Risikobewertung** hinsichtlich Schäden an Wohngebäuden durch Sturmereignisse ist, insbesondere auch im Vergleich zu den anderen im Rahmen dieses Impulsprojekts durchgeführten quantitativen Bewertungen, als **mittel** einzustufen (siehe auch Tabelle 2). Jährliche Schadensdaten liegen für einen Zeitraum von zwölf Jahren, allerdings auf PLZ-2-Steller-Ebene vor. Für die Risikobewertung auf NUTS 3-Ebene musste daher eine grobe Zuteilung der auf PLZ-2-Steller-Ebene vorliegenden Schäden auf die steirischen NUTS 3-Regionen erfolgen. Darüber hinaus verursacht auch die heavy-tailed Verteilung der Sturmschäden – i.e. eine vergleichsweise hohe Eintrittswahrscheinlichkeit hoher Schäden – ein gewisses Maß an Unsicherheit in den Schätzungen.

[23] Während Abbildung 41 die Schäden an Wohngebäuden (exkl. Inhalt) pro durchschnittliches Sturmereignis und auf PLZ-2-Steller-Ebene veranschaulicht, werden hier die Schäden an Wohngebäuden (exkl. Inhalt) pro Jahr und auf NUTS 3-Ebene ausgewiesen.

Qualitative Analyse

Erste Auswirkungen des Klimawandels sind bereits heute spürbar, auch wenn der Nachweis einer Zunahme von Extremwetterereignissen bisher erst für wenige Regionen gelungen ist. Sogenannte „atmosphärische" Extremereignisse, wie Stürme, Unwetter und Hochwasser, zeichnen für zwei Drittel der klimabedingten Schadensfälle verantwortlich. Neben der Gefahr, die von erhöhten Temperaturen per se ausgehen kann, ist wärmere Luft in der Lage, mehr Wasser aufzunehmen, wodurch wiederum das Risiko für Starkregenereignisse tendenziell erhöht wird. Dadurch steigt die Wahrscheinlichkeit, dass Extremhochwasser in kürzeren Abständen auftreten. Eine mögliche Folge aus diesen Veränderungen sind nicht nur höhere Zahlungen bei den Katastrophenversicherungen, sondern auch bei den Gesundheits- und Lebensversicherungen. Die Versicherungswirtschaft sieht sich mit einer neuen Form der Unsicherheit konfrontiert, die nur durch Neuerungen in den Modellierungs- und Prognosemodellen geklärt werden kann. Des Weiteren besteht die Wahrscheinlichkeit, dass höhere Deckungsstöcke notwendig werden. Vergangenheitsdaten und Trends liefern künftig möglicherweise keine belastbaren Ergebnisse mehr. Viele Ereignisse und Regionen drohen unversicherbar zu werden. (Gebauer et al., 2010)

Quelle: Werner Schuster - www.wetter-schoeckl.at

Abbildung 42:   Folgen des Orkans Paula in Graz-Umgebung

Der Orkan Paula hat vom 26.-28. Jänner 2008 allein an Wohngebäuden Schäden in der Höhe von rd. 64 Mio. € in Österreich angerichtet. Mit Spitzenwindgeschwindigkeiten bis zu 230 km/h. ungwöhnlich stark war bei diesem Sturmtief die Betroffenheit der Steiermark: im langjährigen Vergleich ist das normalisierte Gebäudeschadensrisiko für Sturm in Oberösterreich sechsmal, in Salzburg dreimal und in Niederösterreich doppelt so hoch.

4.7 AUSGEWÄHLTE ASPEKTE DES KLIMARISIKOS IM BEREICH TOURISMUS UND FREIZEITWIRTSCHAFT

Judith Köberl, Christoph Töglhofer, Franz Prettenthaler

4.7.1 Gefährdete Werte im Sektor und deren Verletzbarkeit

Auch im Bereich Tourismus und Freizeitwirtschaft weist die Steiermark deutliche regionale Unterschiede auf. Abbildung 43 zeigt die Anzahl der Ankünfte von TouristInnen in den einzelnen steirischen NUTS 3-Gebieten im Winter 2010 sowie die Veränderung dieser Zahl von 1981 bis 2010. Abbildung 44 stellt zusätzlich die Anzahl der Übernachtungen im Winter 2010 sowie deren Veränderung seit 1981 dar.

Abbildung 43:   Ankünfte von TouristInnen im Winter 2010 je EinwohnerIn (Veränderung 1981-2010)

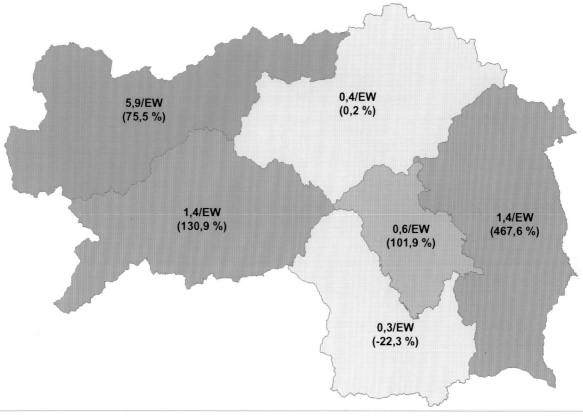

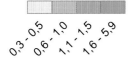

Quelle: Eigene Darstellung, Daten: Landesstatistik Steiermark

Es ist ersichtlich, dass insbesondere in Liezen der Wintertourismus eine wichtige Rolle spielt: Hier wurden 2010 pro Kopf 5,9 Ankünfte verzeichnet, was eine Steigerung von 75,5 % gegenüber 1981 bedeutet. Den größten Zuwachs an Ankünften verzeichnete seit 1981 mit 467,6 % die thermenreiche Oststeiermark, die im Winter 2010 1,4 Ankünfte je EinwohnerIn zählte. Ebenfalls 1,4 Ankünfte pro Kopf verzeichnete die Westliche Obersteiermark (+130,8 % seit 1981). Einen deutlich geringeren Wert weist die Region Graz mit

0,6 Ankünften je EinwohnerIn auf (+101,9 % seit 1981). Die Anzahl der Ankünfte ist in der Östlichen Obersteiermark seit 1981 auf geringem Niveau (0,4 Ankünfte pro Kopf, +0,2 %), in der West- und Südsteiermark
fand sogar ein Rückgang der Ankünfte je EinwohnerIn statt (0,3 Ankünfte pro Kopf, -22,3 %).

Die Anzahl der Übernachtungen der WintertouristInnen (siehe Abbildung 44) zeigt ebenfalls die Bedeutung
des Wintertourismus für die Region Liezen. Pro EinwohnerIn kam es im Winter 2010 zu
27,4 Übernachtungen bei einem Zuwachs von 17,6 % seit 1981. Der im Vergleich zu den Ankünften dieser
Region geringe Zuwachs deutet auf einen steigenden Trend zu Kurzurlauben hin, was einerseits deutlich mehr
Ankünfte, andererseits eine unterproportionale Steigerung der Nächtigungen bedeutet. Den größten Zuwachs
an Nächtigungen wies mit 154,9 % die Oststeiermark auf (4,3 Übernachtungen pro Kopf). Die Westliche
Obersteiermark verzeichnete bei einem Zuwachs von 91,1 % 5,9 Übernachtungen pro EinwohnerIn. Graz
(1,3 Übernachtungen pro Kopf, +63,5 %) sowie die West- und Südsteiermark (1,0 Übernachtungen pro Kopf
+77,3 %) verzeichneten die geringste Anzahl an Nächtigungen pro Kopf. Der einzige Rückgang in der Zahl
der Übernachtungen pro Kopf fand mit -3,1 % in der Östlichen Obersteiermark statt.

Abbildung 44:   Nächtigungen von TouristInnen im Winter 2010 je EinwohnerIn (Veränderung 1981-2010)

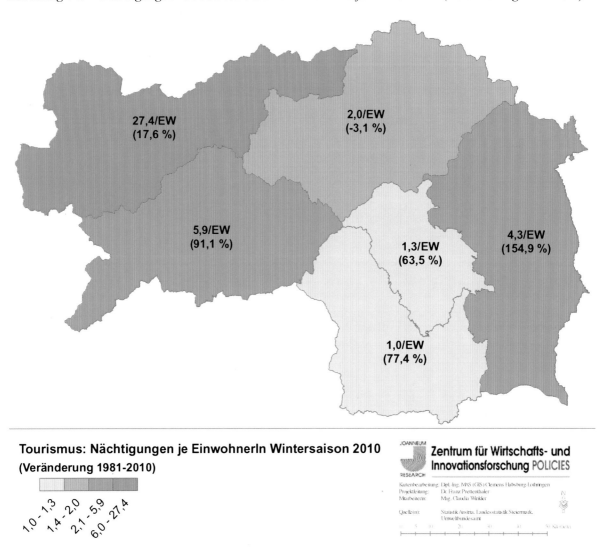

Quelle: Eigene Darstellung, Daten: Landesstatistik Steiermark

Auch für den Sommertourismus 2009 (siehe Abbildung 45) wies Liezen, verglichen mit den übrigen NUTS 3-
Regionen, die höchste Anzahl an Ankünften pro Kopf auf (5,1 Ankünfte pro Kopf, +38,3 %). Zur größten
Steigerung kam es mit +181,2 % bei 1,9 Ankünften pro EinwohnerIn in der Oststeiermark, wobei dieser Zu-

wachs weit hinter jenem des Wintertourismus zurücksteht. Die Westliche Obersteiermark verzeichnete im Sommer 2009 1,3 Ankünfte je EinwohnerIn, was einer Steigerung von 87,7 % seit 1981 entspricht. Geringfügig mehr Ankünfte im Sommer als im Winter verzeichneten die Östliche Obersteiermark (1,1 Ankünfte pro Kopf, +24,8 %), die West- und Südsteiermark (1,1 Ankünfte pro Kopf, +131,6 %) sowie Graz (0,8 Ankünfte pro Kopf, +50,3 %), wobei einerseits der vermehrte Wandertourismus, andererseits der Städtetourismus in der warmen Jahreszeit eine große Rolle spielen.

Abbildung 45: Ankünfte von TouristInnen Sommer 2009 je EinwohnerIn (Veränderung 1981-2009)

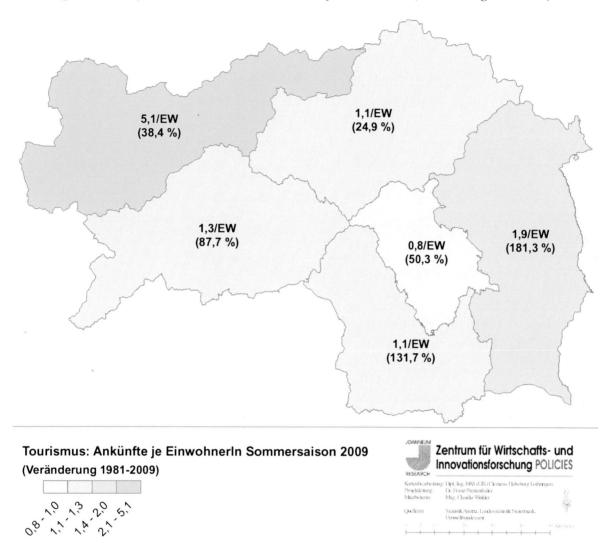

Quelle: Eigene Darstellung, Daten: Landesstatistik Steiermark

Hinsichtlich der Übernachtungen im Sommer 2009 (siehe Abbildung 46) wies wiederum Liezen mit 21,4 Nächtigungen je EinwohnerIn den höchsten Wert der steirischen NUTS 3-Regionen auf. Allerdings verzeichnete die Region im Vergleich zu 1981 einen Rückgang von -21,3 %. Zu einem noch höheren Rückgang (-28,7 %) kam es in der Östlichen Obersteiermark, in der 2,8 Nächtigungen pro Kopf verzeichnet wurden. Den höchsten Anstieg wiesen mit +57,2 % bei 2,9 Übernachtungen pro Kopf die West- und Südsteiermark auf. Die Oststeiermark zählte 6,7 Übernachtungen je EinwohnerIn bei einem Zuwachs von 10 % seit 1981, die Westliche Obersteiermark zählte 4,8 Nächtigungen pro Kopf (+0,7 %) und der Sommertourismus in Graz verzeichnete 1,8 Nächtigungen pro Kopf (+7,1 %).

Abbildung 46:   Nächtigungen von TouristInnen Sommer 2009 je EinwohnerIn (Veränderung 1981-2009)

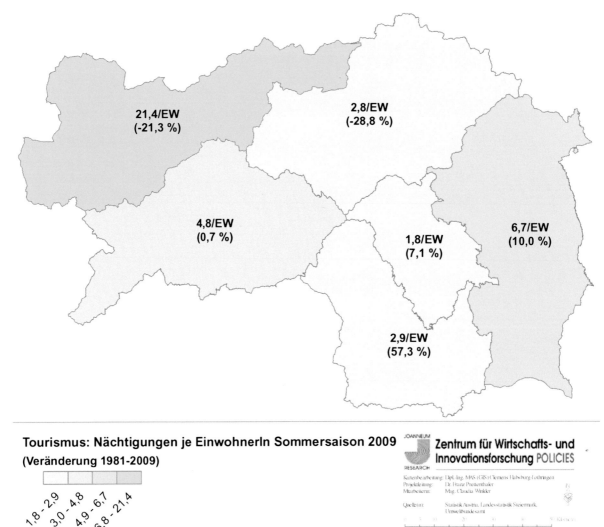

Tourismus: Nächtigungen je EinwohnerIn Sommersaison 2009
(Veränderung 1981-2009)

Quelle: Eigene Darstellung, Daten: Landesstatistik Steiermark

4.7.2   Derzeitige Gefährdungslage

Die Steiermark hat grundsätzlich ein sehr breit gestreutes Tourismusportfolio, dessen einzelne Angebote von der Wetterabhängigkeit her sehr unterschiedlich einzuschätzen sind und differenziert betrachtet werden müssen. Insgesamt ist ein gemischtes Portfolio jedoch bereits aufgrund des impliziten Versicherungseffektes besser als z.B. eine reine Wintersportorientierung. Die Sensitivität unterschiedlicher touristischer Regionen/Angebote hinsichtlich des Klimawandels wird in der Literatur daher auch unterschiedlich eingeschätzt und kann auch als erste Orientierung für die Steiermark dienen (Koch et al., 2007):

- Städtetourismus: geringe Klima-/Wettersensitivität mit vorwiegend positiven Auswirkungen

- Kur-/Gesundheitstourismus, Kongresstourismus: geringe Klima-/Wettersensitivität mit indifferenten Auswirkungen

- Schutzgebiete, Urlaub auf dem Lande, Luftkurorte und Weinstraßentourismus: mittlere Klima-/Wettersensitivität mit positiven Auswirkungen

- Alpin-/Bergtourismus: hohe Klima-/Wettersensitivität mit vorwiegend positiven Auswirkungen

Abbildung 47:   Talabfahrt in Tirol

Entgegen der weitverbreiteten Überzeugung in der Branche, nur italienischeWinteritouristInnen würden sich nicht daran stoßen, in einer weitgehend grünen Landschaft auf einem weißen Band von Kunstschnee schizufahren, sind die naturschneemangelbedingten Nächtigungsausfälle im österreichischen Wintertourismus insgesamt deutlich zurückgegangen. Den witterungsunabhängigsten Wintertourismus aller Bundesländer hat die Steiermark, was vor allem dem Thermentourismus zu verdanken ist. Innerhalb der Steiermark ist in absoluten Beträgen Liezen am stärksten betroffen, der relative Nächtigungsrückgang bei schlechten Naturschneebedingungen ist in allen anderen Regionen jedoch deutlich höher.

Quelle: Robert Steiger

4.7.3   Vulnerabilitätsanalyse und Gesamtrisikoeinschätzung

Quantitative Analyse

Tabelle 69 gibt einen Überblick über die Ausgangsdaten, die für die Vulnerabilitätsanalyse im Tourismusbereich herangezogen werden. Die Risikobewertung erfolgt in drei Schritten:

1) Bestimmung der Sensitivität (=Verletzbarkeit) der Tourismusnächtigungen gegenüber dem Wetter/Klima, wobei letzteres jeweils durch einen der in Tabelle 69 angeführten Wetterindizes repräsentiert wird.

2) Bestimmung der Intensität ungünstiger Wetterlagen, die statistisch gesehen einmal in 20 Jahren überschritten wird – (zentrierter) VaR (95 %), und der damit verbundenen Nächtigungseinbußen gegenüber einer Situation mit durchschnittlicher Wetterlage unter Verwendung der in 1) quantifizierten Sensitivität der Tourismusnächtigungen gegenüber dem Wetter/Klima.

3) Monetäre Quantifizierung der in 2) bestimmten Nächtigungseinbußen.

Tabelle 69:   Übersicht über die Ausgangsdaten

Abkürzung	Kurzbeschreibung	Zeitliche Auflösung	Räumliche Auflösung	Quelle
Bezirks-Nächtigungen (Stmk)	Anzahl der Nächtigungen, 1980-2009	monatlich	Bezirk	LASTAT
Gemeinde-Nächtigungen (Stmk)	Anzahl der Nächtigungen, 2000-2005	saisonal	Gemeinde	Statistik Austria
SchneeH (alt0)	Mittlere Naturschneehöhe auf Höhe der tiefstgelegenen Talstation [cm], 1973-2006	saisonal	Schigebiete	ZAMG
Tage_SchneeH ≥ 1 (alt0)	Anzahl der Tage mit mind. 1 cm Naturschnee auf Höhe der tiefstgelegenen Talstation [Tage/Wintersaison], 1973-2006	saisonal	Schigebiete	ZAMG
Tage_SchneeH ≥ 30 (alt0)	Anzahl der Tage mit mind. 30 cm Naturschnee auf Höhe der tiefstgelegenen Talstation [Tage/Wintersaison], 1973-2006	saisonal	Schigebiete	ZAMG
SchneeH (alt50)	Mittlere Naturschneehöhe auf mittlerer Höhenlage[24] [cm], 1973-2006	saisonal	Schigebiete	ZAMG
Tage_SchneeH ≥ 1 (alt50)	Anzahl der Tage mit mind. 1 cm Naturschnee auf mittlerer Höhenlage [Tage/Wintersaison], 1973-2006	saisonal	Schigebiete	ZAMG
Tage_SchneeH ≥ 30 (alt50)	Anzahl der Tage mit mind. 30 cm Naturschnee auf mittlerer Höhenlage [Tage/Wintersaison], 1973-2006	saisonal	Schigebiete	ZAMG
Tage_KSchneeH ≥ 1 (alt50)	Anzahl der Tage mit mind. 1 cm Schnee (Natur- und/oder Kunstschnee) auf mittlerer Höhenlage [Tage/Wintersaison], 1973-2006	saisonal	Schigebiete	ZAMG
Tage_KSchneeH ≥ 30 (alt50)	Anzahl der Tage mit mind. 30 cm Schnee (Natur- und/oder Kunstschnee) auf mittlerer Höhenlage [Tage/Wintersaison], 1973-2006	saisonal	Schigebiete	ZAMG
Temp	Mittel der bodennahen Temperatur (2 m über dem Erdboden) [°C], 1948-2006	monatlich	Gemeinden	ZAMG
Tage_NS ≥ 1	Anzahl der Tage mit mind. 1 mm Niederschlag [Tage/Monat], 1948-2006	monatlich	Gemeinden	ZAMG
Tage_NS ≥ 5	Anzahl der Tage mit mind. 5 mm Niederschlag [Tage/Monat], 1948-2006	monatlich	Gemeinden	ZAMG
Tage_NS ≥ 10	Anzahl der Tage mit mind. 10 mm Niederschlag [Tage/Monat], 1948-2006	monatlich	Gemeinden	ZAMG
Summe_NS	Niederschlagssumme [mm/Monat], 1948-2006	monatlich	Gemeinden	ZAMG

Quelle: Eigene Darstellung

Die Sensitivität der Nächtigungen gegenüber unterschiedlichen Wetterindizes wird auf NUTS 3-Ebene untersucht, wobei für die Winter- und Sommersaison jeweils eine separate Analyse erfolgt. In einem ersten Schritt werden daher die auf Bezirks- und Monatsebene vorliegenden Nächtigungsdaten auf NUTS 3-Ebene aggregiert. Da die Untersuchung für die Wintersaison auf saisonaler Ebene erfolgt, werden die auf Monatsbasis vorliegenden Nächtigungsdaten des Weiteren für die Monate der Wintersaison (November bis April) aufsummiert. Die Aggregation der ursprünglich auf Schigebietsebene vorliegenden Schneeindizes auf NUTS 3-

---

[24] Die mittlere Höhenlage eines Schigebiets berechnet sich aus dem Durchschnitt der transportkapazitätsgewichteten mittleren Höhen aller Transporteinrichtungen (ausgenommen Schlepplifte) des Schigebiets.

Ebene erfolgt mittels gewichteter Durchschnittsbildung. Als Gewichte werden die über die Wintersaisonen 2000-2005 gemittelten Nächtigungen jener Gemeinden, die einem berücksichtigten Schigebiet zugeordnet sind, herangezogen. Berücksichtigt werden in der Analyse all jene Schigebiete, die mehr als fünf Liftanlagen oder zumindest eine Seilbahn aufweisen.

Für die Sommersaison erfolgt die Untersuchung auf Monatsbasis. Genauer gesagt wird für jedes Monat der Sommersaison (Mai bis Oktober) die Sensitivität der Nächtigungen gegenüber unterschiedlichen Wetterindizes (Temperatur- und Niederschlagsindizes) separat untersucht. Die ursprünglich auf Gemeindeebene vorliegenden Wetterindizes werden mittels gewichteter Durchschnittsbildung auf NUTS 3-Ebene aggregiert. Als Gewichte fungieren die über die Sommersaisonen 2000-2005 gemittelten Nächtigungen auf Gemeindeebene.

Zur Abschätzung der Sensitivität der Nächtigungen gegenüber unterschiedlichen Wetterindizes – Schritt 1 der Analyse - kommen für die Wintersaison wie auch für die einzelnen Monate der Sommersaison sogenannte ADL-Modelle (Autoregressive Distributed Lag Modelle) zum Einsatz. Hierbei wird die abhängige Variable sowohl durch verzögerte autoregressive Terme, d.h. durch sich selbst, als auch durch (verzögerte) unabhängige Variablen erklärt. Im vorliegenden Fall handelt es sich bei der abhängigen Variablen um die logarithmierten Nächtigungen einer steirischen NUTS 3-Region, während jeweils einer der in Tabelle 69 aufgelisteten und auf NUTS 3 Ebene aggregierten Wetterindizes die unabhängige Variable darstellt. Die im Rahmen der Analyse angewandten Modelle unterscheiden sich in der Anzahl der berücksichtigten Verzögerungen hinsichtlich der abhängigen Variablen (zwischen einer und drei Perioden), in der Berücksichtigung einer ein-periodigen Verzögerung der unabhängigen Variablen sowie in der Berücksichtigung einer Trendvariablen. Gleichung (1) veranschaulicht das simpelste aller getesteten Modelle, Gleichung (2) hingegen das umfangreichste.

$$\ln(y_{it}) = \beta_{i0} + \phi_{i1} \ln(y_{it-1}) + \beta_{i1} WI_{it} / sd(WI_i) + \varepsilon_{it} \tag{1}$$

$$\ln(y_{it}) = \beta_{i0} + \sum_{j=1}^{3} \phi_{ij} \ln(y_{it-j}) + \gamma_{i1} trend + \beta_{i1} WI_{it} / sd(WI_i) + \beta_{i2} WI_{it-1} / sd(WI_i) + \varepsilon_{it} \tag{2}$$

wobei $\ln(y_{it})$ den natürlichen Logarithmus der Nächtigungen in der NUTS 3-Region i zum Zeitpunkt t bezeichnet, $WI_{it}/sd(WI_i)$ den jeweils betrachteten standardisierten Wetterindex in der NUTS 3-Region i zum Zeitpunkt t darstellt[25], β_{i0}, β_{i1}, β_{i2}, ϕ_{i1}, ϕ_{i2}, ϕ_{i3}, und γ_{i1} die zu schätzenden Parameter für die NUTS 3-Region i repräsentieren und ε_{it} den Fehlerterm bezeichnet. Die Schätzung der Parameter erfolgt jeweils mittels Ordinary Least Squares Methode, wobei der Wert für β_{i1} die geschätzte Sensitivität der Nächtigungen gegenüber dem betrachteten Wetterindex darstellt. Multipliziert mit 100 lässt sich β_{i1} als prozentuale Veränderung in den Nächtigungen interpretieren, die bei einem Anstieg des betrachteten Wetterindexes um dessen Standardabweichung zu erwarten ist.

Je Wetterindex werden für jede NUTS 3-Region zwölf Modelle geschätzt. Im Falle der Wintersaison ergeben sich somit aufgrund der acht Schneeindizes insgesamt 96 Modellschätzungen, im Falle eines Sommermonats aufgrund der fünf Temperatur- und Niederschlagsindizes insgesamt 60 Modellschätzungen je NUTS 3-Region.

Neben der Untersuchung der Sensitivität (=Verletzbarkeit) der Nächtigungen gegenüber unterschiedlichen Wetterindizes bedarf es für eine Risikobewertung auch der Analyse des Gefahrenausmaßes, also der Häufigkeit des Eintretens „ungünstiger" Wetterlagen bzw. der Intensität „ungünstiger" Wetterlagen bei vorgegebener Eintrittswahrscheinlichkeit, was den zweiten Schritt der Analyse darstellt. Welche Wetterlage als „ungünstig" einzustufen ist, ergibt sich jeweils aus dem Vorzeichen des Parameters β_{i1}, das die Richtung des Zusammenhangs zwischen dem betrachteten Wetterindex und den Nächtigungen beschreibt. Ist das Vorzeichen positiv, führen höhere Werte des betrachteten Wetterindexes zu mehr Nächtigungen, wonach die Wetterlage umso ungünstiger ist, je niedriger der Wert des betrachteten Wetterindexes ausfällt. Im Falle eines negativen Vor-

---

[25] „sd" steht für die Standardabweichung.

zeichens gilt die umgekehrte Logik. Zur Analyse des Gefahrenausmaßes wird parallel zu jeder Modellschätzung der VaR (95 %) des betrachteten Wetterindexes unter Berücksichtigung, welche Wetterlage im jeweiligen Fall als ungünstig einzustufen ist, berechnet. Stellen hohe (niedrige) Werte des Wetterindexes eine ungünstige Wetterlage dar, gibt der VaR (95 %) an, welchen Wert der betrachtete Wetterindex mit 95 %-iger Wahrscheinlichkeit innerhalb einer Periode nicht überschreitet (unterschreitet), bzw. umgekehrt ausgedrückt, welchen Wert der betrachtete Wetterindex statistisch gesehen einmal in 20 Jahren überschreitet (unterschreitet). Zusammmen mit der im ersten Schritt geschätzten Sensitivität der Nächtigungen gegenüber dem betrachteten Wetterindex lässt sich der aufgrund einer solchen „ungünstigen" Wetterlage zu erwartende Nächtigungsrückgang ermitteln, der im dritten Schritt der Analyse monetär bewertet wird.

Wie bereits erwähnt, werden im Falle der Wintersaison für jede NUTS 3-Region insgesamt 96 und im Falle der einzelnen Monate der Sommersaison für jede NUTS 3-Region insgesamt 60 Schätzungen durchgeführt, die sich einerseits bezüglich der Modellspezifikation und andererseits hinsichtlich des betrachteten Wetterindexes unterscheiden. Die endgültige Modellspezifikations- und Wetterindexauswahl erfolgt anhand folgender Kriterien:

1) Die Modellresiduen weisen zu einem 5 %-Signifikanzniveau gemäß Breusch-Godfrey-Test keine Autokorrelation, gemäß Breusch-Pagan-Test keine Heteroskedastizität und gemäß Ramsey-Reset-Test keine Missspezifikation auf.

2) Aus den Modellen, die das erste Kriterium erfüllen, wird jenes gewählt, das den höchsten zentrierten relativen VaR (95 %) der Nächtigungen gegenüber „ungünstigen" Wetterverhältnissen aufweist. Im Regelfall handelt es sich dabei um jenes Modell, das auch die höchste Sensitivität der Nächtigungen gegenüber dem jeweiligen Wetterindex aufzeigt.

Ergebnis der Risikobewertung für den Wintertourismus

Werden die zwei oben genannten Kriterien auf die jeweils 96 Wintersaison-Modellschätzungen der einzelnen NUTS 3-Regionen angewendet, ergibt sich für die Risikobewertung der Winternächtigungen das in Tabelle 70 dargestellte Endergebnis.

Tabelle 70:   *Risikobewertung der Winternächtigungen gegenüber der Schneelage in Schigebieten*

NUTS 3-Region	Δ der Nächtigungen (N) bei Anstieg des SI um seine SD[%]	Zentrierter Value-at-Risk (95 %)			Schneeindex (SI)
		relativ [%]	absolut [N][26]	absolut [€][27]	
Graz	k.S.	k.S.	k.S.	k.S.	k.S.
Liezen	1,45* (√)	2,69	59.100	7.980.000	Tage_SchneeH ≥ 1 (alt50)
Östliche Obersteiermark	2,47* (√)	2,24	7.600	1.020.000	SchneeH (alt0)
Oststeiermark	k.A.	k.A.	k.A.	k.A.	k.A.
West- und Südsteiermark	2,12** (√)	4,88	9.000	1.220.000	Tage_SchneeH ≥ 1 (alt50)
Westliche Obersteiermark	2,38*** (√)	3,76	22.500	3.040.000	Tage_KSchneeH ≥ 30 (alt50)

Anmerkungen: Rundungsdifferenzen nicht ausgeglichen

N ... Nächtigung(en); SI ... Schneeindex; SD ... Standardabweichung; Δ ... Änderung;

√ ... Sensitivität der Nächtigungen gegenüber dem Schneeindex zeigt das erwartete Vorzeichen;

× ... Sensitivität der Nächtigungen gegenüber dem Schneeindex zeigt nicht das erwartete Vorzeichen;

* ... Signifikant auf dem Niveau 0,1; ** ... Signifikant auf dem Niveau 0,05; *** ... Signifikant auf dem Niveau 0,01;

k.S. ... keine (berücksichtigten) Schigebiete; k.A. ... keine Angaben, da alle getesteten Modelle Missspezifikationen aufweisen

Quelle: Eigene Berechnung

Die erste Spalte in Tabelle 70 zeigt die geschätzte Sensitivität der Winternächtigungen gegenüber der in den Schigebieten der jeweiligen Region vorherrschenden Schneelage. Die Werte geben dabei die prozentuale Veränderung der Nächtigungen je Wintersaison an, die bei einem Anstieg des betrachteten Schneeindexes um dessen Standardabweichung zu erwarten ist. Erhöht sich beispielsweise das über die berücksichtigten Schigebiete der NUTS 3-Region Liezen gewichtete Mittel der Anzahl der Tage pro Wintersaison mit mindestens 1 cm Naturschneehöhe auf mittlerer Schigebietshöhenlage um 18 – dies entspricht der Standardabweichung des betrachteten Schneeindexes - kann laut Modellresultaten im Schnitt mit einem Anstieg der Nächtigungen um 1,45 % gerechnet werden. Gemessen an der prozentualen Veränderung weisen die Winternächtigungen in der Östlichen Obersteiermark demnach die höchste Sensitivität gegenüber der Schneelage in den Schigebieten der Region auf, gefolgt von der Westlichen Obersteiermark, Liezen und der West- und Südsteiermark. Keine Aussagen zur Sensitivität der Winternächtigungen gegenüber der Schneelage in den Schigebieten der Region können im Rahmen der vorliegenden Analyse für die Oststeiermark getroffen werden, da alle getesteten Modelle Missspezifikationen aufweisen und die Aussagekraft der Resultate daher fragwürdig ist. Einen weiteren Spezialfall stellt die NUTS 3-Region Graz dar. Da sich hier keine Schigebiete befinden, die die bereits erwähnten Bedingungen zur Berücksichtigung erfüllen (mehr als fünf Liftanlagen oder zumindest eine Seilbahn), wird von einer Untersuchung der Wettersensitivität der Winternächtigungen dieser Region abgesehen. Wie der ersten Spalte in Tabelle 70 entnommen werden kann, ist im Falle jener Regionen, zu denen Ergebnisse vorliegen, der geschätzte Zusammenhang zwischen den Winternächtigungen und den Schneebedingungen

---

[26] Unter der Annahme, dass die Anzahl der Winternächtigungen bei durchschnittlichen Schneebedingungen jener von 2009 entspricht.

[27] Unter der Annahme, dass die Anzahl der Winternächtigungen bei durchschnittlichen Schneebedingungen jener von 2009 entspricht und pro Nächtigung im Winter durchschnittlich 135 € (inkl. Reisekosten) ausgegeben werden (T-MONA, 2009).

in den Schigebieten einer Region statistisch signifikant und weist jeweils das erwartete (positive) Vorzeichen auf.

Die Spalten zwei bis vier enthalten jeweils den zentrierten VaR (95 %), gemessen in Prozent der Nächtigungen, in Nächtigungen sowie in Euro. Im Falle der NUTS 3-Region Liezen besagt der zentrierte relative VaR (95 %) in Spalte zwei beispielsweise, dass mit 95 %-iger Wahrscheinlichkeit in einer Wintersaison derartige Schneebedingungen in den Liezener Schigebieten herrschen, dass es zu keinen Nächtigungsrückgängen von mehr als 2,69 % gegenüber der Situation mit durchschnittlichen Schneebedingungen kommt. Oder anders ausgedrückt: Einmal in 20 Jahren ist mit derartig ungünstigen Schneebedingungen in den Liezener Schigebieten zu rechnen, dass gegenüber der Situation mit durchschnittlichen Schneebedingungen ein Rückgang in den saisonalen Nächtigungen von über 2,69 % zu erwarten ist. Um den zentrierten VaR (95 %) nicht nur relativ (in % der Nächtigungen), sondern auch absolut (in Nächtigungen) ausdrücken zu können, bedarf es einer Annahme bezüglich des Umfangs der Winternächtigungen bei durchschnittlichen Schneebedingungen. Wird wie in Spalte drei davon ausgegangen, dass die Anzahl der Winternächtigungen bei durchschnittlichen Schneebedingungen den im Jahr 2009 realisierten Wert annimmt, entsprechen die zuvor genannten 2,69 % einem zentrierten absoluten VaR (95 %) von knapp 60.000 Nächtigungen. Bei durchschnittlichen Ausgaben von 135 € pro Winternächtigung (T-MONA, 2009) entspricht dies monetär rund 8 Millionen €.

Gemäß dem zentrierten relativen VaR (95 %) ist die Gefährdung der Winternächtigungen aufgrund schlechter Schneebedingungen in der West- und Südsteiermark am höchsten, gefolgt von der Westlichen Obersteiermark, Liezen und der Östlichen Obersteiermark. Absolut betrachtet weist hingegen Liezen den höchsten zentrierten VaR (95 %) auf, gefolgt von der Westlichen Obersteiermark, der West- und Südsteiermark sowie der Östlichen Obersteiermark. Die letzte Spalte in Tabelle 70 gibt den Schneeindex wieder, auf den sich die Risikobewertung der Winternächtigungen einer NUTS 3-Region jeweils bezieht.

Abbildung 48 veranschaulicht den Ablauf sowie die Ergebnisse der Risikobewertung nochmals grafisch. Das Bild links oben, das im Wesentlichen dieselben Informationen wie die erste und letzte Spalte in Tabelle 70 enthält, zeigt das Resultat des ersten Analyseschritts, der die Bestimmung der Sensitivität der Winternächtigungen gegenüber der Schneelage in den Schigebieten der jeweiligen Region umfasst. Unterschiedliche Blau-Töne – je höher der Wert, desto dunkler der Blau-Ton – spiegeln die Reihung der einzelnen NUTS 3-Regionen anhand ihrer Sensitivität wider. Die Grafik rechts oben bildet ein Zwischenergebnis des zweiten Analyseschrittes ab, das in Tabelle 70 nicht explizit ausgewiesen ist. Wie bereits erwähnt, ist für eine Risikobewertung neben der Untersuchung der Sensitivität auch das Gefahrenausmaß zu analysieren, beispielsweise in Form der Intensität „ungünstiger" Schneelagen bei vorgegebener Eintrittswahrscheinlichkeit. Als „ungünstig" sind in diesem Fall kleine Werte des jeweils betrachteten Schneeindexes einzustufen, da, wie aus der Grafik links oben ersichtlich, der Zusammenhang zwischen den Winternächtigungen und dem jeweils betrachteten Schneeindex in allen Fällen positiv ist, d.h. ein höherer Wert des Schneeindexes führt zu mehr Winternächtigungen. Die Grafik rechts oben in Abbildung 48 zeigt den in Standardabweichungen gemessenen zentrierten VaR (95 %) des jeweils betrachteten Schneeindexes, berechnet unter der Berücksichtigung, dass kleine Werte des Indexes als „ungünstig" einzustufen sind[28]. Anders formuliert handelt es sich dabei um die in Standardabweichungen gemessene „ungünstige" Abweichung des jeweils betrachteten Schneeindexes von dessen Mittelwert, die statistisch gesehen einmal in 20 Jahren überschritten wird. Mittels der geschätzten Sensitivität der Nächtigungen gegenüber dem betrachteten Schneeindex (Bild links oben) kann vom zentrierten VaR (95 %) des jeweils betrachteten Schneeindexes (Bild rechts oben) auf den zentrierten (relativen) VaR (95 %) der Nächtigungen (Bild links unten; entspricht Spalte 2 in Tabelle 70) geschlossen werden. Die Grafik rechts unten veranschaulicht abschließend die Informationen aus Spalte 3 und 4 in Tabelle 70, also den zentrierten absoluten VaR (95 %) der Winternächtigungen in Nächtigungen sowie in Euro, wobei letzteres das Ergebnis des dritten Analyseschritts darstellt.

---

[28] Die Berechnung des zentrierten VaR (95 %) des jeweils betrachteten Schneeindexes erfolgt über dessen historische Verteilung.

Abbildung 48: Risikobewertung der Winternächtigungen gegenüber der Schneelage in Schigebieten

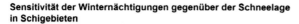

Sensitivität der Winternächtigungen gegenüber der Schneelage in Schigebieten

Zu erwartende %uale Veränderung der Nächtigungen je Wintersaison infolge eines Anstiegs des betrachteten SI um dessen SD

Zentrierter VaR (95%) des betrachteten Schneeindexes (SI)

In SDs gemessene 'ungünstige' Abweichung des betrachteten SI von dessen MW, die einmal in 20 Jahren überschritten wird

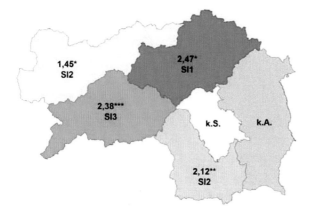

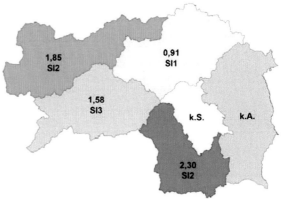

Zentrierter relativer VaR (95%) der Winternächtigungen

Schneelagebedingter Nächtigungsrückgang, der statistisch gesehen einmal in 20 Jahren überschritten wird (in % der Nächtigungen, die bei durchschnittlicher Schneelage zu erwarten wären)

Zentrierter absoluter VaR (95%) der Winternächtigungen

Schneelagebedingter Nächtigungsrückgang, der statistisch gesehen einmal in 20 Jahren überschritten wird (in Absolutwerten u.d.A., dass bei durchschnittlicher Schneelage Nächtigungen in der Höhe von 2009 zu erwarten wären) sowie dessen monetäre Bewertung

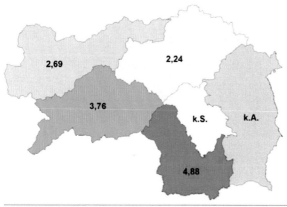

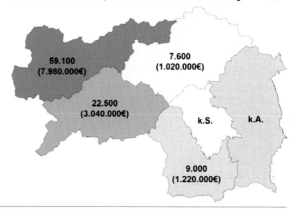

Erläuterungen:

*	Koeffizient auf dem Niveau 0,1 signifikant
**	Koeffizient auf dem Niveau 0,05 signifikant
***	Koeffizient auf dem Niveau 0,01 signifikant

k.S. ... keine (berücksichtigten) Schigebiete
k.A. ... keine Angaben (Modellmissspezifikation)
u.d.A. ... unter der Annahme

SI1 ... SchneeH (alt0)
SI2 ... Tage_SchneeH>=1 (alt50)
SI3 ... Tage_KSchneeH>=30 (alt50)

MW ... Mittelwert
SD ... Standardabweichung
SI ... Schneeindex

Zentrum für Wirtschafts- und Innovationsforschung POLICIES

Kartenbearbeitung: Mag. Judith Köberl
Projektleitung: Dr. Franz Prettenthaler
Mitarbeiter/innen: Dipl.-Ing. Clemens Habsburg-Lothringen, Michael Kueschnig, Nikola Rogler Bakk, Mag. Christoph Töglhofer, Mag. Claudia Winkler
Quelle(n): Statistik Austria, ZAMG, eigene Berechnungen JR

Anmerkung:
Berücksichtigt werden Schigebiete mit mehr als fünf Liftanlagen oder zumindest einer Seilbahn

Quelle: Eigene Darstellung

Werden die zentrierten absoluten VaR (95 %)-Werte der vier NUTS 3-Regionen Liezen, Östliche Obersteiermark, West- und Südsteiermark sowie Westliche Obersteiermark aufaggregiert, ergibt sich ein gesamter zentrierter absoluter VaR (95 %) von rund 84.600 Nächtigungen bzw. 11,4 Mio. €.[29]

---

[29] Im Zuge der Aggregation der zentrierten VaR (95 %)-Werte der vier NUTS 3-Regionen Liezen, Östliche Obersteiermark, West- und Südsteiermark sowie Westliche Obersteiermark müssen die Korrelationen zwischen den betrachteten Wetterindizes der einzelnen Regionen berücksichtigt werden. Ein aggregierter zentrierter VaR-Wert ist aufgrund von Diversifikationseffekten, die umso ausgeprägter ausfallen, je niedriger die Korrelationskoeffizienten sind, in der Regel niedriger als die Summe der einzelnen zentrierten VaR-Werte, aus denen er sich zusammensetzt.

Der **Grad der Unsicherheit der Risikobewertung** hinsichtlich der Winternächtigungen ist, insbesondere auch im Vergleich zu den anderen im Rahmen dieses Impulsprojekts durchgeführten quantitativen Bewertungen, als **mittel** einzustufen (siehe auch Tabelle 2). Die Analyse der Winternächtigungen beruht auf der Zusammenführung der Risikobewertung eines Schneeindexes mit der geschätzten Sensitivität der Winternächtigungen gegenüber diesem Schneeindex. Sowohl das Modell zur Schätzung der Schneesensitivität der Winternächtigungen als auch die Risikobewertung des betrachteten Schneeindexes weisen ein gewisses Maß an Unsicherheit auf. Hinzu kommt, dass für die monetäre Bewertung der Winternächtigungen eine Annahme bezüglich der Ausgaben je Nächtigung getroffen werden musste.

Ergebnis der Risikobewertung für den Sommertourismus

Für jeden Monat der Sommersaison stehen, wie bereits erwähnt, je NUTS 3-Region insgesamt 60 Modellschätzungen zur Verfügung, die sich einerseits bezüglich der Modellspezifikation und andererseits hinsichtlich des betrachteten Wetterindexes unterscheiden. Die endgültige Modellspezifikations- und Wetterindexauswahl erfolgt, gleich wie bei der Analyse des Wintertourismus, anhand der beiden folgenden Kriterien:

1) Die Modellresiduen weisen laut statistischen Tests zu einem 5%-Signifikanzniveau keine Autokorrelation, keine Heteroskedastizität und keine Missspezifikation auf.

2) Aus den Modellen, die das erste Kriterium erfüllen, wird jenes gewählt, das den höchsten zentrierten relativen VaR (95 %) der Nächtigungen gegenüber „ungünstigen" Wetterverhältnissen[30] aufweist.

Unter Anwendung der beiden Kriterien auf die jeweils 60 Modellschätzungen pro Sommermonat und NUTS 3-Region ergeben sich für die Risikobewertung der Sommernächtigungen die in Tabelle 71 bis Tabelle 76 dargestellten Endergebnisse. Die Interpretation erfolgt analog zu den Ergebnissen der Risikobewertung für die Winternächtigungen und wird anhand von Tabelle 71 nochmals beispielhaft erläutert.

Die erste Spalte in Tabelle 71 zeigt die geschätzte Sensitivität der Mai-Nächtigungen gegenüber dem jeweils betrachteten Wetterindex, der in der fünften Spalte ausgewiesen ist. Die Werte geben dabei die prozentuale Veränderung der Nächtigungen im Monat Mai an, die bei einem Anstieg des betrachteten Wetterindexes um dessen Standardabweichung zu erwarten ist. Erhöht sich beispielsweise die mittlere Temperatur in der NUTS 3-Region Westliche Obersteiermark im Mai um 1,74°C – dies entspricht der Standardabweichung des betrachteten Wetterindexes – kann laut Modellresultaten im Schnitt mit einem Anstieg der Mai-Nächtigungen um 7,27 % gerechnet werden. Erhöht sich hingegen die Anzahl der Tage mit mindestens 5 mm Niederschlag in der NUTS 3-Region West- und Südsteiermark im Mai um 2 – dies entspricht der Standardabweichung des betrachteten Wetterindexes – kann laut Modellresultaten im Schnitt mit einer Abnahme der Mai-Nächtigungen um 6,37 % gerechnet werden.

Die Spalten zwei bis vier enthalten jeweils den zentrierten VaR (95 %), gemessen in Prozent der Nächtigungen, in Nächtigungen sowie in Euro. Im Falle der NUTS 3-Region Westliche Obersteiermark besagt der zentrierte relative VaR (95 %) in Spalte zwei beispielsweise, dass mit 95 %-iger Wahrscheinlichkeit im Mai derartige Temperaturbedingungen herrschen, dass es zu keinen Nächtigungsrückgängen von mehr als 13,66 % gegenüber der Situation mit durchschnittlichen Temperaturbedingungen kommt. Oder anders ausgedrückt: Einmal in 20 Jahren ist in der Westlichen Obersteiermark im Mai mit derartig ungünstigen Temperaturbedingungen zu rechnen, dass gegenüber der Situation mit durchschnittlichen Temperaturbedingungen ein Rückgang in den Mai-Nächtigungen von über 13,66 % zu erwarten ist. Im Falle der NUTS 3-Region West- und Südsteiermark ist hingegen einmal in 20 Jahren im Mai mit derartig ungünstigen Niederschlagsbedingungen zu rechnen, dass gegenüber der Situation mit durchschnittlichen Niederschlagsbedingungen ein Rückgang in

---

[30] Im Rahmen der Sommertourismusanalyse sind dies entweder „ungünstige" Temperaturverhältnisse oder „ungünstige" Niederschlagsverhältnisse. Was jeweils unter „ungünstig" zu verstehen ist, hängt vom Vorzeichen ab, das der geschätzte Zusammenhang zwischen den Nächtigungen und dem jeweils betrachteten Wetterindex aufweist.

den Mai-Nächtigungen von über 12,96 % zu erwarten ist. Um den zentrierten VaR (95 %) nicht nur relativ (in % der Nächtigungen), sondern auch absolut (in Nächtigungen) ausdrücken zu können, bedarf es einer Annahme bezüglich des Umfangs der Mai-Nächtigungen bei durchschnittlichen Wetterbedingungen. Für den zentrierten absoluten VaR (95 %) in den Spalten drei und vier wird daher davon ausgegangen, dass die Anzahl der Mai-Nächtigungen bei durchschnittlichen Wetterbedingungen den im Jahr 2009 realisierten Wert annimmt. Für die monetäre Quantifizierung wird von durchschnittlichen Ausgaben in der Höhe von 109 € pro Sommernächtigung (T-MONA, 2009) ausgegangen.

Tabelle 71:   *Risikobewertung der Mai-Nächtigungen gegenüber dem Wetter*

NUTS 3-Region	Δ der Nächtigungen (N) bei Anstieg des WI um seine SD[%]	Zentrierter Value-at-Risk (95 %)			Wetterindex (WI)
		relativ [%]	absolut [N][31]	absolut [€][32]	
Graz	4,17** (√)	8,93	9.000	981.000	Temp
Liezen	-3,09 (√)	5,13	7.280	793.000	Tage_NS ≥ 5
Östliche Obersteiermark	3,37** (×)	5,63	3.670	401.000	Tage_NS ≥ 1
Oststeiermark	2,66** (√)	5,44	14.160	1.543.000	Temp
West- und Südsteiermark	-6,37** (√)	12,96	9.370	1.021.000	Tage_NS ≥ 5
Westliche Obersteiermark	7,27** (√)	13,66	6.660	726.000	Temp

Anmerkungen: Rundungsdifferenzen nicht ausgeglichen

N ... Nächtigung(en); WI ... Wetterindex; SD ... Standardabweichung; Δ ... Änderung;

√ ... Sensitivität der Nächtigungen gegenüber dem Wetterindex zeigt das erwartete Vorzeichen;

× ... Sensitivität der Nächtigungen gegenüber dem Wetterindex zeigt nicht das erwartete Vorzeichen;

* ... Signifikant auf dem Niveau 0,1; ** ... Signifikant auf dem Niveau 0,05; *** ... Signifikant auf dem Niveau 0,01

Quelle: Eigene Berechnung

Tabelle 72:   *Risikobewertung der Juni-Nächtigungen gegenüber dem Wetter*

NUTS 3-Region	Δ der Nächtigungen (N) bei Anstieg des WI um seine SD[%]	Zentrierter Value-at-Risk (95 %)			Wetterindex (WI)
		relativ [%]	absolut [N][31]	absolut [€][32]	
Graz	3,20 (√)	3,80	4.360	475.000	Temp
Liezen	4,14* (√)	5,95	13.820	1.507.000	Temp
Östliche Obersteiermark	-1,91 (√)	3,15	2.410	263.000	Tage_NS ≥ 1
Oststeiermark	3,39** (√)	4,74	11.830	1.289.000	Temp
West- und Südsteiermark	3,51* (√)	4,35	3.440	375.000	Temp
Westliche Obersteiermark	3,00 (√)	4,09	3.040	332.000	Temp

Anmerkungen: Rundungsdifferenzen nicht ausgeglichen

N ... Nächtigung(en); WI ... Wetterindex; SD ... Standardabweichung; Δ ... Änderung;

√ ... Sensitivität der Nächtigungen gegenüber dem Wetterindex zeigt das erwartete Vorzeichen;

× ... Sensitivität der Nächtigungen gegenüber dem Wetterindex zeigt nicht das erwartete Vorzeichen;

* ... Signifikant auf dem Niveau 0,1; ** ... Signifikant auf dem Niveau 0,05; *** ... Signifikant auf dem Niveau 0,01

Quelle: Eigene Berechnung

---

[31] Unter der Annahme, dass die Anzahl der Monatsnächtigungen bei durchschnittlichen Wetterbedingungen jener von 2009 entspricht.

[32] Unter der Annahme, dass die Anzahl der Monatsnächtigungen bei durchschnittlichen Wetterbedingungen jener von 2009 entspricht und pro Nächtigung im Sommer durchschnittlich 109 € (inkl. Reisekosten) ausgegeben werden (T-MONA, 2009).

Tabelle 73:   *Risikobewertung der Juli-Nächtigungen gegenüber dem Wetter*

NUTS 3-Region	Δ der Nächtigungen (N) bei Anstieg des WI um seine SD[%]	Zentrierter Value-at-Risk (95 %)			Wetterindex (WI)
		relativ [%]	absolut [N][31]	absolut [€][32]	
Graz	2,26 (×)	3,82	5.010	546.000	Tage_NS ≥ 10
Liezen	2,19* (√)	3,20	13.510	1.472.000	Temp
Östliche Obersteiermark	1,26 (×)	1,69	1.580	173.000	Tage_NS ≥ 5
Oststeiermark	1,21 (×)	1,56	5.120	558.000	Summe_NS
West- und Südsteiermark	2,70* (√)	4,44	4.020	438.000	Temp
Westliche Obersteiermark	2,90 (×)	3,79	4.650	507.000	Tage_NS ≥ 1

Anmerkungen: Rundungsdifferenzen nicht ausgeglichen

N ... Nächtigung(en); WI ... Wetterindex; SD ... Standardabweichung; Δ ... Änderung;

√ ... Sensitivität der Nächtigungen gegenüber dem Wetterindex zeigt das erwartete Vorzeichen;

× ... Sensitivität der Nächtigungen gegenüber dem Wetterindex zeigt nicht das erwartete Vorzeichen;

* ... Signifikant auf dem Niveau 0,1; ** ... Signifikant auf dem Niveau 0,05; *** ... Signifikant auf dem Niveau 0,01

Quelle: Eigene Berechnung

Tabelle 74:   *Risikobewertung der August-Nächtigungen gegenüber dem Wetter*

NUTS 3-Region	Δ der Nächtigungen (N) bei Anstieg des WI um seine SD[%]	Zentrierter Value-at-Risk (95 %)			Wetterindex (WI)
		relativ [%]	absolut [N][31]	absolut [€][32]	
Graz	-1,98 (√)	3,15	4.000	436.000	Tage_NS ≥ 5
Liezen	-3,16*** (√)	6,69	33.830	3.688.000	Summe_NS
Östliche Obersteiermark	-1,14 (√)	1,64	1.760	192.000	Tage_NS ≥ 1
Oststeiermark	0,98 (×)	1,80	7.240	789.000	Summe_NS
West- und Südsteiermark	1,57 (×)	2,94	3.500	382.000	Summe_NS
Westliche Obersteiermark	2,26* [a) (√)	2,68	4.000	436.000	Temp

Anmerkungen: Rundungsdifferenzen nicht ausgeglichen

N ... Nächtigung(en); WI ... Wetterindex; SD ... Standardabweichung; Δ ... Änderung;

√ ... Sensitivität der Nächtigungen gegenüber dem Wetterindex zeigt das erwartete Vorzeichen;

× ... Sensitivität der Nächtigungen gegenüber dem Wetterindex zeigt nicht das erwartete Vorzeichen;

* ... Signifikant auf dem Niveau 0,1; ** ... Signifikant auf dem Niveau 0,05; *** ... Signifikant auf dem Niveau 0,01;

[a) ... Gemäß Jarque-Bera-Test und/oder Lilliefors-Test nicht normalverteilte Modellresiduen (α=5%)

Quelle: Eigene Berechnung

Tabelle 75:   *Risikobewertung der September-Nächtigungen gegenüber dem Wetter*

NUTS 3-Region	Δ der Nächtigungen (N) bei Anstieg des WI um seine SD[%]	Zentrierter Value-at-Risk (95 %)			Wetterindex (WI)
		relativ [%]	absolut [N][31]	absolut [€][32]	
Graz	-4,83** (√)	7,88	9.540	1.040.000	Tage_NS ≥ 1
Liezen	-3,56*** a) (√)	7,16	19.350	2.109.000	Tage_NS ≥ 5
Östliche Obersteiermark	-5,81*** (√)	12,38	9.650	1.051.000	Tage_NS ≥ 1
Oststeiermark	1,71** (√)	2,97	8.740	952.000	Temp
West- und Südsteiermark	-3,16* (√)	5,71	5.450	594.000	Tage_NS ≥ 10
Westliche Obersteiermark	-4,73 a) (√)	9,90	6.320	689.000	Tage_NS ≥ 5

Anmerkungen: Rundungsdifferenzen nicht ausgeglichen

N ... Nächtigung(en); WI ... Wetterindex; SD ... Standardabweichung; Δ ... Änderung;

√ ... Sensitivität der Nächtigungen gegenüber dem Wetterindex zeigt das erwartete Vorzeichen;

× ... Sensitivität der Nächtigungen gegenüber dem Wetterindex zeigt nicht das erwartete Vorzeichen;

* ... Signifikant auf dem Niveau 0,1; ** ... Signifikant auf dem Niveau 0,05; *** ... Signifikant auf dem Niveau 0,01;

a) ... Gemäß Jarque-Bera-Test und/oder Lilliefors-Test nicht normalverteilte Modellresiduen (α=5%)

Quelle: Eigene Berechnung

Tabelle 76:   *Risikobewertung der Oktober-Nächtigungen gegenüber dem Wetter*

NUTS 3-Region	Δ der Nächtigungen (N) bei Anstieg des WI um seine SD[%]	Zentrierter Value-at-Risk (95 %)			Wetterindex (WI)
		relativ [%]	absolut [N][31]	absolut [€][32]	
Graz	-3,19** (×)	5,79	6.640	724.000	Temp
Liezen	4,61** (√)	7,58	11.320	1.234.000	Temp
Östliche Obersteiermark	-3,86* (√)	6,85	3.740	408.000	Tage_NS ≥ 10
Oststeiermark	-1,72 (√)	3,27	8.480	924.000	Summe_NS
West- und Südsteiermark	-3,78* (√)	7,66	7.460	813.000	Summe_NS
Westliche Obersteiermark	-4,05 (√)	7,09	3.190	348.000	Tage_NS ≥ 1

Anmerkungen: Rundungsdifferenzen nicht ausgeglichen

N ... Nächtigung(en); WI ... Wetterindex; SD ... Standardabweichung; Δ ... Änderung;

√ ... Sensitivität der Nächtigungen gegenüber dem Wetterindex zeigt das erwartete Vorzeichen;

× ... Sensitivität der Nächtigungen gegenüber dem Wetterindex zeigt nicht das erwartete Vorzeichen;

* ... Signifikant auf dem Niveau 0,1; ** ... Signifikant auf dem Niveau 0,05; *** ... Signifikant auf dem Niveau 0,01

Quelle: Eigene Berechnung

Um eine bessere Gegenüberstellung der Sensitivität der Nächtigungen in den einzelnen Sommermonaten gegenüber dem Wetter zu gewährleisten, fasst Tabelle 77 nochmals jeweils die erste Spalte von Tabelle 71 bis Tabelle 76 zusammen.

Tabelle 77:   *Prozentuale Veränderung der Nächtigungen bei einem Anstieg des Wetterindexes um dessen*
                   Standardabweichung

NUTS 3-Region	Mai	Juni	Juli	August	September	Oktober
Graz	4,17**	3,20	2,26	-1,98	-4,83**	-3,19**
Liezen	-3,09	4,14*	2,19*	-3,16***	-3,56*** a)	4,61**
Östliche Obersteiermark	3,37**	-1,91	1,26	-1,14	-5,81***	-3,86*
Oststeiermark	2,66**	3,39**	1,21	0,98	1,71**	-1,72
West- und Südsteiermark	-6,37**	3,51*	2,70*	1,57	-3,16*	-3,78*
Westliche Obersteiermark	7,27**	3,00	2,90	2,26* a)	-4,73 a)	-4,05

GRÜN ... Sensitivität der Nächtigungen gegenüber dem Wetterindex zeigt das erwartete Vorzeichen

ROT ... Sensitivität der Nächtigungen gegenüber dem Wetterindex zeigt nicht das erwartete Vorzeichen

* ... Signifikant auf dem Niveau 0,1; ** ... Signifikant auf dem Niveau 0,05; *** ... Signifikant auf dem Niveau 0,01;

a) ... Gemäß Jarque-Bera-Test und/oder Lilliefors-Test nicht normalverteilte Modellresiduen (α=5%)

Quelle: Eigene Berechnung

Wie aus Tabelle 77 zu entnehmen ist, sind 21 der 36 geschätzten Zusammenhänge zwischen den Nächtigungen einer Region in einem der Sommermonate und dem betrachteten Wetterindex statistisch signifikant, während in 15 Fällen keine statistisch signifikante Abhängigkeit der Nächtigungen vom Wetter gefunden wird. Von zwei Ausnahmen abgesehen (Graz im Oktober und die Östliche Obersteiermark im Mai) weisen alle signifikanten Zusammenhänge das erwartete Vorzeichen auf[33].

Über alle Regionen betrachtet sind die Nächtigungen gemäß den Modellresultaten insbesondere in den Monaten Mai, September und Oktober sensitiv gegenüber den Wetterbedingungen, seien das nun Temperatur- oder Niederschlagsverhältnisse. Für diese Monate finden sich jeweils in vier bis fünf Regionen statistisch signifikante Zusammenhänge zwischen den Nächtigungen und dem betrachteten Wetterindex. Demgegenüber scheinen die Nächtigungen in den Monaten Juni, Juli und August im Allgemeinen weniger wettersensitiv. Für diese Monate zeigen die Modellresultate jeweils zwei bis drei Regionen mit statistisch signifikanten Zusammenhängen zwischen den Nächtigungen und dem betrachteten Wetterindex. Was die einzelnen Regionen betrifft, sind die Nächtigungen in Liezen sowie der West- und Südsteiermark laut Modellresultaten über alle Sommermonate betrachtet am sensitivsten gegenüber den Wetterbedingungen, da jeweils in fünf der sechs Monate statistisch signifikante Zusammenhänge zu beobachten sind.

Um wie im Falle der Sensitivität auch für den zentrierten VaR (95 %) der Nächtigungen gegenüber „ungünstigen" Wetterverhältnissen eine bessere Gegenüberstellung der einzelnen Sommermonate zu gewährleisten, fasst Abbildung 49 bzw. Abbildung 50 die zweite bzw. dritte Spalte von Tabelle 71 bis Tabelle 76 grafisch zusammen.

Wie Abbildung 49 zu entnehmen ist, sind die NUTS 3-Regionen der Steiermark - gemessen am zentrierten relativen VaR (95 %) der Nächtigungen gegenüber „ungünstigen" Wetterverhältnissen - in den Monaten Mai, September und Oktober einem größeren, in den Monaten Juni, Juli und August hingegen einem geringeren Risiko ausgesetzt. Den höchsten zentrierten relativen VaR (95 %) weist die NUTS 3-Region Westliche Obersteiermark im Monat Mai auf, den geringsten die NUTS 3-Region Oststeiermark im Juli. Gemessen am zentrierten absoluten VaR (95 %) scheint gemäß Abbildung 50 der Monat September am meisten gefährdet zu sein, der Monat Juli hingegen am wenigsten. Der höchste zentrierte absolute VaR (95 %) findet sich in der Region Liezen im August, der niedrigste in der Region Östliche Obersteiermark ebenfalls im August.

---

[33] In jenen Fällen, in denen es sich beim betrachteten Wetterindex um den Temperaturindex handelt, würde man grundsätzlich ein positives Vorzeichen erwarten, d.h. mehr Nächtigungen bei höheren Temperaturen, während man in Fällen, in denen es sich beim betrachteten Wetterindex um einen der Niederschlagsindizes handelt, im Allgemeinen ein negatives Vorzeichen erwarten würde, d.h. weniger Nächtigungen bei mehr Niederschlag.

Abbildung 49: Zentrierter relativer VaR (95 %) der Nächtigungen gegenüber „ungünstigen" Wetterverhältnissen

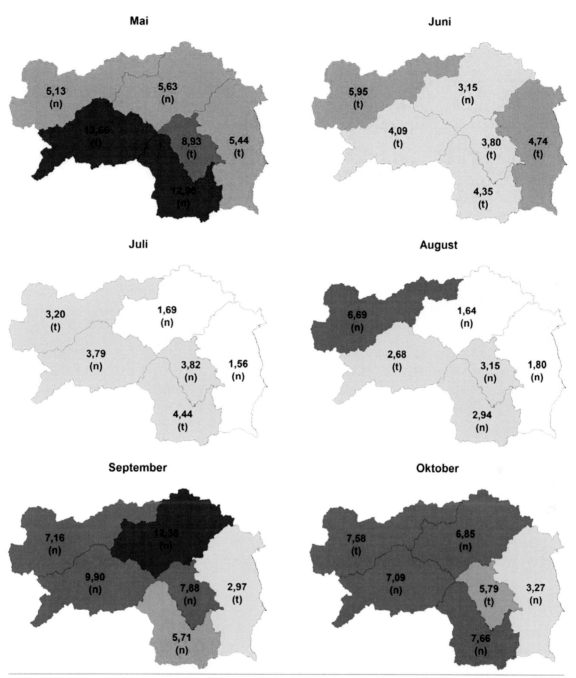

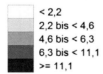 

Zentrierter relativer VaR (95%) der Nächtigungen gegenüber 'ungünstigen' Wetterverhältnissen
Temperatur- oder niederschlagsbedingter Nächtigungsrückgang, der statistisch gesehen einmal in 20 Jahren
überschritten wird (in % der Nächtigungen, die bei durchschnittlicher Witterungslage zu erwarten wären)

- < 2,2
- 2,2 bis < 4,6
- 4,6 bis < 6,3
- 6,3 bis < 11,1
- >= 11,1

Erläuterungen:
(t) ... Beim betrachteten Wetterindex handelt es sich um den Temperaturindex
(n) ... Beim betrachteten Wetterindex handelt es sich um einen der Niederschlagsindizes

Zentrum für Wirtschafts- und Innovationsforschung POLICIES

Kartenbearbeitung: Mag. Judith Köberl
Projektleitung: Dr. Franz Prettenthaler
Mitarbeiter/innen: Dipl.-Ing. Clemens Habsburg-Lothringen,
                    Michael Kueschnig, Nikola Rogler Bakk.
                    Mag. Christoph Töglhofer, Mag. Claudia Winkler
Quelle(n):   Statistik Austria, ZAMG, eigene Berechnungen JR

Quelle: Eigene Darstellung

*Abbildung 50:   Zentrierter absoluter VaR (95 %) der Nächtigungen gegenüber „ungünstigen" Wetterver-
                  hältnissen*

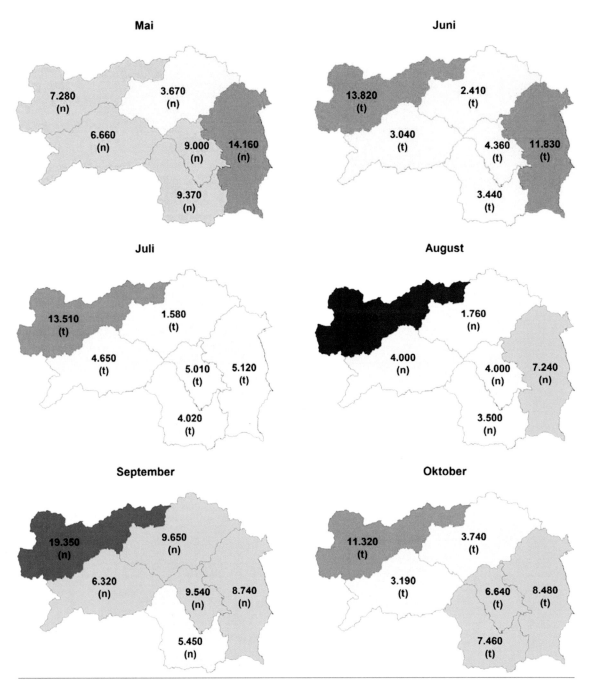

Zentrierter absoluter VaR (95%) der Nächtigungen gegenüber 'ungünstigen' Wetterverhältnissen
Temperatur- oder niederschlagsbedingter Nächtigungsrückgang, der statistisch gesehen einmal in 20 Jahren
überschritten wird (in Absolutwerten unter der Annahme, dass bei durchschnittlicher Witterungslage
Nächtigungen in der Höhe von 2009 zu erwarten wären)

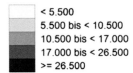

< 5.500
5.500 bis < 10.500
10.500 bis < 17.000
17.000 bis < 26.500
>= 26.500

Zentrum für Wirtschafts- und
Innovationsforschung POLICIES

Kartenbearbeitung: Mag. Judith Köberl
Projektleitung: Dr. Franz Prettenthaler
Mitarbeiter/innen: Dipl.-Ing. Clemens Habsburg-Lothringen,
                       Michael Kueschnig, Nikola Rogler Bakk.,
                       Mag. Christoph Töglhofer, Mag. Claudia Winkler
Quelle(n):   Statistik Austria, ZAMG, eigene Berechnungen JR

Erläuterungen:

(t) ... Beim betrachteten Wetterindex handelt es sich um den Temperaturindex
(n) ... Beim betrachteten Wetterindex handelt es sich um einen der Niederschlagsindizes

Quelle: Eigene Darstellung

Abbildung 51 zeigt für jede NUTS 3-Region den Monat mit dem höchsten zentrierten relativen bzw. absoluten VaR (95 %) der Nächtigungen gegenüber „ungünstigen" Wetterverhältnissen. Je dunkler der Rot-Ton, desto höher ist das Wetterrisiko in der jeweiligen Region.

Abbildung 51: *Sommermonat mit dem höchsten zentrierten relativen bzw. absoluten VaR (95 %) der Nächtigungen gegenüber „ungünstigen" Wetterverhältnissen*

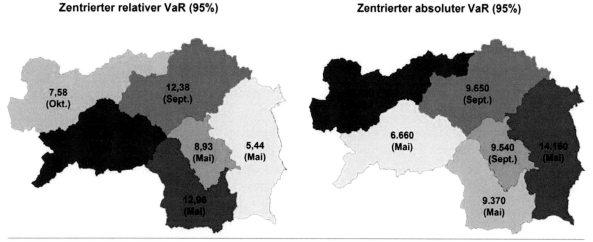

Sommermonat mit dem höchsten zentrierten relativen bzw. absoluten VaR (95%) der Nächtigungen gegenüber 'ungünstigen' Wetterverhältnissen

Anmerkungen:

Der relative VaR (95%) wird in Prozent der Nächtigungen gemessen, die bei durchschnittlicher Witterungslage zu erwarten wären.

Der absolute VaR (95%) wird in Nächtigungen gemessen und basiert auf der Annahme, dass bei durchschnittlicher Witterungslage Nächtigungen in der Höhe von 2009 zu erwarten wären.

Zentrum für Wirtschafts- und Innovationsforschung POLICIES

Kartenbearbeitung: Mag. Judith Köberl
Projektleitung: Dr. Franz Prettenthaler
Mitarbeiter/innen: Dipl.-Ing. Clemens Habsburg-Lothringen,
Michael Kueschnig, Nikola Rogler Bakk.
Mag. Christoph Töglhofer, Mag. Claudia Winkler
Quelle(n): Statistik Austria, ZAMG, eigene Berechnungen JR

Quelle: Eigene Darstellung

Werden die zentrierten VaR (95 %)-Werte aller NUTS 3-Regionen für jeden Monat aufaggregiert, ergeben sich die in Tabelle 78 dargestellten aggregierten zentrierten VaR (95 %)-Werte. Gemäß dem aggregierten zentrierten relativen VaR (95 %) weist der Monat September das höchste Risiko auf, gefolgt von den Monaten Mai, Juni, Oktober, August und Juli. Obwohl, wie aus Abbildung 49 zu entnehmen ist, fünf der sechs NUTS 3-Regionen im Oktober einen höheren zentrierten relativen VaR (95 %) als im Juni aufweisen, ist der über alle NUTS 3-Regionen aggregierte zentrierte VaR (95 %) im Juni aufgrund höherer Korrelationen zwischen den betrachteten Wetterindizes und daraus resultierenden niedrigeren Diversifikationseffekten größer als im Oktober. Absolut betrachtet ergibt sich aufgrund der unterschiedlichen Tourismusintensität in den einzelnen Sommermonaten eine etwas andere Reihung als im Fall des zentrierten relativen VaR (95 %), nämlich September vor Juni, August, Mai, Oktober und Juli.

Tabelle 78:   *Über alle NUTS 3-Regionen aggregierter zentrierter VaR (95 %) der Nächtigungen gegenüber „ungünstigen" Wetterverhältnissen[34]*

	Mai	Juni	Juli	August	September	Oktober
Relativer VaR (95 %) [in %]	4,87	4,46	1,73	2,40	5,21	3,41
Absoluter VaR (95 %) [in Nächtigungen]	33.600	36.900	20.600	33.900	48.000	24.600

Quelle: Eigene Berechnung

Erfolgt die Aggregation der in Abbildung 49 und Abbildung 50 dargestellten zentrierten VaR (95 %)-Werte nicht wie in Tabelle 78 über alle NUTS 3-Regionen, sondern über alle Sommermonate, resultieren die in Tabelle 79 dargestellten aggregierten zentrierten VaR (95 %)-Werte je NUTS 3-Region. Gemäß dem aggregierten zentrierten relativen VaR (95 %) stellt die West- und Südsteiermark die Region mit dem höchsten Risiko dar, gefolgt von der Westlichen Obersteiermark, Liezen, Graz, der Östlichen Obersteiermark und der Oststeiermark. Absolut betrachtet ergibt sich aufgrund der unterschiedlichen Tourismusintensität in den einzelnen NUTS 3-Regionen wieder eine etwas andere Reihung als im Fall des zentrierten relativen VaR (95 %). Gemäß dem aggregierten zentrierten absoluten VaR (95 %) sieht sich die Region Liezen dem höchsten Risiko gegenüber, gefolgt von der Oststeiermark, Graz, der West- und Südsteiermark, der Westlichen Obersteiermark und der Östlichen Obersteiermark.

Tabelle 79:   *Über alle Sommermonate aggregierter zentrierter VaR (95 %) der Nächtigungen gegenüber „ungünstigen" Wetterverhältnissen[35]*

	Graz	Liezen	Östliche Oberstmk.	Oststmk.	West- und Südstmk.	Westliche Oberstmk.
Relativer VaR (95 %) [in %]	2,52	2,67	2,41	1,51	2,92	2,91
Absoluter VaR (95 %) [in Nächtigungen]	17.900	45.900	11.500	27.100	16.100	14.700

Quelle: Eigene Berechnung

Werden die in Abbildung 50 dargestellten zentrierten absoluten VaR (95 %)-Werte sowohl über alle NUTS 3-Regionen als auch alle Sommermonate aggregiert, ergibt sich ein gesamter zentrierter absoluter VaR (95 %) von rund 93.000 Nächtigungen bzw. 10,1 Mio €. Gemessen am zentrierten absoluten VaR (95 %) der Nächtigungen gegenüber „ungünstigen" Wetterverhältnissen kann der steirische Sommertourismus damit beinahe als im selben Maße gefährdet betrachtet werden wie der Wintertourismus (11,4 Mio €).

Der **Grad der Unsicherheit der Risikobewertung** hinsichtlich der Sommernächtigungen ist, insbesondere auch im Vergleich zu den anderen im Rahmen dieses Impulsprojekts durchgeführten quantitativen Bewertungen, als **mittel** einzustufen (siehe auch Tabelle 2). Die Analyse der Sommernächtigungen beruht auf der Zusammenführung der Risikobewertung eines Wetterindexes mit der geschätzten Sensitivität der Sommernächtigungen gegenüber diesem Wetterindex. Sowohl das Modell zur Schätzung der Wettersensitivität der Som-

---

[34] Im Zuge der Aggregation der zentrierten VaR (95 %)-Werte aller NUTS 3-Regionen müssen die Korrelationen zwischen den betrachteten Wetterindizes der einzelnen Regionen berücksichtigt werden. Ein aggregierter VaR-Wert ist aufgrund von Diversifikationseffekten, die umso ausgeprägter ausfallen, je niedriger die Korrelationskoeffizienten sind, in der Regel niedriger als die Summe der einzelnen zentrierten VaR-Werte, aus denen er sich zusammensetzt.

[35] Im Zuge der Aggregation der zentrierten VaR (95 %)-Werte aller Sommermonate müssen die Korrelationen zwischen den betrachteten Wetterindizes der einzelnen Monate berücksichtigt werden.

mernächtigungen als auch die Risikobewertung des betrachteten Schneeindexes weisen ein gewisses Maß an Unsicherheit auf, wobei die Schätzung der Wettersensitivität im Fall des Sommertourismus höhere Unsicherheiten aufweisen als die des Wintertourismus, da die Wettereffekte dort nicht ganz so eindeutig ausfallen. Hinzu kommt, dass für die monetäre Bewertung der Sommernächtigungen eine Annahme bezüglich der Ausgaben je Nächtigung getroffen werden musste.

Qualitative Analyse

Auch wenn der globale Klimawandel unter Wissenschaftern unbestritten ist und auch über die Ursachen weitgehende Übereinstimmung herrscht, gibt es auf regionaler Ebene noch wesentliche Forschungsleistungen zu erbringen, um eine ausreichende Anzahl an detaillierten Klimaszenarien für den Ausblick auf das Klima in der Steiermark – und im Zuge dessen auf die klimatisch bedingten Auswirkungen auf den heimischen Tourismus – der nächsten ca. 100 Jahre zu erhalten. Die von JOANNEUM RESEARCH verwendeten dynamisch regionalisierten Klimaszenarien des regionalen Klimamodells REMO des Max Plack Instituts für Meteorologie in Hamburg (Jacob, 2005) zeigen, dass die Steiermark bereits bis zum Jahr 2035 in den meisten Landesteilen mit einem Anstieg der durchschnittlichen Wintertemperatur in Höhe von 1 bis 1,25 Grad Celsius zu rechnen hat. Das mag wenig erscheinen, weil es sich dabei um einen Durchschnittswert handelt. Was dies jedoch für manche für den Wintertourismus bedeutsame Temperaturparameter heißen kann, zeigt Abbildung 52 anhand der gemessenen Temperaturminima in der Vergangenheit. (Prettenthaler, 2009)

Abbildung 52:   Wintermittel der Minimumtemperatur für 1961-2002, Planai und Schladming,

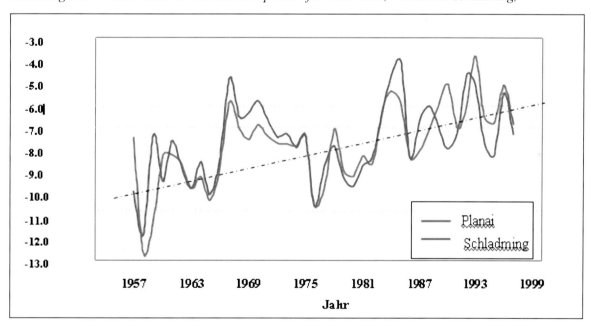

Quelle: Formayer et al. (2007)

Wie Formayer et al. (2007) erklären, zeigt Abbildung 52 die besonders starke Änderung der Minimumtemperaturen im Winter, deren Anstieg mehr als 0,7 Grad pro Dekade in den letzten 40 Jahren an den beiden Messstellen im Oberen Ennstal betrug. Bemerkenswert ist, dass im Frühwinter der Temperaturanstieg bedeutend geringer war bzw. dass im November überhaupt kein Temperaturanstieg in diesem Zeitraum beobachtet wurde. Diese Beobachtung ist von großer Bedeutung, wenn man bedenkt, dass gerade die tiefen Temperaturen für die Einsatzzeiten von Geräten zur künstlichen Beschneiung sehr wichtig sind. Aber das Beispiel zeigt auch, dass von einer unterschiedlichen Jahresmitteltemperatur noch wenig über andere Temperaturparameter, insbesondere auf kleinregionaler Ebene, ausgesagt ist. Während es auf der Planai (2,1 °C) im Jahresmittel um ca. sechs Grad kühler als in Schladming (7.9 °C) ist, sind in den Wintermonaten kaum Unterschiede in den Minimumtemperaturen zwischen beiden Stationen erkennbar, obwohl der Höhenunterschied mehr als 1.100 m beträgt. Dieses Phänomen ist typisch für die winterlichen Temperaturverhältnisse in den Alpentälern, da sich in dieser Zeit vermehrt Inversionslagen bilden. (Prettenthaler, 2009)

Neben der Temperatur ist ein relativ gesicherter Parameter aus den globalen Modellberechnungen jener des Niederschlages bzw. der jahreszeitlichen Niederschlagsverteilung. Die relative Veränderung des durchschnittlichen Niederschlags für die Steiermark wird in Abbildung 53 veranschaulicht.

Abbildung 53:   Klimaszenario A1B Änderung des durchschnittlichen Jahresniederschlags in der Steiermark,

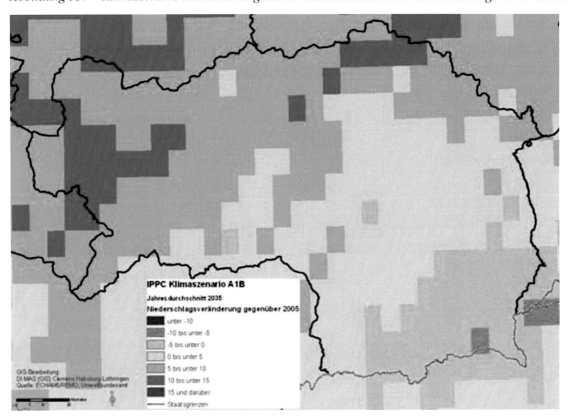

Quelle: Prettenthaler/Schinko 2008, Daten: ECHAM5/REMO, Umweltbundesamt

Hier kann man deutliche Unterschiede zwischen der alpin geprägten Obersteiermark mit einer prognostizierten Zunahme des Jahresniederschlages und der Süd- bzw. Oststeiermark mit einer Abnahme von bis zu zehn Prozent erkennen. Aber selbst diese derzeit höchstaufgelösten regionalen Klimamodelle sind nicht in der Lage, die inneralpinen Verhältnisse und hier insbesondere die Niederschlagsverhältnisse mit einer Genauigkeit wiederzugeben, die eine direkte Verwendung der Modelldaten für Untersuchungen zu den Auswirkungen des Klimawandels auf die steirischen Wirtschaftssektoren erlaubt. (Prettenthaler, 2009)

Vor allem für den steirischen Wintertourismus birgt der Klimawandel daher große Risiken. Durch steigende Temperaturen wird eine Verringerung der Schneesicherheit der steirischen Schigebiete erwartet. Berechnungen gehen von einer Erhöhung der Grenze der natürlichen Schneesicherheit von etwa 1.050 m auf 1350 m (+2°C) bzw. auf 1.650 m (+4°C) aus. (Matovelle et al., 2009; OcCC/ProClim, 2007; Arbesser et al., 2008; Koch et al., 2007)

Nach einer Studie der OECD (2007) würde der österreichische Tourismus im internationalen Vergleich nach Deutschland am zweitstärksten an natürlicher Schneesicherheit einbüßen. Für die in die Untersuchung aufgenommenen 37 steirischen Schigebiete wurde angegeben, dass nur 26 bei einer Temperaturerhöhung unter einem Grad Celsius noch natürlich schneesicher seien, bei dem ‚unter zwei Grad Szenario' noch 17 Schigebiete und bei dem ‚unter vier Grad Szenario' nur noch fünf Schigebiete. Völlig außer Acht gelassen wurden in dieser Betrachtung allerdings die beachtlichen Kunstschneeproduktionskapazitäten der steirischen

Schigebiete, aber auch was die Detailliertheit der Klimainformationen betrifft, lässt die Studie zu wünschen übrig.

Durch einen Rückgang der Schneedecke aufgrund steigender Temperaturen wird in Zukunft ein erheblich höherer Finanzierungsbedarf bei den erforderlichen Infrastruktureinrichtungen erwartet, als es heute der Fall ist – der Einsatz technischer Infrastrukturen wie etwa Beschneiungsanlagen ist erst für höhere Regionen geeignet und rentabel. Österreich ist europaweit Vorreiter beim künstlichen Beschneien von Pisten, der Wintertourismus wird sich aber zunehmend auf schneesichere Gebiete konzentrieren, was bei fehlender Anpassung in den benachteiligten Gebieten zu wirtschaftlichen Instabilitäten führen kann. Durch eine Konzentration des Wintersports auf einige wenige schneesichere Gebiete verstärken sich im Weiteren die Probleme durch ein erhöhtes Verkehrsaufkommen, eine größere Nachfrage nach Infrastruktur und einen höheren Wasserbedarf. Eine Erhöhung der mittleren Temperatur kann gleichzeitig positive Auswirkungen auf den Sommertourismus in den Seengebieten bedeuten. Ungewiss ist, wie sich die Erwartungen der TouristInnen aufgrund des Klimawandels in ihren Heimatorten verändern werden. Grundsätzlich kann gesagt werden, dass die Auswirkungen des Klimawandels auf den Sommertourismus schwerer einzuschätzen sind als jene bezüglich des Wintertourismus. Es steht allerdings fest, dass ein erhöhtes Risiko für das Auftreten von Extremwetterlagen Nachteile für Outdooraktivitäten wie Klettern oder Wandern birgt. Weiters ist die Infrastruktur stärker von Starkniederschlägen und Hitzeperioden betroffen. (Matovelle et al., 2009; OcCC/ProClim, 2007; Arbesser et al., 2008; Koch et al., 2007)

Abbildung 54: Wanderweg in Südtirol
Der Sommertourismus in der Steiermark hat insbesondere in den Monaten August bis Oktober mit einer signifikanten Empfindlichkeit der Nächtigungen im Hinblick auf das Klimaelement Niederschlag zu kämpfen. Die Entwicklung der sommerlichen Niederschlagsmengen und –häufigkeiten sind daher wesentliche Parameter der erfolgreichen Entwicklung der sommertourismusintensiven Regionen. Maßnahmen zur Steigerung der Wetterunabhängigkeit machen sich bezahlt.

Quelle: RW-Design - Fotolia.com

4.8   AUSGEWÄHLTE ASPEKTE DES KLIMARISIKOS IM BEREICH GESUNDHEIT

Nikola Rogler, Claudia Winkler, Judith Köberl

4.8.1   Gefährdete Werte im Sektor und deren Verletzbarkeit

Zu den Erkrankungen, die durch den Klimawandel und etwa durch die damit in Zusammenhang stehenden erhöhten Durchschnittstemperaturen verstärkt werden, zählen vor allem Hitzschlag, Sonnenstich, Hitzekollaps etc. Eine diesbezügliche Risikogruppe stellen insbesondere Personen fortgeschritteneren Alters dar. Abbildung 55 zeigt dazu den aktuellen Anteil der Personen über 65 Jahre an der regionalen Gesamtbevölkerung.

Abbildung 55:   Anteil der Personen über 65 Jahren an der regionalen Gesamtbevölkerung, 1.1.2010

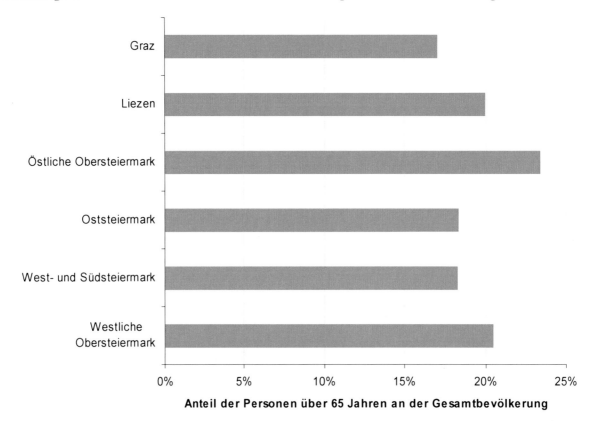

Quelle: Eigene Berechnung, Daten: Landesstatistik Steiermark

Wie Abbildung 55 zu entnehmen ist, weist die Östliche Obersteiermark verglichen mit den übrigen steirischen NUTS 3-Regionen den höchsten Anteil an Senioren an der regionalen Gesamtbevölkerung auf (23,4 %). In der Westlichen Obersteiermark und in Liezen ist der Anteil mit 20,5 % und 20,0 % bereits deutlich geringer. Graz weist mit 17,0 % den geringsten Anteil aus, geringfügig höher ist der Wert mit je 18,3 % in der Oststeiermark sowie in der West- und Südsteiermark.

4.8.2   Derzeitige Gefährdungslage

Todesfälle, die im Zusammenhang mit hohen Temperaturen vor allem durch verstärkte Kreislaufbelastungen hervorgerufen werden, scheinen in der Sterbestatistik unter der Rubrik „Krankheiten des Herz-Kreislaufsystems" auf. Um die Entwicklung klimasensibler Erkrankungen aufzuzeigen, zeigt Abbildung 56 den Anteil der durch Erkrankungen des Herz-Kreislaufsystems Verstorbenen an der regionalen Gesamtbevölkerung zwischen 1991 und 2009. Bei der Interpretation dieser Daten müssen die mit der Zeit verbesserte medizinische Versorgung sowie die Unterschiede in der medizinischen Versorgung zwischen Stadt und Land berücksichtigt werden.

Abbildung 56:   *Anteil der durch Erkrankungen des Herz-Kreislaufsystems Verstorbenen an der regionalen Gesamtbevölkerung, 1991 – 2009*

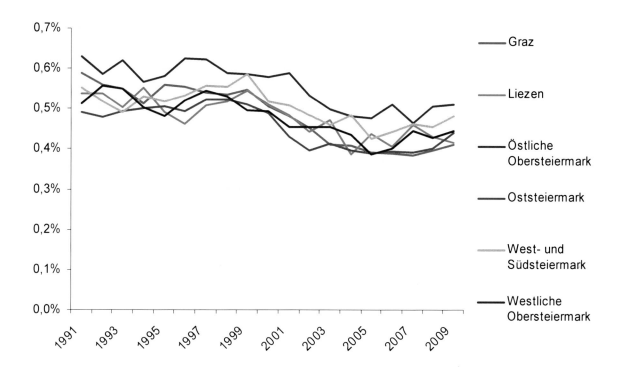

Quelle: Eigene Berechnung, Daten: Statistik Austria, Landesstatistik Steiermark

In Abbildung 56 ist eine durchwegs fallende Tendenz des Anteils der Herz-Kreislauf-Toten an der Gesamtbevölkerung zu erkennen, was vor allem auf eine ständige Verbesserung des Rettungsdienstes sowie der Präventiv- und Aufklärungsmaßnahmen zurückzuführen sein dürfte. Über den gesamten Verlauf der betrachteten Zeitreihe verzeichnete Graz mit -0,18 % den größten Rückgang. Liezen sowie die Östliche Obersteiermark wiesen einen Rückgang von -0,12 % aus. Die West- und Südsteiermark sowie die Westliche Obersteiermark verzeichneten jeweils einen Rückgang von -0,07 %. Die geringste Abnahme wurde in der Oststeiermark mit -0,05 % festgestellt.

Hinsichtlich der einzelnen betrachteten Jahre sowie deren Veränderung gegenüber dem Vorjahr stechen vor allem folgende Jahre heraus: Im Jahr 2008 wurde in fünf von sechs NUTS 3-Regionen eine Zunahme des Anteils der aufgrund von Herz-Kreislauf-Erkrankungen verstorbenen Personen an der Gesamtbevölkerung festgestellt (die Ausnahme bildet Liezen). Die größte Zunahme (+0,04 %) war dabei in der Oststeiermark festzustellen. 1996 und 2005 waren in jeweils vier der sechs Regionen Zuwächse des Anteils der Verstorbenen zu erkennen. Im Jahr des Rekordsommers 2003 wurde hingegen kein Anstieg verzeichnet.

4.8.3   Vulnerabilitätsanalyse und Gesamtrisikoeinschätzung

Quantitative Analyse

Todesfälle durch Herz-Kreislauf-Erkrankungen

Für die Risikobewertung der Todesfälle durch Herz-Kreislauf-Erkrankungen stehen NUTS 3-Daten auf Jahresbasis zwischen 1991 und 2009 zur Verfügung. Allerdings ist in den Daten ein Sprung (siehe Abbildung 57) zwischen dem Jahr 2000 und dem Jahr 2001 zu beobachten, der mit größter Wahrscheinlichkeit auf eine Änderung in der Datenerhebung zurückzuführen ist. Daher wird im Folgenden die vorliegende Zeitreihe in die Jahre 1991 bis 2000 und 2001 bis 2009 unterteilt.

Abbildung 57:   Datensprung in der Zeitreihe, dargestellt am Beispiel Oststeiermark

% der Herz-Kreislauf Toten in der Oststeiermark

Quelle: Eigene Berechnung, Daten: Statistik Austria, Landesstatistik Steiermark

Tabelle 80 zeigt für 1991 bis 2000 die absoluten Werte für den mittleren Schaden, den Median, den VaR (95 %) und den zentrierten VaR (95 %) für jede Region in Anzahl der verstorbenen Personen pro Jahr. Aus Tabelle 80 geht hervor, dass Graz mit einem jährlichen zentrierten VaR (95 %) von rund 101 verstorbenen Personen hinsichtlich der Gefährdung für die menschliche Gesundheit durch Herz-Kreislauf-Erkrankungen mit deutlichem Abstand jene Region mit dem höchsten Risiko darstellt.

Tabelle 80:   Ergebnisse der Risikoeinschätzung hinsichtlich Gefährdungen für die menschliche Gesundheit durch Herz-Kreislauf-Erkrankungen, 1991-2000 (Angaben in Personen/Jahr)

Region	Mittelwert	Median	VaR(95%)	VaR-MW
Graz	1.939	1.952	2.040	101
Liezen	417	417	440	26
Östliche Obersteiermark	1.149	1.139	1.210	64
Oststeiermark	1.286	1.279	1.350	59
West- und Südsteiermark	993	982	1.070	73
Westliche Obersteiermark	582	578	630	44

Anmerkung: Rundungsdifferenzen nicht ausgeglichen

Quelle: Eigene Berechnung, Daten: Statistik Austria, Landesstatistik Steiermark

Tabelle 81 zeigt das Ergebnis der Risikobewertung hinsichtlich der Gefährdung durch Herz-Kreislauf-Erkrankungen für die gesamte Steiermark. Der Mittelwert der durch Herz-Kreislauf-Erkrankungen Verstorbenen liegt bei 6.336 Personen pro Jahr, der jährliche VaR (95 %) bei rund 6.530 Personen. Der jährliche zentrierte VaR (95 %) beläuft sich auf rund 160 Verstorbene.

Tabelle 81: *Ergebnisse der Risikoeinschätzung hinsichtlich Gefährdungen für die menschliche Gesundheit durch Herz-Kreislauf-Erkrankungen für die gesamte Steiermark, 1991-2000 (Angaben in Personen/Jahr)*

Region	Mittelwert	Median	VaR(95%)	VaR-MW
Steiermark	6.336	6.380	6.530	160

Anmerkung: Rundungsdifferenzen nicht ausgeglichen

Quelle: Eigene Berechnung, Daten: Statistik Austria, Landesstatistik Steiermark

In Tabelle 82 sind die Ergebnisse der Berechnungen für die Jahre 2001 bis 2009 aufgelistet. Auch für diese Zeitreihe weist Graz den höchsten jährlichen zentrierten VaR (95 %) auf (rund 136 Verstorbene), doch in diesem Fall ist auch in der Östlichen Obersteiermark ein vergleichsweise hoher jährlicher zentrierter VaR (95 %) zu verzeichnen (rund 120 Personen).

Tabelle 82: *Ergebnisse der Risikoeinschätzung hinsichtlich Gefährdungen für die menschliche Gesundheit durch Herz-Kreislauf-Erkrankungen, 2001-2009 (Angaben in Personen/Jahr)*

Region	Mittelwert	Median	VaR(95%)	VaR-MW
Graz	1.564	1.528	1.700	136
Liezen	356	357	393	37
Östliche Obersteiermark	873	859	993	120
Oststeiermark	1.089	1.067	1.170	81
West- und Südsteiermark	890	881	949	59
Westliche Obersteiermark	465	469	496	31

Anmerkung: Rundungsdifferenzen nicht ausgeglichen

Quelle: Eigene Berechnung, Daten: Statistik Austria, Landesstatistik Steiermark

Die Ergebnisse für die gesamte Steiermark sind in Tabelle 83 dargestellt. Der Mittelwert liegt bei 5.237 verstorbenen Personen pro Jahr, der jährliche VaR (95 %) beläuft sich auf rund 5.640 verstorbene Personen und der jährliche zentrierte VaR (95 %) beträgt rund 404 Verstorbene.

Tabelle 83:   *Ergebnisse der Risikoeinschätzung hinsichtlich Gefährdungen für die menschliche Gesund-*
                 heit durch Herz-Kreislauf-Erkrankungen für die gesamte Steiermark, 2001-2009 (Angaben
                 in Personen/Jahr)

Region	Mittelwert	Median	VaR(95%)	VaR-MW
Steiermark	5.237	5.141	5.641	404

Anmerkung: Rundungsdifferenzen nicht ausgeglichen

Quelle: Eigene Berechnung, Daten: Statistik Austria, Landesstatistik Steiermark

Der Vergleich zwischen der Zeitreihe von 1991 bis 2000 und der Zeitreihe von 2001 bis 2009 zeigt, dass die mittlere Anzahl der Herz-Kreislauf-Toten zwar gesunken (z.B.: bessere medizinische Betreuung), das Risiko, gemessen anhand des zentrierten VaR (95 %), allerdings gestiegen ist.

Für eine bessere Vergleichbarkeit der einzelnen NUTS 3-Regionen soll die Risikobewertung zusätzlich auch wieder anhand der normalisierten Daten, i.e. die Anzahl Herz-Kreislauf-Toter bezogen auf die Bevölkerungszahl der jeweiligen Region, vorgenommen werden. Tabelle 84 veranschaulicht hierzu für jede NUTS 3-Region den Anteil der Herz-Kreislauf-Toten an der regionalen Gesamtbevölkerung.

Tabelle 84:   *Anteil Herz-Kreislauf-Toter an der regionalen Gesamtbevölkerung, 1991-2009*

Region	Anteil Herz-Kreislauf-Toter an der regionalen Gesamtbevölkerung
Graz	16%
Liezen	16%
Östliche Obersteiermark	19%
Oststeiermark	15%
West- und Südsteiermark	17%
Westliche Obersteiermark	16%

Quelle: Eigene Berechnung, Daten: Statistik Austria, Landesstatistik Steiermark

Im Folgenden werden für die einzelnen steirischen NUTS 3-Regionen der mittlere Prozentsatz an Herz-Kreislauf-Toten pro Jahr, der Median sowie der jährliche VaR (95 %) betrachtet. Entscheidend für die Risikoanalyse ist vor allem die Differenz des VaR (95 %) zum Mittelwert, da dieser Wert (der jährliche VaR (95 %) der zentrierten Daten) den Prozentsatz der zusätzlichen Herz-Kreislauf-Toten angibt, der statistisch gesehen einmal in 20 Jahren überschritten wird.

Region Graz:

Der mittlere Prozentsatz der Herz-Kreislauf-Toten für die Jahre 1991-2000 gemessen an der Bevölkerung der Region Graz liegt bei 0,54 % pro Jahr, der Median bei 0,55 % pro Jahr. Der höchste Prozentsatz wurde 1991 mit 0,59 % realisiert. Der jährliche VaR (95 %) liegt bei etwa 0,58 %. Dieser Anteil von Herz-Kreislauf-Toten an der Gesamtbevölkerung wird statistisch gesehen einmal in 20 Jahren überschritten. Der jährliche zentrierte VaR (95 %) beträgt demzufolge rund 0,04 %.

Dieselben Analysen für die Zeitreihe von 2001 bis 2009 ergeben folgende Werte: Der mittlere Prozentsatz der Herz-Kreislauf-Toten gemessen an der Bevölkerung der Region Graz liegt bei 0,413 % pro Jahr, der Median bei 0,41 % pro Jahr. Der höchste Prozentsatz wurde im Jahr 2001 mit 0,48 % realisiert. Der jährliche VaR (95 %) liegt bei etwa 0,47%, der jährliche zentrierte VaR (95 %) bei rund 0,06 %.

Region Liezen:

Der mittlere Prozentsatz der Herz-Kreislauf-Toten für die Jahre 1991 bis 2000 gemessen an der Bevölkerung der Region Liezen beträgt 0,517 % pro Jahr, der Median 0,515 % pro Jahr. Der höchste Prozentsatz wurde 1994 und 1999 mit jeweils 0,55 % verzeichnet. Der jährliche VaR (95 %) liegt für diese Region bei rund 0,55 %. Demnach beträgt der jährliche zentrierte VaR (95 %) etwa 0,03 %.

Für die Zeitreihe von 2001 bis 2009 ergeben sich folgende Werte: Der mittlere Prozentsatz der Herz-Kreislauf-Toten gemessen an der Bevölkerung liegt bei 0,438 % pro Jahr, der Median bei 0,44% pro Jahr. Der höchste Prozentsatz wurde im Jahr 2001 mit 0,48 % ausgewiesen. Der jährliche VaR (95 %) beläuft sich auf etwa 0,48 %, während der jährliche zentrierte VaR (95 %) rund 0,04 % beträgt.

Region Östliche Obersteiermark:

Der mittlere Prozentsatz der Herz-Kreislauf-Toten für die Jahre 1991 bis 2000 gemessen an der Bevölkerung der Region Östliche Obersteiermark beläuft sich auf 0,598 % pro Jahr, der Median beträgt 0,59 % pro Jahr. Der höchste Wert wurde 1991 mit 0,63 % verzeichnet. Der jährliche VaR (95 %) liegt in dieser Region den Daten zufolge bei etwa 0,63 %, der jährliche zentrierte VaR (95 %) beträgt hingegen rund 0,03 %.

Der mittlere Prozentsatz der Herz-Kreislauf-Toten gemessen an der Bevölkerung der Region Östliche Obersteiermark von 2001 bis 2009 liegt bei 0,508 % pro Jahr, der Median bei 0,51 % pro Jahr. 2001 wurde mit 0,59 % der höchste Prozentsatz realisiert. Der jährliche VaR (95 %) beläuft sich auf rund 0,57 %, der jährliche zentrierte VaR (95 %) beträgt etwa 0,06 %.

Region Oststeiermark:

Der mittlere Prozentsatz der Herz-Kreislauf-Toten zwischen 1991 und 2000 liegt in dieser Region bei 0,499 % pro Jahr, der Median beträgt 0,495 % pro Jahr. Der höchste Prozentsatz wurde in den Jahren 1997 und 1998 mit jeweils 0,52 % ausgewiesen. Der jährliche VaR (95 %) beläuft sich auf etwa 0,52 %, während der jährliche zentrierte VaR (95 %) bei rund 0,02 % liegt.

Für den Zeitraum 2001 bis 2009 beläuft sich der mittlere Prozentsatz der Herz-Kreislauf-Toten auf 0,406 % pro Jahr, der Median liegt bei 0,4 % pro Jahr. Als höchster Prozentsatz wurden im Jahr 2009 0,44 % ausgewiesen. Der jährliche VaR (95 %) liegt in diesem Zeitabschnitt bei rund 0,44 %, der jährliche zentrierte VaR (95 %) beträgt etwa 0,03 %.

Region West- und Südsteiermark:

Für die Region West- und Südsteiermark liegt der mittlere Prozentsatz der Herz-Kreislauf-Toten zwischen 1991 und 2000 bei 0,536 % pro Jahr, der Median beträgt 0,53 % pro Jahr. Der höchste Prozentsatz wurde 1999 mit 0,59 % realisiert. Der jährliche VaR (95 %) beläuft sich auf etwa 0,58 %, während der jährliche zentrierte VaR (95 %) bei rund 0,04 % liegt.

Der mittlere Prozentsatz der Herz-Kreislauf-Toten zwischen 2001 und 2009 beträgt 0,466 % pro Jahr, der Median beläuft sich auf 0,46 % pro Jahr. Der höchste Prozentsatz wurde 2001 mit 0,51 % ausgewiesen. Der jährliche VaR (95 %) liegt in dieser Periode bei etwa 0,50 %, der jährliche zentrierte VaR (95 %) beträgt hingegen rund 0,03 %.

Region Westliche Obersteiermark:

Der mittlere Prozentsatz der Herz-Kreislauf-Toten für die Jahre zwischen 1991 und 2000 liegt in der Westlichen Obersteiermark bei 0,518 % pro Jahr, der Median beträgt 0,515 % pro Jahr. 1992 wurde mit 0,56 % der höchste Prozentsatz im Jahr verzeichnet. Der jährliche VaR (95 %) beläuft sich auf rund 0,56 %, währen der jährliche zentrierte VaR (95 %) bei etwa 0,04 % liegt.

Zwischen 2001 und 2009 liegt der mittlere Prozentsatz der Herz-Kreislauf-Toten bei 0,432 % pro Jahr, der Median beträgt 0,44 % pro Jahr. Der höchste Prozentsatz wurde mit jeweils 0,45 % in den Jahren 2001 und 2003 realisiert. Aufgrund der Tatsache, dass das Maximum in diesem Datensatz gleich drei Mal erreicht wurde und der VaR das Maximum eines Datensatzes per Definition nicht übersteigen kann, liegt der jährliche VaR (95 %) für diese Region bei etwa 0,45 %. Es ist allerdings wahrscheinlich, dass der tatsächliche VaR (95 %) über diesem Wert liegt, was aufgrund der limitierten Datenverfügbarkeit aber nicht belegt werden kann. Der jährliche zentrierte VaR (95 %) beträgt für die Westliche Obersteiermark rund 0,02 %.

Die Ergebnisse der Berechnungen sind in Tabelle 85 und Tabelle 86 für einen besseren Überblick nochmals zusammengefasst.

Tabelle 85:   *Ergebnisse der Risikoeinschätzung hinsichtlich Gefährdungen für die menschliche Gesundheit durch Herz-Kreislauf-Erkrankungen, 1991-2000 (Angaben in % der Bevölkerung/Jahr)*

Region	Mittelwert	Median	VaR(95%)	VaR-MW
Graz	0,540	0,550	0,58	0,04
Liezen	0,517	0,515	0,55	0,03
Östliche Obersteiermark	0,598	0,590	0,63	0,03
Oststeiermark	0,499	0,495	0,52	0,02
West- und Südsteiermark	0,536	0,53	0,58	0,04
Westliche Obersteiermark	0,518	0,515	0,56	0,04

Anmerkung: Rundungsdifferenzen nicht ausgeglichen

Quelle: Eigene Berechnung, Daten: Statistik Austria, Landesstatistik Steiermark

Tabelle 86:   *Ergebnisse der Risikoeinschätzung hinsichtlich Gefährdungen für die menschliche Gesundheit durch Herz-Kreislauf-Erkrankungen, 2001-2009 (Angaben in % der Bevölkerung/Jahr)*

Region	Mittelwert	Median	VaR(95%)	VaR-MW
Graz	0,413	0,410	0,47	0,06
Liezen	0,448	0,440	0,48	0,04
Östliche Obersteiermark	0,508	0,510	0,57	0,06
Oststeiermark	0,406	0,400	0,44	0,03
West- und Südsteiermark	0,466	0,46	0,50	0,03
Westliche Obersteiermark	0,432	0,440	0,45	0,02

Anmerkung: Rundungsdifferenzen nicht ausgeglichen

Quelle: Eigene Berechnung, Daten: Statistik Austria, Landesstatistik Steiermark

Zwischen 1991 und 2000 waren die West- und Südsteiermark sowie die Westliche Obersteiermark jene Regionen mit dem höchsten Risiko in Bezug auf erhöhte Herz-Kreislauf-Todesfälle, während sie zwischen 2001 und 2009 die Regionen mit dem geringsten Risiko darstellten. Für die Westliche Obersteiermark muss aufgrund der Datenlage zwar von einem höheren jährlichen zentrierten VaR (95 %) als 0,02 % ausgegangen werden, allerdings würde diese Region auch mit einem jährlichen zentrierten VaR (95 %) von 0,03 % noch immer das Schlusslicht für die Jahre 2001-2009 bilden.

Für die Jahre zwischen 2001 und 2009 weisen die Regionen Östliche Obersteiermark und Graz die höchsten zentrierten VaR (95 %)-Werte auf und stellen damit jene Regionen dar, die das höchste Risiko in Bezug auf erhöhte Herz-Kreislauf-Todesfälle aufweisen.

Obwohl der Mittelwert der Jahre 2001 bis 2009 verglichen mit den Jahren 1991-2000 abgenommen hat, weisen dennoch die meisten Regionen in der zweiten Teilperiode einen höheren zentrierten VaR (95 %) auf. Das bedeutet, dass zwar im Mittel der Anteil der Herz-Kreislauf-Toten an der Gesamtbevölkerung gesunken ist, die Varianz allerdings zugenommen hat.

Der **Grad der Unsicherheit der Risikobewertung** hinsichtlich der durch Herz-Kreislauf-Erkrankungen verursachten Todesfälle ist, insbesondere auch im Vergleich zu den anderen im Rahmen dieses Impulsprojekts durchgeführten quantitativen Bewertungen, als **mittel** einzustufen (siehe auch Tabelle 2). Mit einem Beobachtungszeitraum von 19 Jahren ist die Zeitreihe vergleichsweise lang. Allerdings ist im Jahr 2000 ein Bruch in den Daten festzustellen, was auf eine Änderung in der Datenerhebung zurückzuführen sein könnte. Aus diesem Grund musste die Datenreihe beim Bruch unterteilt und jede der resultierenden Zeitreihen separat analysiert werden. Die Verkürzung der Zeitreihe auf zehn bzw. neun Beobachtungspunkte erhöht den Grad der Unsicherheit.

Es gilt zu betonen, dass es im Rahmen des vorliegenden Impulsprojektes zu keiner Abschätzung des Wettereinflusses auf Todesfälle durch Herz-Kreislauf-Erkrankungen gekommen ist. Die dargestellten Risikobewertungen beziehen sich also auf Todesfälle durch Herz-Kreislauf-Erkrankungen im Allgemeinen und lassen keine Schlüsse dahingehend zu, welcher Anteil dieses Risikos auf ungünstige Wetter- bzw. Klimabedingungen zurückzuführen ist. Für eine präzisere Quantifizierung des klimabedingten Risikos in Bezug auf Todesfälle durch Herz-Kreislauf-Erkrankungen besteht demnach weiterhin Forschungsbedarf.

Todesfälle durch Asthma-Erkrankungen

Als ein weiterer Indikator für die Ausprägung der Klimasensitivität in den einzelnen steirischen Regionen hinsichtlich der menschlichen Gesundheit wird das Risiko bezüglich der Anzahl verstorbener Personen aufgrund von Asthma-Erkrankungen berechnet. Zugrunde liegen regionalisierte Daten zwischen 1991 und 2009. Tabelle 87 zeigt diesbezüglich die mittlere Anzahl verstorbener Personen, den Median, den VaR (95 %) und den zentrierten VaR (95 %) für jede Region, gemessen in Verstorbenen pro Jahr. Aus der Tabelle geht hervor, dass Graz mit einem jährlichen zentrierten VaR (95 %) von etwa 9,7 verstorbenen Personen mit deutlichem Abstand die Region mit dem höchsten Risiko darstellt.

Tabelle 87:   *Ergebnisse der Risikoeinschätzung hinsichtlich Gefährdungen für die menschliche Gesund-*
                   heit durch Asthma-Erkrankungen (Angaben in Personen/Jahr)

Region	Mittelwert	Median	VaR(95%)	VaR-MW
Graz	8,42	6	18,1	9,7
Liezen	2,00	2	4,2	2,2
Östliche Obersteiermark	6,50	6	11,0	4,5
Oststeiermark	8,30	6	20,3	12,0
West- und Südsteiermark	3,40	4	7,0	3,6
Westliche Obersteiermark	5,30	5	9,3	4,0

Anmerkung: Rundungsdifferenzen nicht ausgeglichen

Quelle: Eigene Berechnung, Daten: Landesstatistik Steiermark

Tabelle 88 zeigt die Ergebnisse der für die gesamte Steiermark vorgenommenen Risikobewertung in Bezug auf Asthma-Todesfälle. Der Mittelwert liegt dabei bei 34 verstorbenen Personen pro Jahr, der jährliche VaR (95 %) bei etwa 62 verstorbenen Personen. Der jährliche zentrierte VaR (95 %) beläuft sich auf rund 28 Verstorbene.

Tabelle 88:   *Ergebnisse der Risikoeinschätzung hinsichtlich Gefährdungen für die menschliche Gesund-*
                   heit durch Asthma-Erkrankungen für die gesamte Steiermark (Angaben in Personen/Jahr)

Region	Mittelwert	Median	VaR(95%)	VaR-MW
Steiermark	34	27	62	28

Anmerkung: Rundungsdifferenzen nicht ausgeglichen

Quelle: Eigene Berechnung, Daten: Landesstatistik Steiermark

Im Hinblick auf eine bessere Vergleichbarkeit der einzelnen steirischen NUTS 3-Regionen wird die Risikobewertung zusätzlich auch anhand normalisierter Daten vorgenommen. Die Normalisierung erfolgt durch Gewichtung der Anzahl der infolge von Asthma-Erkrankungen verstorbenen Personen mittels der regionalen Bevölkerung. Tabelle 89 zeigt die Ergebnisse der Risikobewertung basierend auf den normalisierten Daten. Es ist ersichtlich, dass bezogen auf die Anzahl der Bevölkerung nun anstelle von Graz die Oststeiermark mit einem jährlichen zentrierten VaR (95 %) von etwa 0,0047 % der regionalen Bevölkerung die Region mit dem höchsten Risiko darstellt.

Tabelle 89:   *Ergebnisse der Risikoeinschätzung hinsichtlich Gefährdungen für die menschliche Gesundheit durch Asthma-Erkrankungen (Angaben in % der Bevölkerung/Jahr)*

Region	Mittelwert	Median	VaR(95%)	VaR-MW
Graz	0,0023	0,0017	0,0050	0,0027
Liezen	0,0025	0,0025	0,0052	0,0027
Östliche Obersteiermark	0,0036	0,0035	0,0057	0,0021
Oststeiermark	0,0032	0,0023	0,0079	0,0047
West- und Südsteiermark	0,0018	0,0021	0,0038	0,0020
Westliche Obersteiermark	0,0048	0,0046	0,0088	0,0039

Anmerkung: Rundungsdifferenzen nicht ausgeglichen

Quelle: Eigene Berechnung, Daten: Landesstatistik Steiermark

Tabelle 90 zeigt das Ergebnis der auf normalisierten Daten beruhenden Risikobewertung für die gesamte Steiermark. Der jährliche Mittelwert liegt bei 0,018 % der Gesamtbevölkerung, der jährliche VaR (95 %) bei rund 0,033 %. Der jährliche zentrierte VaR (95 %) beläuft sich auf etwa 0,015 %.

Tabelle 90:   *Ergebnisse der Risikoeinschätzung hinsichtlich Gefährdungen für die menschliche Gesundheit durch Asthma-Erkrankungen für die gesamte Steiermark (Angaben in % der Bevölkerung/Jahr)*

Region	Mittelwert	Median	VaR(95%)	VaR-MW
Steiermark	0,018	0,016	0,033	0,015

Anmerkung: Rundungsdifferenzen nicht ausgeglichen

Quelle: Eigene Berechnung, Daten: Landesstatistik Steiermark

Der **Grad der Unsicherheit der Risikobewertung** hinsichtlich der durch Asthma-Erkrankungen verursachten Todesfälle ist, insbesondere auch im Vergleich zu den anderen im Rahmen dieses Impulsprojekts durchgeführten quantitativen Bewertungen, als **gering** einzustufen (siehe auch Tabelle 2). Mit einem Beobachtungszeitraum von 19 Jahren ist die Zeitreihe vergleichsweise lang. Zum niedrigen Grad der Unsicherheit trägt zusätzlich bei, dass keine Sprünge oder andere Unregelmäßigkeiten in den Daten zu beobachten sind. Hinzu kommt, dass die Daten auf NUTS 3-Ebene vorliegen, weshalb Mittelwerte bzw. Quantile für die einzelnen Regionen direkt berechnet bzw. geschätzt werden konnten.

Es gilt zu betonen, dass es im Rahmen des vorliegenden Impulsprojektes zu keiner Abschätzung des Wettereinflusses auf Todesfälle durch Asthma-Erkrankungen gekommen ist. Die dargestellten Risikobewertungen beziehen sich also auf Todesfälle durch Asthma-Erkrankungen im Allgemeinen und lassen keine Schlüsse dahingehend zu, welcher Anteil dieses Risikos auf ungünstige Wetter- bzw. Klimabedingungen zurückzuführen ist. Für eine präzisere Quantifizierung des klimabedingten Risikos in Bezug auf Todesfälle durch Asthma-Erkrankungen besteht demnach weiterhin Forschungsbedarf.

Pollen

Im Bereich der Pollen findet im Rahmen des vorliegenden Impulsprojektes keine vollständige Risikobewertung statt. Was jedoch erfolgt, ist eine Abschätzung der Wetter- bzw. Klimasensitivität der Pollenbelastung für zwei unterschiedliche Pollenarten (Erle und Birke). Hierfür stehen Daten vom Institut für Pflanzenwissenschaften der Karl-Franzens-Universität Graz zur Anzahl der Pollen pro m³ Luft im Raum Graz für den Zeitraum von 2002 bis 2007 auf Tagesbasis zur Verfügung.

Erle

Die Blütezeit der Erle ist zwischen Februar und April. Die Analyse beschränkt sich daher auf die Monate Februar bis Mai. Im Folgenden wird die Abhängigkeit der Anzahl der sich pro m³ in der Luft befindlichen Pollen von der Temperatur betrachtet. Dazu wird ein Loglineares (Poisson) Modell erstellt, welches den Pollenstaub mit Hilfe von Temperatur- und Niederschlagsdaten auf Tagesbasis modelliert. Ein Loglineares (Poisson) Modell wird deshalb verwendet, weil die Daten nur positiv sind (keine negative Anzahl von Pollen), und ein Poisson-Modell für die Beschreibung von positiven Werten am besten geeignet ist[36].

Die grafische Darstellung der Daten legt eine quadratische Abhängigkeit des Pollenstaubs von der Temperatur nahe. Das bedeutet, dass sich der zu erwartende Pollenstaub in der Luft anfangs zwar mit steigender Temperatur erhöht, allerdings ab einer gewissen Temperaturschranke wieder zu sinken beginnt. Abbildung 58 veranschaulicht dieses Verhalten. Sie bildet die Erlenpollensumme pro Monat (Februar-Mai) gegenüber der Monatsmitteltemperatur (Februar-Mai) ab. Man erkennt, dass zwischen 0°C und 5°C die Pollen nichtlinear zunehmen, anschließend zwischen 5°C und 9°C wieder nichtlinear abnehmen.

---

[36] Um positive Anzahlen bzw. Häufigkeiten zu modellieren, eignet sich ein Generalisiertes Lineares Modell – im Speziellen ein Loglineares Modell – am besten. Unter der Annahme, dass der Erwartungswert $E[y_i]=\mu_i$ und die Varianz var$[y_i]$ existieren, kann mit einer Linkfunktion g ein Generalisiertes Lineares Modell erstellt werden:

$$g(\mu_i) = x_i^T \beta,$$

wobei x_i die erklärenden Variablen und β die dazugehörenden Schätzer bezeichnet. In unserem Fall handelt es sich bei der Linkfunktion g um den natürlichen Logarithmus.
Unterschiede zum herkömmlichen Linearen Modell sind (siehe z.B. Friedl, 2000):
- Es besteht keine allgemeine Additivität bezüglich nicht-beobachtbarer Fehlerterme ε_i wie im Linearen Modell
- Eine Abhängigkeit der Varianzstruktur auch vom Erwartungswert ist möglich
- Eine Funktion des Erwartungswertes wird linear modelliert. Dies ist keinesfalls zu verwechseln mit einer einfachen Transformation der Responsevariablen.

Abbildung 58:   Anzahl der Pollen (Erle) pro m³ je Monat (Februar-Mai) gegenüber dem Monatsmittel der Temperatur

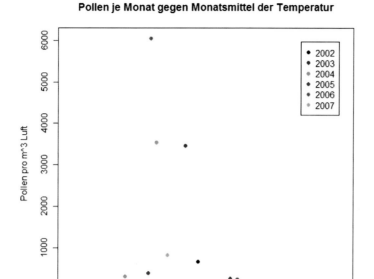

Quelle: Eigene Darstellung, Daten: Institut für Pflanzenwissenschaften (Karl-Franzens-Universität Graz)

Der nichtlineare Zusammenhang zwischen Temperatur und Pollen wird im Modell folgendermaßen umgesetzt:

$$\log(\mu_i) = \beta_1 \cdot t_i + \beta_2 \cdot t_i^2 \,.$$

Das heißt, der Logarithmus des Erwartungswertes hängt quadratisch von der Temperatur (t_i) ab. Zur Modellierung des Zeitpunktes, in dem ein exponentieller Anstieg der Pollenanzahl pro m³ Luft stattfinden kann, wird zusätzlich eine Dummy-Variable eingeführt, welche für Tage mit einer Durchschnittstemperatur unter 5°C den Wert eins und sonst den Wert null annimmt. Tabelle 91 enthält für alle in das Modell eingegangenen erklärenden Variablen die Schätzungen der zugehörigen Parameter und deren Signifikanz.

Tabelle 91:   *Regressionsergebnisse für die Pollenart „Erle"*

Variable	Parameter β_i
Interzept	-3,357**
Dummy	4,856***
Temperatur	1,189***
Temperatur²	-0,05304***
Niederschlag (Nied)	-0,01262*
Pollen_Lag1	0,00178***
Pollen_Lag2	0,00168***
Pollen_Lag3	0,00143***
Pollen_Lag1 * Niederschlag	0,00074***
Dummy * Temperatur	-0,9179***

Anmerkungen:

* … Signifikant auf dem Niveau 0,05

** … Signifikant auf dem Niveau 0,01

*** … Signifikant auf dem Niveau 0,001

Quelle: Eigene Berechnung, Daten: Institut für Pflanzenwissenschaften (Karl-Franzens-Universität Graz)

Gemäß den in Tabelle 91 dargestellten Parameterschätzungen führt eine Temperaturerhöhung von 5°C (Dummy=0) auf 6°C (Dummy=1) zu einer Änderung des multiplikativen Faktors von 132 auf 186. Das heißt, die Pollenzahl beträgt bei 4°C 132*k und steigt bei 5 C auf 186*k an, wobei

$$k = e^{-3,357-0,01262*Nied+0,00178*Pollen\_Lag1+0,00168*Pollen\_Lag2+0,00143*Pollen\_Lag3+0,00074*Pollen\_Lag1*Nied}.$$

Abbildung 59 veranschaulicht den durch das Modell geschätzten Einfluss der Temperatur auf die Pollenbelastung.

Abbildung 59: Einfluss der Temperatur auf die Pollenbelastung (Erle)

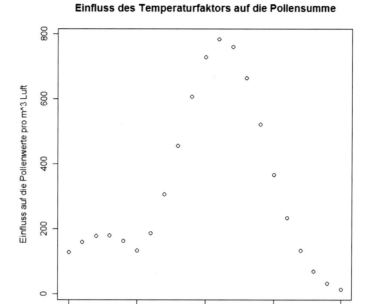

Quelle: Eigene Berechnung und Darstellung, Daten: Institut für Pflanzenwissenschaften (Karl-Franzens-Universität Graz)

Birke

Die Blütezeit der Birke ist von Ende März bis Ende April. Die Analyse beschränkt sich daher auf die Monate März bis Mai. Wie im Fall der Erle wird wieder die Abhängigkeit der Anzahl der sich pro m³ in der Luft befindlichen Pollen von der Temperatur betrachtet. Die Modellierung erfolgt analog zur Erle.

Abbildung 60, die den Zusammenhang zwischen der Anzahl der Birkenpollen und der Temperatur zwischen März und Mai veranschaulicht, legt, wie im Falle der Erle, eine quadratische Beziehung nahe. In der Grafik ist die Birkenpollensumme pro Monat (März bis Mai) gegen die Monatsmitteltemperatur aufgetragen. Die Birkenpollen pro m³ Luft nehmen zwischen 8°C und 12°C nichtlinear zu und daraufhin wieder nichtlinear ab.

Abbildung 60:   Anzahl der Pollen (Birke) pro m³ je Monat (März-Mai) gegenüber dem Monatsmittel der Temperatur

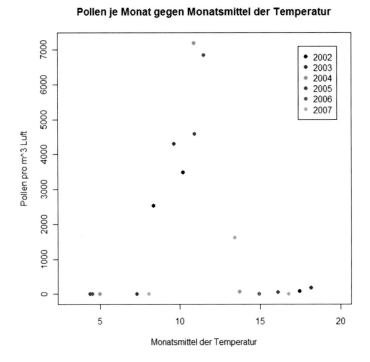

Quelle: Eigene Darstellung, Daten: Institut für Pflanzenwissenschaften (Karl-Franzens-Universität Graz)

Wie erwähnt erfolgt die Modellierung analog zu den Erlenpollen. Allerdings wird für die Birkenpollen eine Dummy-Variable verwendet, welche unter 9°C den Wert eins und ansonsten den Wert null annimmt. In der folgenden Tabelle sind die Schätzer mit ihren Signifikanzniveaus abgebildet. Tabelle 92 enthält für alle in das Modell eingegangenen erklärenden Variablen die Schätzungen der zugehörigen Parameter und deren Signifikanz.

Tabelle 92:   *Regressionsergebnisse für die Pollenart „Birke"*

Variable	Parameter β_i
Interzept	-5,137***
Dummy	5,225**
Temperatur	1,295***
Temperatur²	-0,0463***
Niederschlag (Nied)	-0,00638 ·
Pollen_Lag1	0,00195***
Pollen_Lag2	0,00224***
Pollen_Lag3	0,00075**
Pollen_Lag2 * Niederschlag	-0,00011***
Pollen_Lag3 * Niederschlag	0,000087***
Dummy * Temperatur	-0,592*

Anmerkungen:

· ... Signifikant auf dem Niveau 0,1

* ... Signifikant auf dem Niveau 0,05

** ... Signifikant auf dem Niveau 0,01

*** ... Signifikant auf dem Niveau 0,001

Quelle: Eigene Berechnung, Daten: Institut für Pflanzenwissenschaften (Karl-Franzens-Universität Graz)

Gemäß den in Tabelle 92 dargestellten Parameterschätzungen führt eine Temperaturerhöhung von 9°C (Dummy=0) auf 10°C (Dummy=1) zu einer Änderung des multiplikativen Faktors von 2.867 auf 4.064. Das heißt, die Pollenzahl beträgt bei 7°C 2.867*k und steigt bei 8°C auf 4.064*k an, wobei

$$k = e^{-3,357-0,01262*Nied+0,00178*Pollen\_Lag1+0,00168*Pollen\_Lag2+0,00143*Pollen\_Lag3+0,00074*Pollen\_Lag1*Nied}$$

Abbildung 61 veranschaulicht den durch das Modell geschätzten Einfluss der Temperatur auf die Pollenbelastung.

Abbildung 61:   Einfluss der Temperatur auf die Pollenbelastung (Birke)

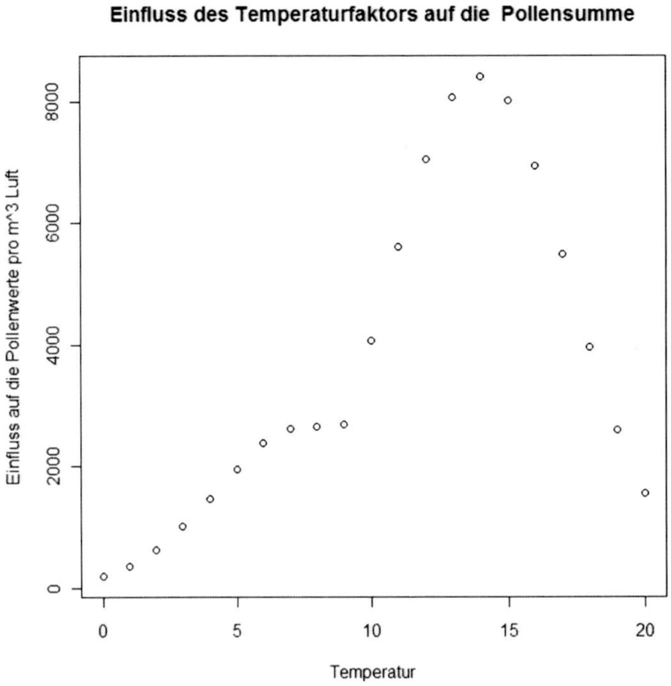

Einfluss des Temperaturfaktors auf die Pollensumme

Quelle: Eigene Berechnung und Darstellung, Daten: Institut für Pflanzenwissenschaften (Karl-Franzens-Universität Graz)

Der **Grad der Unsicherheit der Wettersensitivitätsbewertung** der Pollenbelastung ist als **mittel** einzustufen (siehe auch Tabelle 2). Daten zu den Pollenwerten liegen für die Region Graz auf Tagesbasis und für einen Zeitraum von sechs Jahren vor. Für die Modellierung werden die Frühlingsmonate Februar-Mai bzw. März-Mai betrachtet, womit sich 200 Datenpunkte ergeben. Die Struktur der Daten (extreme Schwankungen) erschwert jedoch die Erstellung eines Modells und trägt, wie auch das Modell selbst, zu einem gewissen Maß an Unsicherheit bei.

Qualitative Analyse

Negative Folgen des Klimawandels für die menschliche Gesundheit können vor allem durch extreme Wetterereignisse entstehen. So kann beispielsweise Hagel zu schweren Kopfverletzungen führen, Stürme können – durch aufgewirbelte Gegenstände, abgebrochene Zweige etc. – schwerwiegende Körperverletzungen verursachen. Weiters können Personenschäden durch Überschwemmungen nicht ausgeschlossen werden. Während diese Auswirkungen in ihrer Größenordnung derzeit vernachlässigbar sind, zeigt sich die Gefahr durch Hitzeperioden bereits aktuell in einigen Fällen. Hitzschläge und Herz-Kreislaufversagen sind in überdurchschnittlich heißen Zeiträumen gehäuft zu verzeichnen (wie etwa verstärkt im Hitzesommer 2003), auch die Sterberate steigt während Perioden mit sehr hohen Temperaturen tendenziell an. Ein weiteres Risiko für die menschliche Gesundheit geht von – durch Hochwasser oder Trockenheit - beschädigten Infrastruktureinrichtungen und der dadurch erhöhten Gefahr einer Beeinträchtigung der Trinkwasserqualität aus. (BMVBS/BBSR, 2009; Binder et al., 2003)

Besonders in den urbanen Regionen ist mit einer Verstärkung und Verlagerung von Perioden mit schlechter Luftqualität zu rechnen. Schätzungen gehen von einer Erhöhung der Belastung mit bodennahem Ozon von

14 % pro Grad Temperaturanstieg aus. Luftpartikel und Staub gelten als Ursachen von Atemwegserkrankungen wie Asthma bzw. werden diese Krankheiten dadurch verschlimmert. Eine stärkere Belastung durch Allergene und eine erhöhte Gefährdung durch vektorbasierte Krankheiten ist ebenfalls zu erwarten. (BMVBS/BBSR, 2009; Binder et al., 2003)

Quelle: Kimsonal - Fotolia.com

Abbildung 62: Pollenflug

Aufgrund der starken Beeinträchtigung des Wohlbefindens eines steigenden und bereits derzeit beträchtlichen Bevölkerungsanteiles und der insgesamt starken Reaktion des Pollenfluges auf einzelne Klimaelemente (Temperatur, Niederschlag) sind systematische Verschiebungen im Frühjahr von potentiell hoher Gesundheitsrelevanz. Aufgrund des noch nicht flächendeckenden Messnetzes und der nichtlinearen Zusammenhänge sind hier aber noch wesentliche Forschungsanstrengungen notwendig, um Effekte zu prognostizieren.

4.9   AUSGEWÄHLTE ASPEKTE DES KLIMARISIKOS IM BEREICH URBANE RÄUME

Christoph Töglhofer, Franz Prettenthaler

4.9.1   Gefährdete Werte im Sektor und deren Verletzbarkeit

Abbildung 63 zeigt den Dauersiedlungsraum je EinwohnerIn der steirischen NUTS 3-Gebiete im Jahr 2009 sowie deren Veränderungen seit 1981. Liezen wies dabei mit 7.277,5 m^2 je EinwohnerIn den höchsten Wert auf (+23 %). Die Westliche Obersteiermark verzeichnete 6.287,59 m^2 je EinwohnerIn, allerdings ist dieser pro-Kopf-Wert zwischen 1981 und 2009 um 25,3 % gesunken. Den größten Rückgang verzeichnete Graz, wo der Dauersiedlungsraum je EinwohnerIn um 47,6 % auf 2.969,1 m^2 pro Kopf zurückgegangen ist. Die West- und Südsteiermark sowie die Östliche Obersteiermark weisen ähnliche Werte auf, wobei es in der Östlichen Obersteiermark zu einem Wachstum von 17,6 % auf 5.304,8 m^2 kam, in der West- und Südsteiermark hingegen nur zu einer Zunahme von 4,9 % auf 5.433,9 m^2. Den geringsten Wert an Dauersiedlungsraum je EinwohnerIn verzeichnete die Oststeiermark mit 1569,9 m^2, gleichzeitig hat sich dieser Wert zwischen 1981 und 2009 beinahe verdoppelt (+91,7 %).

Abbildung 63:   Dauersiedlungsraum je EinwohnerIn in m^2, 2009 (Veränderung 1981-2009)

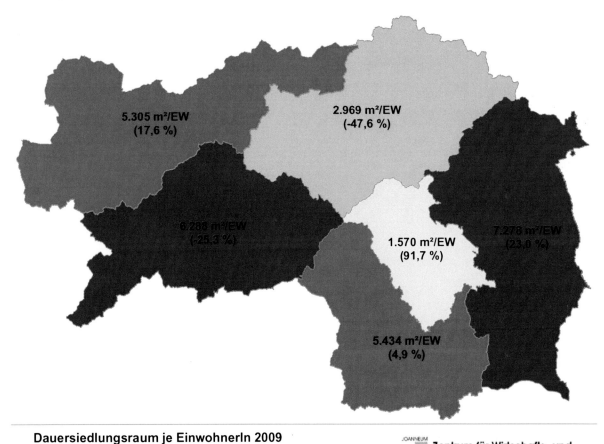

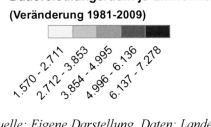

Quelle: Eigene Darstellung, Daten: Landesstatistik Steiermark

Abbildung 64 zeigt, dass Graz 2001 mit einem Wert von 0,22 die Region mit dem geringsten Gebäudebestand pro Kopf war. In der West- und Südsteiermark befanden sich 2001 hingegen die meisten Gebäude je EinwohnerIn (0,33). Auch Liezen und die Oststeiermark wiesen vergleichsweise hohe Werte auf (0,32 bzw. 0,31). Die Westliche Obersteiermark verzeichnete 0,27 Gebäude je EinwohnerIn, die Östliche Obersteiermark 0,25. Alle Regionen wiesen zwischen 1991 und 2001 ein Wachstum im Gebäudebestand pro Kopf auf (siehe ebenfalls Abbildung 64). Das größte Wachstum fand in der Westlichen Obersteiermark statt (+16 %), auch die Östliche Obersteiermark und Graz verzeichneten vergleichsweise hohe Zuwächse (+15,4 % bzw. +14,2 %). Die Oststeiermark, Liezen sowie die West- und Südsteiermark verzeichneten bei sehr ähnlichen Werten die geringsten Zuwächse (+10,9 % bzw. je +10,8 %). Die Anzahl der Gebäude pro Person lässt auf eine gewisse Bebauungsdichte schließen, wobei ein geringer Gebäudebestand zum Beispiel förderlich für die Fernkühlung ist.

Abbildung 64:   Gebäude je EinwohnerIn, 2001 (Veränderung 1991-2001)

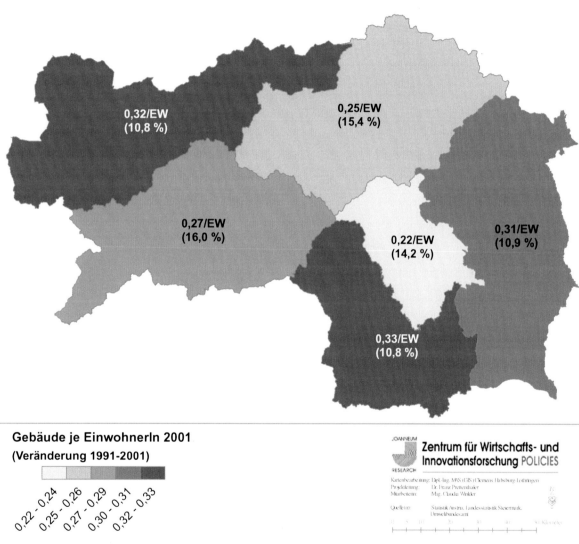

Quelle: Eigene Darstellung, Daten: Landesstatistik Steiermark

Insbesondere in urbanen Räumen findet eine Versiegelung von Flächen durch Bauwerke und Verkehrswege statt. Ein Anstieg an versiegelter Fläche beeinflusst den Gesamtwasserhaushalt von Siedlungs- und Wirtschaftsräumen und führt zudem zu einer Verschärfung der Hochwassersituation. Während aus unbebautem Gelände in der Regel nur ein geringer Teil der Niederschlagsmenge oberflächlich abfließt, tritt der Abfluss aus versiegelten Flächen verstärkt und beschleunigt auf. Trotz gegenwärtiger Trends, wie jenen zu einer strukturierteren Nutzung des Siedlungsraumes in Agglomerationen, bleibt der Bebauungsdruck auf städtische

Kleingrünflächen ungebrochen. Im Allgemeinen ist ein flächenverschwendender Standortwettbewerb zu verzeichnen, im Zuge dessen sich etwa in Mittel- und Kleinstädten das wirtschaftliche Leben von den Zentren in
die städtischen Randgebiete verlagert. Dennoch verfügen diese Art urbaner Räume oftmals über einen dichten
Kern. Eine weitere problematische Entwicklung hinsichtlich der Versiegelung von Boden stellt die Verdrän-
gung der Landwirtschaft sowie der Pflanzen- und Tierwelt dar. In Folge des stetig steigenden Anteils an versiegelter Fläche ist eine konsequente Schonung von kleinräumigen Grünflächen in den Städten wichtig, da
diese unter anderem für eine schadlose Ableitung des Anfalls an Oberflächenwasser hilfreich sind. Bedeutend
sind aber auch die durch den Klimawandel verstärkten Hitzeinseleffekte, wobei diese Effekte durch Grünflächen in den zunehmenden sommerlichen Hitzeperioden gemildert werden können. Gegen die Anpassung an
den Klimawandel durch die Einsparungen bezüglich Bodenversiegelung wirken jedoch zum Beispiel notwendige Siedlungserweiterungen. (Prettenthaler et al., 2010)

Abbildung 65 zeigt in diesem Zusammenhang den Anteil der versiegelten Fläche am regionalen Dauersiedlungsraum in der Steiermark. Die höchsten Werte wiesen 2009 dabei die urban geprägte Region Graz (9,8 %)
sowie auch die Östliche Obersteiermark. (10,5 %) auf. Liezen verzeichnete 6,7 %, die West- und Südsteiermark einen ähnlichen Wert mit 6,5 %. Die Oststeiermark wies einen Anteil von 5,9 % auf, die Westliche
Obersteiermark einen Anteil von 5,5 %.

Abbildung 65:   Anteil der versiegelten Fläche am Dauersiedlungsraum in %, 2009

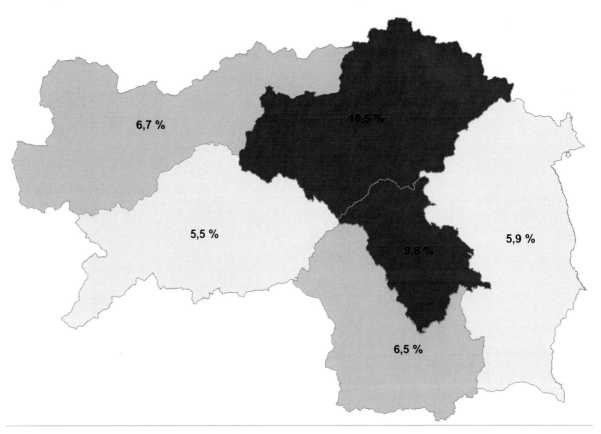

Quelle: Eigene Berechnungen, Daten: Umweltbundesamt

4.9.2 Derzeitige Gefährdungslage

Die Herausforderung für die urbanen Räume im Zusammenhang mit dem Klimawandel ist vor allem der sogenannte Hitzeinseleffekt, der zu den ohnehin steigenden Temperaturen aufgrund der Konzentration von Wärmespeichermassen in den Städten zu einem zusätzlichen Temperaturanstieg führt. Im Sinne des angesprochenen Hitzeinseleffektes wird im Folgenden die prognostizierte klimawandelbedingte Entwicklung der Heizgradtage einerseits und der Kühlgradtage andererseits dargestellt.[37] Dies erfolgt, indem die zwischen 1981 und 1990 gemittelte Jahressumme an Heiz- bzw. Kühlgradtagen der für die Periode 2041 bis 2050 prognostizierten gemittelten Jahressumme an Heiz- bzw. Kühlgradtagen gegenübergestellt wird. Um zu zeigen, in welchem Ausmaß die steirische Bevölkerung von der Entwicklung in den Heiz- und Kühlgradtagen betroffen ist, werden die absoluten Zuwächse bzw. Abnahmen in den Heiz- und Kühlgradtagen mit der aktuellen Anzahl der regionalen EinwohnerInnen gewichtet. Die Indikatoren in Abbildung 66 und Abbildung 67 ergeben sich demnach aus dem Produkt der Anzahl der Zuwächse bzw. Abnahmen an Kühl- bzw. Heizgradtagen und der absoluten Anzahl der in einer Region lebenden Menschen.

Abbildung 66:   *Veränderung der Kühlgradtage nach Auswirkung auf die Bevölkerung in Mio., 1981-1990 / 2041-2050*

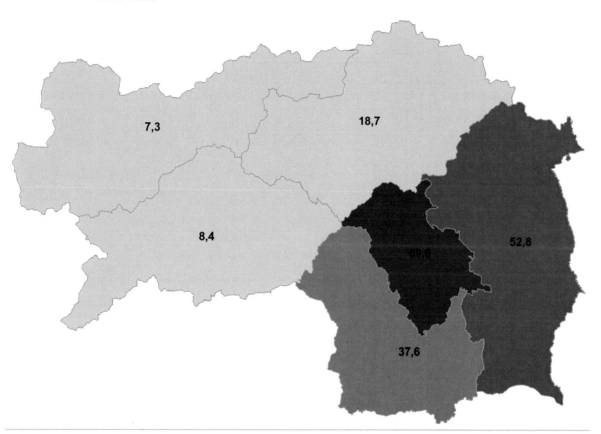

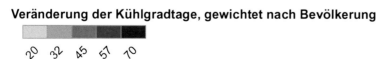

Veränderung der Kühlgradtage, gewichtet nach Bevölkerung

Quelle: Eigene Berechnung, Daten: Prettenthaler/Gobiet (Hg.)(2008)

---

[37] Die Daten zu den Heiz- und Kühlgradtagen stammen aus Prettenthaler und Gobiet (Hg) (2008), wo auch das für die Prognose verwendete Klimamodell sowie das angewandte Klimaszenario näher beschrieben sind.

Aus Abbildung 66 ist ersichtlich, dass gemäß den Prognosen insbesondere in der urban geprägten Region Graz sowie auch in der Oststeiermark die dort ansässige Bevölkerung hitzebedingte Einwirkungen verzeichnen wird. Am geringsten wird die Bevölkerung im nordwestlichen Teil der Steiermark betroffen sein, also in Liezen sowie der östlichen und Westlichen Obersteiermark.

Der gleiche Betrachtungsmodus liegt auch Abbildung 67 zugrunde, allerdings wird hier die prognostizierte Entwicklung der bevölkerungsgewichteten Heizgradtage abgebildet. Demzufolge ist in jeder steirischen NUTS 3-Region ein Rückgang der bevölkerungsgewichteten Heizgradtage zu erwarten. Am deutlichsten wird diese Entwicklung wiederum in Graz zu verzeichnen sein. Aber auch die Oststeiermark, die West- und Südsteiermark sowie die Östliche Obersteiermark weisen vergleichsweise hohe Werte auf. Relativ geringe Rückgänge werden für Liezen und die Westliche Obersteiermark ausgewiesen.

Abbildung 67:   Veränderung der Heizgradtage nach Auswirkung auf die Bevölkerung in Mio., 1981-1990 / 2041-2050

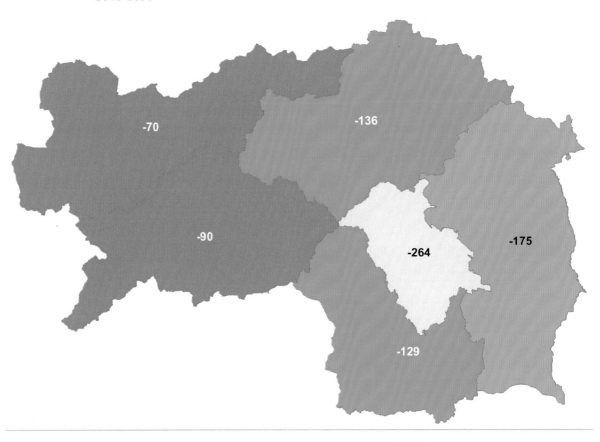

Quelle: Eigene Berechnung, Daten: Prettenthaler/Gobiet (Hg.)(2008)

Wasserflächen und sogenannte Blau- bzw. Grünräume können aufgrund der abkühlenden Wirkung als die natürlichen Antagonisten versiegelter Flächen bezeichnet werden und stellen daher einen wesentlichen Indikator für die Linderung des Wärmeinseleffektes dar. Die steirischen Wasserflächen weisen als Anteil an der Gesamtfläche in sämtlichen NUTS 3-Regionen relativ ähnliche Werte auf. Abbildung 68 zeigt diese Werte sowie deren Veränderung seit 1981. Die höchsten Anteile finden sich in der West- und Südsteiermark (1,2 %,

+0,2 %) sowie in Liezen (1,1 %, +0,2 %). Die Wasserflächen in Graz und in der Oststeiermark machen jeweils 1 % der regionalen Gesamtfläche aus (Wachstum jeweils +0,2 %). In der östlichen und der Westlichen Obersteiermark betrug der Anteil der Wasserflächen an der Gesamtfläche 0,7 % (Wachstum je 0,1 %).

Abbildung 68: Anteil der Wasserfläche an der regionalen Gesamtfläche in %, 2009 (Veränderung 1981-2009)

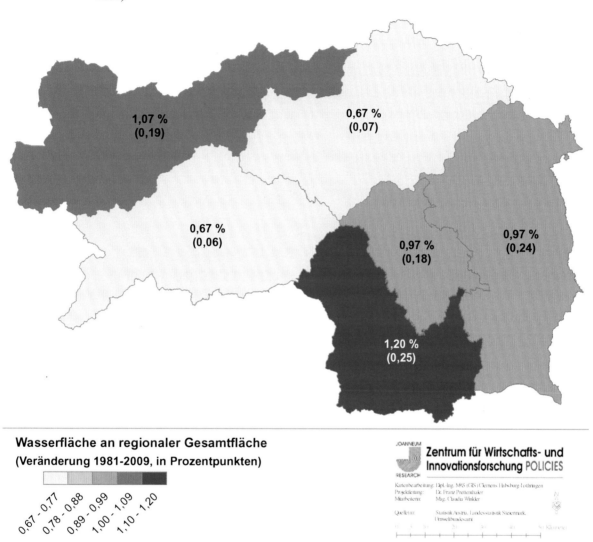

Quelle: Eigene Berechnung, Daten: Landesstatistik Steiermark

4.9.3 Vulnerabilitätsanalyse und Gesamtrisikoeinschätzung

Quantitative Analyse

Eine Abschätzung der Vulnerabilität im Bereich Heizen und Kühlen erfolgt durch Heranziehung der temperaturbedingten Änderungen der Heiz- und Kühlkosten. Die Risikobewertung basiert auf einem 3-Schritt-Verfahren:

1) Analyse der Sensitivität der Heiz- und Kühlkosten gegenüber einer 1°C-Änderung der Durchschnittstemperatur in der definierten Heiz- (Monate Oktober-April) sowie Kühlperiode (Monate Mai-September).

2) Bestimmung der Intensität ungünstiger Wetterlagen, die statistisch gesehen einmal in 20 Jahren überschritten werden – VaR (95 %) – anhand historischer Temperaturdaten für die Messstation Graz-Universität (Klimanormalperiode 1971-2000).

3) Monetäre Quantifizierung der sich aus Schritt 1) und 2) ergebenden Kostenänderungen auf NUTS 3-Ebene.

Die Sensitivitätsanalyse in Schritt 1 basiert auf Berechnungen der klimabedingten Änderung des Heiz- und Kühlenergiebedarfs in Österreich, welche im Rahmen des Projektes Heat.at (Toeglhofer et al. 2009) durchgeführt wurden. In diesem Projekt wurde der Gebäudebestand in Österreich mit einem Referenzgebäude-Modell dargestellt („bottom-up approach") und die Auswirkung einer Temperaturänderung auf Heiz- und Kühlenergiebedarf sowie Heiz- und Kühlkosten simuliert. Für das Referenzgebäude-Modell wurden zehn Modellgebäude – unterschieden in die Gebäudetypen Bürogebäude, Einfamilien- (EFH) und Mehrfamilienhäuser (MFH) – definiert. Auf Basis der Geometrieangaben dieser Modellgebäude wurden mithilfe der Berechnungsalgorithmen des Energieausweises unter Verwendung von Nutzerprofilen und Referenz-Klimadaten in weiterer Folge Bedarfswerte für Heizen und Kühlen berechnet. Die Berechnung des Heizwärme- und Kühlbedarfs beruhte im Wesentlichen auf den Algorithmen der ÖNORM B 8110-6. Diese erfolgte nicht nur anhand der derzeit in der ÖNORM B 8110-5 implementierten historischen Klimadaten, sondern auch anhand eines Szenarios der zukünftigen Klimaentwicklung (reclip:more) für unterschiedliche Seehöhen und Klimazonen.

Die grundlegenden Ergebnisse dieser Arbeiten unterstreichen die Wichtigkeit, bei Aussagen zur Temperatursensitivität zwischen einzelnen Gebäudestandards und -typen zu differenzieren. Beispielsweise bedeutet für Gebäude in tiefer gelegenen und daher typischerweise wärmeren Landesteilen eine Temperaturzunahme von einem Grad Celsius eine Abnahme des Heizwärmebedarfes von 2 kWh/m²/Jahr (EFH, Passivhaus) bis 15 kWh/m²/Jahr (EFH, Altbau), während der Kühlbedarf um 1 kWh/m²/Jahr (MFH, Altbau) bis 4 kWh/m²/Jahr (Büro, Niedrigenergie) ansteigt. Während also bei Gebäuden mit geringer Dämmung die Temperatursensitivität[38] und der Heizwärmebedarf um ein Vielfaches stärker ausgeprägt sind, überwiegt bei hoch gedämmten Gebäuden jeweils eine Verstärkung des Kühlbedarfes. Diese unterschiedlichen Sensitivitäten bei verschiedenen Dämmstandards sind ebenfalls auf höheren Seehöhen zu beobachten.

Abschließend wurden in Heat.at die für den Gebäudebestand ermittelten Änderungen des Heizwärme- und Kühlbedarfs herangezogen, um erstmalig eine Abschätzung der monetären Auswirkungen dieser Änderungen durchzuführen. Die Abschätzung erfolgte für die klimabedingten, verbrauchsgebundenen Mengeneffekte auf Basis derzeitiger Energiepreise (Energiepreise inkl. Steuern und Abgaben im Durchschnitt der Periode 2002 bis 2006 für österreichische Haushalte). Es ist zu beachten, dass die Ergebnisse neben diesen Preisen auch wesentlich von den getroffenen Annahmen bezüglich der technischen Effizienz der eingesetzten Systeme (z.B. beim Kühlbedarf der EER als Maß für das Verhältnis zwischen eingesetzter Elektrizität und Kühlenergie-Output) und des Nutzungsverhaltens (z.B. Anteil der temperierten Flächen) beeinflusst werden.

Insbesondere beim Kühlbedarf bestehen hohe Unsicherheiten bezüglich der angegebenen Werte. Einerseits muss bei Wohngebäuden davon ausgegangen werden, dass ein Gutteil der Nutzflächen mit „theoretischem Kühlbedarf" gar keiner Raumtemperierung unterzogen wird, was geringere ökonomische Folgen impliziert. Andererseits weisen die angenommenen Büro-Referenzgebäude einen relativ bescheidenen Kühlenergiebedarf auf und es ist davon auszugehen, dass die dargestellten Effekte den zusätzlichen Kühlbedarf eher unterschätzen, da den Berechnungen „traditionelle Bürogebäude" zugrunde liegen und die in den letzten Jahrzehnten verstärkt eingesetzte „Glasarchitektur" in den Referenzgebäuden nicht repräsentiert wird.

Die in Schritt 2 erfolgte Bestimmung der Temperaturänderung, wie sie in einem von 20 Jahren vorkommt, basiert auf Monatsmitteltemperaturen der Station Graz-Universität in der Periode 1971-2000 (Datenquelle:

---

[38] Gleiches gilt auch für die Globalstrahlung, wobei für die meisten Gebäude die Sensitivität gegenüber Schwankungen der Globalstrahlung im Vergleich zur Temperatur sehr gering ist.

ZAMG), deren Variabilität jeweils für die Heiz- (Monate Oktober-April) sowie Kühlperiode (Monate Mai-September) herangezogen wird. Die Heranziehung nur einer Messstation für die gesamte Steiermark ist bei der Temperatur insofern zulässig, da die für die Analyse benötigte Temperaturvariabilität (Standardabweichung) – nicht jedoch das Mittel – sich zwischen den einzelnen Regionen nur marginal unterscheidet. Für die Heizsaison beträgt die durchschnittliche Temperatur 4,0°C und die Standardabweichung 0,86°C, für die Kühlsaison das Mittel 17,0°C und die Standardabweichung 0,78°C. Da die Verteilung der Temperatur in beiden Saisonen relativ gut einer Normalverteilung folgt, ist jeweils basierend auf dieser eine Abschätzung des (zentrierten) VaR (95 %) möglich. Weil in der Heizsaison eine Temperaturabnahme, in der Kühlsaison jedoch eine Temperaturzunahme Mehrkosten für die Konsumenten verursacht, ist es nötig, den (zentrierten) VaR (95 %) für eine Abnahme der Temperatur in der Heizsaison sowie eine Zunahme der Temperatur in der Kühlsaison zu bestimmen. Dementsprechend beträgt die mit einer Wahrscheinlichkeit von 1:20 vorkommende Abweichung der Temperatur in der Heizsaison -1,42°C und in der Kühlsaison +1,28°C.

Die Ergebnisse der in Schritt 3) durchgeführten monetären Quantifizierung der sich aus Schritt 1) und 2) ergebenden Kostenänderungen auf NUTS 3-Ebene sind in Tabelle 93 dargestellt. Die Darstellung erfolgt zum einen aufsummiert für die einzelnen Regionen, zum anderen pro Einwohner für das Vergleichsjahr 2007. Die Ergebnisse zeigen, dass sich ein besonders kalter Winter, wie er historisch alle 20 Jahre vorkommt, mit Mehrkosten von rund 45 Millionen Euro zu Buche schlägt, während vergleichsweise die Kühlkosten in heißen Sommern etwa um 6 Millionen Euro ansteigen. Die zusätzlichen durchschnittlichen Heizkosten pro Einwohner betragen vor allem je nach Höhenlage der jeweiligen Regionen zwischen 33,7 €/Jahr (Oststeiermark) und 44,5 €/Jahr. Die zusätzlichen Kühlkosten werden neben der Seehöhe insbesondere auch vom relativen Anteil der Bürogebäude an den Gesamtgebäuden beeinflusst und liegen zwischen 2,9 €/Jahr (Liezen) und 7,0 €/Jahr (Graz).

Tabelle 93: Ergebnisse der Risikoeinschätzung hinsichtlich Änderungen der Heiz- und Kühlkosten (Angaben in €/Jahr)

Region	Einwohner 2007 (EW)	Heizen: zentrierter VaR(95%)	Kühlen: zentrierter VaR(95%)	Heizen: zentrierter VaR/EW	Kühlen: zentrierter VaR/EW
Graz	389.000	14.086.000	2.726.000	36,2	7,0
Liezen	81.000	3.621.000	238.000	44,5	2,9
Östliche Obersteiermark	170.000	7.200.000	623.000	42,4	3,7
Oststeiermark	268.000	9.038.000	1.268.000	33,7	4,7
West- und Südsteiermark	191.000	6.868.000	1.002.000	36,0	5,2
Westliche Obersteiermark	106.000	4.576.000	306.000	43,2	2,9
GESAMT	**1.205.000**	**45.389.000**	**6.163.000**	**39,3**	**4,4**

Quelle: Eigene Berechnung, Daten: Toeglhofer et al. (2009) bzw. ZAMG

Der **Grad der Unsicherheit der Risikobewertung** der Heizkosten ist, insbesondere auch im Vergleich zu den anderen im Rahmen dieses Impulsprojekts durchgeführten quantitativen Bewertungen, als **eher gering,** jener der Kühlkosten hingegen als **hoch** einzustufen (siehe auch Tabelle 2). Die Analyse der Heiz- und Kühlkosten beruht auf den Algorithmen des Energieausweises sowie einem umfangreichen theoretischen Modell, bei dem die Daten von der Gemeindeebene aus aufaggregiert werden. Hinzuzufügen ist, dass insbesondere bei den Kühlkosten die Datenlage mäßig ist (wenig empirische Vergleichswerte zu spezifischen Kühlkosten und Kühlenergieverbrauch) und die Unsicherheiten der Schätzung daher als hoch eingestuft werden müssen.

Qualitative Analyse

Die möglichen Auswirkungen des Klimawandels auf urbane Räume sind neben Erscheinungen wie Hitzeinseleffekten vielfältig. Bereits ein Anstieg in der Intensität der Sonnenstrahlung kann zu einer Verminderung des wärmebedingten Komforts führen. Häufigere und stärkere Tropentagsperioden, ein vermehrtes Auftreten klimawandelbedingter Wetterextreme und eine Veränderung der Wachstumssaison lassen die Gefahr von hitze- und kältebedingten Todesfällen tendenziell ansteigen. Des Weiteren ist von einer erhöhten Gefahr durch vektorbasierte Krankheiten und einem höheren, von Wetterextremen wie Stürmen, Hochwasser, heftigen Gewitter und Hagel ausgelösten, Risiko für die körperliche Gesundheit auszugehen. (BMVBS/BBSR, 2009)

Eine Veränderung der Artenzusammenstellung in den städtischen Gebieten kann eventuell zu einem vermehrten Auftreten von beispielsweise FSME, Lyme-Borreliose oder verschiedener Fieberarten führen. Des Weiteren ist ein stärkeres Auftreten von Allergenen in der Luft, die beispielsweise zu Asthma führen können, zu befürchten. Besonders betroffen von dieser Entwicklung sind stark verbaute Innenstadträume sowie Kessellagen und Stauzonen. Diese Gebiete neigen dazu, sich an Hitzetagen sehr stark aufzuheizen, was lokal tendenziell zu einem höheren Kühlbedarf und damit zu einem steigenden Energiebedarf sowie gleichzeitig zu einer erhöhten Nachfrage nach Frei- und Grünflächen führt. Weiters kann ein vergleichsweise hoher urbaner Versiegelungsgrad die Gefahr für überlastete Abflusssysteme durch Starkregen und somit das Risiko für lokal auftretende Hochwasser erhöhen. (BMVBS/BBSR, 2009)

Auch die technische und soziale Infrastruktur in urbanen Räumen unterliegt einer höheren Wahrscheinlichkeit, künftig durch häufiger auftretende Extremereignisse vermehrt in Mitleidenschaft gezogen zu werden. Mögliche Folgen sind ein Abnehmen der Versorgungssicherheit und hohe Kosten durch Reparatur- und Bauarbeiten. Auch eine Abnahme der Wasserqualität in Badeseen und eine stärkere Konzentration auf städtische Freibäder sind zu erwarten. Es ist davon auszugehen, dass veränderte Bedürfnisse, wie beispielsweise Forderungen nach klimatisierten Schulen, Kindergärten oder Krankenhäusern, sowie ein hoher Bedarf an zusätzlichen Einsatzkräften bei Polizei, Feuerwehr und Rettung zu weiteren (vor allem budgetären) Belastungen führen werden. Zusammenfassend ist der urbane Raum aufgrund der lokalen Konzentration von Menschen, Infrastruktureinrichtungen und Vermögenswerten von klimatischen Änderungen tendenziell stark negativ betroffen. Daher werden Anpassungsstrategien als dringend notwendig erachtet. (BMVBS/BBSR, 2009)

5 Klimawandelanpassungsstrategie: Maßnahmenvorschläge

Claudia Winkler, Franz Prettenthaler

5.1 WEIßBUCH DER EUROPÄISCHEN UNION ZUR ANPASSUNG AN DEN KLIMAWANDEL

Die Europäische Union veröffentlichte zur Frage des Klimaschutzes und der Anpassung an den Klimawandel ein Weißbuch, in dem ein europäischer Aktionsrahmen vorgestellt wird. Der Fokus der Europäischen Union liegt dabei auf zwei Punkten:

- Klimaschutzmaßnahmen durch die Verringerung der Emissionen von Treibhausgasen
- Anpassungsmaßnahmen zur Bewältigung unvermeidbarer Folgen des Klimawandels

Die im Zuge des Klimaschutzes zu treffenden Investitionen in eine kohlenstoffarme Wirtschaft, etwa mittels der Förderung von Energieeffizienz und der Einführung „grüner" Produkte, dienen gleichzeitig als Gegenmaßnahme zu den Auswirkungen der Finanz- und Wirtschaftskrise.

Bei der Anpassung an den Klimawandel gilt es, die unterschiedlich betroffenen Regionen innerhalb der Europäischen Union situationsadäquat zu behandeln, da die Staatengemeinschaft viele unterschiedliche Regionstypen einschließt (Anstieg des Meeresspiegels als Gefahr für Küstenregionen, Gletscherschmelze als Herausforderung in Bergregionen etc.). Die mitunter großen Unterschiede, die zwischen den Regionen bestehen, bedingen eine primäre Regelung der Anpassungsmaßnahmen auf nationaler, regionaler oder lokaler Ebene. Jedoch ist insbesondere bei grenzübergreifenden Auswirkungen des Klimawandels eine Koordinierung seitens der Europäischen Union unabdingbar. Gleichzeitig verlangen die einzelnen Sektoren der europäischen Wirtschaft unterschiedliche Strategien zur Klimawandelanpassung.

Das Ziel des Anpassungsrahmens der Europäischen Union ist die Verbesserung der Widerstandskräfte gegenüber dem Klimawandel, um im Weiteren dessen Folgen bewältigen zu können. Dabei sind Strategien, deren Schwerpunkt auf der Erhaltung und Bewirtschaftung von Wasser-, Boden- und biologischen Ressourcen liegen, um funktionsfähige klimawandelresistente Ökosysteme zu erhalten bzw. wiederherzustellen, zu bevorzugen. Dies ist eine Möglichkeit, die Folgen des Klimawandels zu bewältigen sowie zur Katastrophenverhütung beizutragen. Nach Ansicht der Europäischen Union ist insbesondere die Raumplanung ein geeignetes Instrument zur Klimawandelanpassung, da diese durch ihre Vorgaben Einfluss auf die Gestaltung von Bauwesen, Verkehr, regionale Entwicklung, Industrie, Tourismus, Energie etc. nehmen kann. Dabei sind Anpassungsprozesse wirksamer, wenn zu ihrer Realisierung nicht nur physische Infrastrukturen, sondern insbesondere „grüne" Infrastrukturen (Schutzwälder, Parks, Feuchtgebiete etc.) herangezogen werden.

Die Europäische Union zielt daher auf die Förderung von Anpassungsstrategien ab, die mit Focus auf Gesundheit, Infrastrukturen und produktive Bodenfunktionen die Widerstandsfähigkeit gegenüber dem Klimawandel erhöhen, was unter anderem durch eine bessere Bewirtschaftung von Wasserressourcen und Ökosystemen geschehen soll. Präventivmaßnahmen, die die Risiken des Klimawandels minimieren, führen zu wirtschaftlichen, ökologischen sowie sozialen Vorteilen. Die Kosten für Maßnahmen zur Klimawandelanpassung sind dabei deutlich niedriger als die mittel- und langfristigen Kosten, die im Falle des Nicht-Handelns durch den Klimawandel entstehen können.

Aus wirtschaftlicher Sicht reagieren Privatpersonen oder Unternehmen auf klimawandelbedingte Umweltveränderungen, wobei insbesondere wetterabhängige Sektoren wie Tourismus oder Landwirtschaft zu nennen sind. Diese so genannten „autonomen Anpassungen" führen aber aufgrund von Unsicherheit, Informationsdefiziten etc. kaum zu einer weitreichenden optimalen Anpassung, weshalb die Europäische Union die Verantwortung der Anpassungskoordination nicht nur bei Privatpersonen und Unternehmen sieht.

Der Aktionsrahmen zur Klimawandelanpassung befindet sich derzeit in Phase 1 (bis 2012, danach folgt deren Umsetzung in Phase 2 ab 2013), die vier Aktionsschwerpunkte vorsieht:

- Schaffung einer soliden Wissensgrundlage bezüglich der Auswirkungen des Klimawandels
- Implementierung des Aspektes der Klimawandelanpassung in wichtigen Politikbereichen der Europäischen Union
- Kombination politischer Instrumente zur Sicherstellung eines effizienten Anpassungsprozesses
- Verstärkung der internationalen Zusammenarbeit

(Kommission der Europäischen Gemeinschaften, 2009)

5.2 MAßNAHMEN ZUR KLIMAWANDELANPASSUNG IN DEN SEKTOREN DER STEIRISCHEN WIRTSCHAFT

Die folgenden Maßnahmenvorschläge für die einzelnen steirischen Wirtschaftssektoren sowie für allgemeine Handlungsbereiche sind einerseits an die Unternehmen, andererseits an die Verwaltung adressiert. Es wird dabei unterschieden, welche Maßnahmen in erster Linie von den Unternehmen selbst umgesetzt werden können und welche Leistungen seitens der Verwaltung zu erbringen sind.

5.2.1 Allgemeine Handlungsempfehlungen

- Ergänzung bestehender administrativer Rahmenbedingungen um Aspekte der Klimawandelanpassung
- Anpassung von Forschung, Beratung und Bildung zum besseren Wissensaustausch, um einen verbesserten Zugang zu sowie eine effektivere Nutzung von Informationen zu ermöglichen
- Berücksichtigung der Thematik in Aus- und Weiterbildung durch Bildungsschwerpunkte
- Zusammenarbeit und Erweiterung bestehender Instrumente und Plattformen zur besseren Koordination der einzelnen Akteure sowie zu einer effizienteren Umsetzung von Anpassungsmaßnahmen
- Förderung des Wissensaustausches zwischen Politik, Verwaltung, Wissenschaft und betroffenen Akteuren
- Einbeziehen von Veränderungen globaler Rahmenbedingungen (Energiepreise, demografische Entwicklung etc.)
- Bereitstellung einer Entscheidungsgrundlage für Akteure mit Hilfe verbesserter Zugänglichkeit zu Daten und Information (Klimainformationssystem)
- Ganzheitliches Vorgehen zur Minimierung von Nutzungskonflikten durch vorausschauende Planung und gleichzeitiges Abwägen der möglichen Konsequenzen für sämtliche betroffenen Akteure
- Erstellung eines adäquaten Risikomanagementsystems zur Erkennung, Vorbeugung und zur Abwehr von Risiken

(BMLFUW, UBA, 2009)

5.2.2 Land- und Forstwirtschaft

Unternehmen:

Nachhaltiger Aufbau des Bodens, Sicherung der Bodenfruchtbarkeit

Boden und dessen Qualität zeichnen sich neben ihrer Bedeutung für die Klimawandelanpassung auch als wichtiger Standortfaktor aus. Qualitätssichernd wirken eine langfristige Stabilisierung und Erhöhung des Humusgehaltes, die Erhaltung der Aggregatsstabilität sowie die Förderung des Bodenlebens. Dies kann etwa durch humusaufbauendes Zwischenfruchtmanagement, Zwischenbegrünung oder wasserschonende Bodenbearbeitung erreicht werden. Durch diese Maßnahmen wird nicht nur die Bodenqualität gesichert und/oder verbessert, es kommt auch zu einer Erhöhung der Wasserrückhaltekapazität des Bodens sowie zur Minderung von Erosionen. (BMLFUW, UBA, 2009)

Verbesserung bodenschonender, energieeffizienter und standortangepasster Bewirtschaftungsformen

Durch bodenschonende, standortangepasste und energieeffiziente Bodenbewirtschaftung werden die Qualität des Bodens verbessert, seine Wasserrückhaltekapazität erhöht und Bodenerosionen vermindert. Die Bindung von Kohlenstoff und Stickstoff in Böden kann durch angepasste Bewirtschaftung erhöht werden, was zu einer geringeren CO_2-Belastung führt. Konkrete Maßnahmen sind in diesem Zusammenhang Direktsaat, bodenkonservierende Bearbeitungsmethoden und eine nachhaltige Bodennutzung. Dadurch werden Schäden wie Bodenerosion und Bodenverdichtungen vermieden. Weiters werden die Erhaltung der Aggregatstabilität unterstützt, das Bodenleben gefördert und die Wasserversorgung verbessert. (BMLFUW, UBA, 2009)

Umweltgerechter und nachhaltiger Einsatz von Pflanzenschutzmitteln

Die Gefahr von Erregern, die durch das klimawandelbedingte Auftreten neuer Erreger verursacht werden, muss im Pflanzenschutz vermehrt berücksichtigt werden. Dies kann durch ein systematisches Monitoring, das auf Umweltgerechtigkeit und Nachhaltigkeit abzielt, erreicht werden. Eine Optimierung des Pflanzenschutzmitteleinsatzes ist durch die Verbesserung und Ausweitung von Prognosen zum Auftreten von Schadensorganismen zu erreichen, wonach Zeitpunkt, Menge und Art des Schutzmitteleinsatzes bestmöglich bestimmt werden können. Weiters sind die Auswahl robuster Arten und ein breites Artenspektrum von Bedeutung. (BMLFUW, UBA, 2009)

Anpassung der Klimatisierung von Stallungen an steigende thermische Belastungen

Erhöhte thermische Belastungen führen bei Nutztieren u.a. zu Stress und der erhöhten Ausbreitungsgefahr von Krankheitserregern. Um diese Folgen einzudämmen sind (klimaverträgliche) technische Adaptierungen an die erhöhten Durchschnittstemperaturen notwendig. Dazu zählen etwa Be- und Entlüftungseinrichtungen in den Stallungen bzw. alternative Komforteinrichtungen wie Schweine- oder Rinderduschen. (BMLFUW, UBA, 2009)

Wiederaufnahme von Bewirtschaftung aufgelassener Almflächen

Revitalisierung aufgelassener Almflächen unter Berücksichtigung von Naturschutzaspekten dient der Vermeidung bzw. der Eindämmung von Verkrautung und Verbuschung des Geländes. (BMLFUW, UBA, 2009)

Anpassung der Baumartenwahl

Die Anpassung der Baumartenwahl an die durch den Klimawandel geänderten Umweltbedingungen dient der Erhöhung der Stabilität und der Reduzierung der Anfälligkeit gegenüber Schadensorganismen. Langfristig werden so stabile Waldökosysteme erzielt. Dazu ist u.a. die Erweiterung und Ergänzung des Spektrums heimischer Baumarten um Sorten unterschiedlicher Herkunft erforderlich. Bei dieser Anpassung sind nicht nur ökologische, sondern auch ökonomische Faktoren (z.B. Eignung für nachgelagerte Industrie) zu berücksichtigen. (BMLFUW, UBA, 2009)

Förderung von Diversität

Die Erhöhung der Diversität dient zur Förderung der Vitalität, Stabilität und Resilienz ökologischer Räume. Wälder mit einer reichhaltigen Artenzusammensetzung und einer breiten genetischen Amplitude weisen angesichts der klimatischen Veränderungen bessere Voraussetzung für ein stabiles und anpassungsfähiges Waldökosystem auf. (BMLFUW, UBA, 2009)

Verjüngung überalterter Bestände

Rechtzeitige Verjüngungsmaßnahmen erhöhen die Stabilität, verringern die Störanfälligkeit der Wälder und tragen so zur Risikominimierung bei. Naturnahe Verjüngung der Wälder führt zu einer hohen Anpassungsfähigkeit und fördert die natürliche Selektion zugunsten von klimaangepassten Populationen. Insbesondere für Objektschutzwälder ist eine Überalterung des Baumbestandes zur Aufrechterhaltung der Schutzfunktion zu vermeiden. (BMLFUW, UBA, 2009)

Bodenschonende Bewirtschaftung

Eine bodenschonende und angepasste Bewirtschaftung trägt zur Aufrechterhaltung der physikalischen Funktionen des Bodens bei. Dies wirkt sich positiv auf die Stabilisierung der Nährstoffkreisläufe aus sowie auf den Erosionsschutz, die Vermeidung von Bodenverdichtung und die Förderung der Wasserspeicherkapazität des Bodens. Diese Faktoren begünstigen wiederum ein stabiles Waldökosystem. Ein weiterer positiver Effekt bodenschonender Bewirtschaftung ist die Erhöhung der Kohlenstoffspeicherkapazität. (BMLFUW, UBA, 2009)

Extensivierung der Landwirtschaft auf Hochwasserrückhalteflächen

Durch die Reduzierung des Einsatzes bodenbelastender (chemischer) Stoffe oder die Verringerung von Monokultur in der Landwirtschaft wird eine umweltfreundlichere Bewirtschaftung des Bodens von Hochwasserrückhalteflächen gewährleistet und damit die Rückhaltewirkung verbessert. (Prettenthaler et al., 2010)

Verwaltung:

Bereitstellung wissenschaftlicher Grundlagen zu möglichen neuen Krankheiten und Schaderregern

Für eine rasche und richtige Reaktion auf Krankheitsfälle, die durch das klimawandelbedingte Auftreten neuer Erreger verursacht werden, ist eine Verbesserung des Kenntnisstandes bezüglich eben dieser Erreger notwendig. Hier besteht gezielter Forschungsbedarf, da die damit zusammenhängenden Gefahren noch kaum bekannt sind. (BMLFUW, UBA, 2009)

Ausweitung und Verbesserung eines flächendeckenden Monitorings

Ein flächendeckendes Monitoring von klimawandelbedingten neuen Erregern dient als Basis für ein rechtzeitiges Gegensteuern sowie als Grundlage für empirische Untersuchungen langfristiger klimatischer Entwicklungen. Weiters sind besonders gefährdete Gebiete auszuweisen und Entscheidungshilfen für LandwirtInnen (Sortenwahl, Pflanzenschutzstrategien etc.) auszuarbeiten. Diese Maßnahmen tragen zur Verringerung bzw. Vermeidung von Ernteverlusten bei. (BMLFUW, UBA, 2009)

Anpassung des Krisen- und Katastrophenmanagements

Eine Verbesserung des Krisen- und Katastrophenmanagements gewährleistet im Falle von klimawandelbedingten Störungen schnelle und unverzögerte Handlungen, um den potenziellen Schaden zu minimieren. Dies kann mittels Ausarbeitung spezifischer Aktionspläne sowie effizienter Vorwarn- und Informationssysteme geschehen. In diesem Zusammenhang ist die Evakuierung der forstlichen Erschließungssysteme sowie der Forstschutzroutinen zu forcieren. Weiters sind im Hinblick auf Schadensfälle Transport, Lagerung und Verarbeitung des anfallenden Holzes zu sichern. (BMLFUW, UBA, 2009)

Integrierte Waldinventur und Immissionsmonitoring

Durch die Zusammenführung der Waldinventur mit Methoden der Fernerkennung kann eine flächendeckende Inventur des steirischen Waldes erfolgen. Dies dient der Erhöhung der Systemkenntnis sowie der Einrichtung eines Immissionsmonitorings. Hierfür ist die Evaluierung bestehender Messnetze als Basis für ein flächendeckendes Monitoring dienlich. Die dadurch gewonnenen Erkenntnisse sind in Form von Grenzwerten gesetzlich zu verankern. (BMLFUW, UBA, 2009)

Verminderung der Wildschadensbelastung

Wildschaden stellt eine Gefährdung für die Regenerationsfähigkeit und Stabilität von Waldökosystemen dar. Insbesondere Verjüngungsmaßnahmen von Waldbeständen, die der Anpassung an den Klimawandel dienen, erfordern die Vermeidung von Wildschäden. Somit dient die Reduktion der Wildschadensbelastung der Sicherung der Waldbestandsverjüngung und der Erhaltung der Bestandsstabilität. (BMLFUW, UBA, 2009)

5.2.3   Energiewirtschaft

Unternehmen:

Aufnahme bracher Flächen

Die Aufnahme bracher Flächen entlang von z.B. Flüssen zur Biomassegewinnung kann neben der Energieversorgung unter Berücksichtigung der Erfordernisse des Hochwasserschutzes auch zum Schutz des Flusses und der angrenzenden Flora und Fauna beitragen. (Prettenthaler et al., 2010)

Verwaltung:

Grundlagen für eine einheitliche Netzplanung

Zur Vermeidung von unvorhersehbaren Engpässen und Überkapazitäten ist eine strategische Planung und Entwicklung von Stromnetzen notwendig. Bei der Netzplanung ist außerdem im Zuge neuer Kraftwerke darauf zu achten, dass die Distanz zwischen Energieerzeugern und Energieverbrauchern minimiert wird, um Transportwege kurz zu halten und die Störanfälligkeit der Netze zu reduzieren. Eine Abschätzung der Folgen neuer Kraftwerke für Transport- und Versorgungsnetze, die optimale Standortwahl, die Sicherung einer langfristigen Versorgungssicherheit sowie die Minimierung der Auslandsabhängigkeit müssen dabei einbezogen werden. Im Falle einer Zunahme von kleinen Einspeisern ist zudem ein adaptiertes Stromnetzmanagement notwendig. (BMLFUW, UBA, 2009)

Förderung geeigneter dezentraler Einspeisung

Die Erhöhung der Versorgungssicherheit sowie die Minimierung der Abhängigkeit von zentral bereitgestellter Energie kann durch den sinnvollen Ausbau dezentraler Systeme erreicht werden. Dazu bedarf es einerseits der Forschung zur Optimierung der Einspeisung/Auskopplung dezentraler Anlagen sowie Anreizen zur Ausstattung von Gebäuden mit eigenen Erzeugungseinheiten auf Basis erneuerbarer Energien. (BMLFUW, UBA, 2009)

Entwicklung einer Energieversorgungsstrategie

Eine Energieversorgungsstrategie sowie Krisenmanagementpläne, die auf die klimawandelbedingten Änderungen Rücksicht nehmen, sind aufgrund der sich langfristig abzeichnenden Entwicklungen bzw. der langen Vorlaufzeit schnellstmöglich auszuarbeiten. Grundlage für die Energieversorgungsstrategie sollte eine umfassende regionalisierte Wärmebedarfsprognose darstellen. Als weitere Maßnahme sollte die Energieeffizienz in Standortfragen zu einem verbindlichen Genehmigungskriterium werden. (BMLFUW, UBA, 2009)

Versorgungssicherheit

Die Raumordnung hat durch die Sicherung von Flächen für das Schließen von Lücken im heimischen Versorgungsnetz die räumliche Umsetzung des Ausbaus der heimischen Energieversorgung zu unterstützen, wodurch eine Verbesserung der Versorgungssicherheit hergestellt werden kann, um hitzebedingten Blackouts entgegenzuwirken. (Prettenthaler et al., 2010)

5.2.4   Wasserversorgung

Unternehmen:

Reduktion des Wasserverbrauches

Der Einsatz von effizienten wassersparenden Technologien führt zu einer Schonung der Wasserressourcen. Weitere Maßnahmen zur Wassereinsparung sind etwa die Behebung von Leckagen oder technische Verbesserungen im Verdunstungsschutz. (BMLFUW, UBA,2009)

Sicherung eines guten ökologischen und chemischen Zustandes von Gewässern

Um einen guten ökologischen und chemischen Zustand von Oberflächengewässern bzw. ein gutes ökologisches Potenzial zu erreichen und zu sichern, müssen Maßnahmen wie die Reduktion chemischer Stoffeinträge bei Punktleitern und Flächeneinträgen in der Landwirtschaft ergriffen werden. Zudem müssen naturnahe Wasserlebensräume renaturiert und wiederhergestellt werden. (BMLFUW, UBA,2009)

Wechsel von bedarfsorientiertem zu angebotsorientiertem Wassermanagement

Als strategisches Ziel bei der Anpassung an den Klimawandel ist ein Paradigmenwechsel im Wassermanagement von Bedarfsorientierung zu Angebotsorientierung anzustreben. (Hohmann, 2010)

Verwaltung:

Verbesserung der Datenerhebung

Eine verbesserte Datenerhebung bildet die Grundlage für eine Optimierung der Systemkenntnisse, wodurch einerseits eine bessere Abschätzung von potenziellen Schwierigkeiten und Engpässen in der Wasserversorgung ermöglicht wird, andererseits die Basis für „pro-aktive" Anpassungsmaßnahmen bereitet wird. Datenbedarf besteht hier insbesondere bezüglich der klimawandelbedingten Veränderungen hinsichtlich hydrologischer Parameter, Quellschüttungen und Grundwasservorkommen (Pegelstände, Neubildungsrate, Bodenwasserhaushalt). Thermische Belastungen, die vor allem die Gewässerökologie von Flusssystemen beeinflussen, sollen anhand von Wärmeplänen erhoben werden. Weiters sind die Auswirkungen der geänderten Wasserverfügbarkeit auf deren Nutzung zu untersuchen. (BMLFUW, UBA, 2009)

Verbesserte Informationen über Wasserverbrauch und Wasserbedarf

Um die heimische Wasserversorgung zu sichern und adäquat zu steuern, ist eine bestmögliche Datenerhebung bezüglich des Wasserverbrauches unterschiedlicher NutzerInnen (Landwirtschaft, Industrie, Tourismus etc.)

notwendig. Dies ist insbesondere in Gebieten, die durch saisonalen Wasserverbrauch an ihre Kapazitätsgrenzen stoßen, bedeutend für die Planung einer optimalen Wasserversorgung. (BMLFUW, UBA, 2009)

Zukünftige Gewährleistung der Wasserversorgung

Der Einsatz planerischer und technischer Maßnahmen trägt zur Erhöhung der Sicherheit in der Wasserversorgung bei. Die klimawandelbedingte Häufung von Wetterextremereignissen, die mitunter zu Störungen der Wasserversorgung führen, macht deren Integration in die Planungsgrundsätze der Wasserversorgung sowie bei wasserbaulichen Maßnahmen notwendig. Die Vernetzung bestehender Versorgungsstrukturen reduziert das Ausfallrisiko. Als präventive Maßnahme dient ein Wassersicherheitsplan, der Schwachstellen im System der Wasserversorgung aufzeigt. (BMLFUW, UBA, 2009)

Sicherung grundwasserabhängiger Ökosysteme

Die Sicherung grundwasserabhängiger Ökosysteme trägt zum Erhalt des guten mengenmäßigen und chemischen Zustandes der Grundwasserkörper bei. Eine Maßnahme zu ihrem Schutz wurde in der Wasserrahmenrichtlinie verankert. (BMLFUW, UBA, 2009)

Sicherung der Trinkwasserschutzgebiete

Da meteorologische Extremereignisse die Trinkwasserversorgung beeinträchtigen können, ist künftig die Standortsicherheit von Versorgungs- und Abwasserleitungen vermehrt zu prüfen (Gefährdung durch Hangrutschungen etc.). Bei Neubauten oder Sanierungen sind Risikoabschätzungen verstärkt durchzuführen. (Prettenthaler et al., 2010)

Strategie zur Wasserverteilung

In Zeiten knappen Wasserdargebotes sind Prioritäten bezüglich der Verteilung der Ressource Wasser zu setzen. Dementsprechende Vorgehensweisen sind zu entwickeln. (Hohmann, 2010)

Strategien zur Wasserspeicherung

Neben der Mehrzwecknutzung von bestehenden Wasserspeichern wie Stauseen und natürlichen Seen ist auch der Bedarf an neuen Speichern abzuklären. Des Weiteren ist die Gewährleistung der Sicherheit großer Speicher von Bedeutung. (Hohmann, 2010)

5.2.5 Tourismus und Freizeitwirtschaft

Unternehmen:

Ausweichen in höhere Lagen und künstliche Beschneiung

Im Alpenraum kann hauptsächlich durch ein Ausweichen in höhere und nordexponierte Lagen, durch das Erschließen von Gletschern sowie durch technische Beschneiung ein Anpassungseffekt erzielt werden. (OECD, 2007)

Verwaltung:

Fundierte Datenbasis

Maßnahmen zu Datenerhebungen im touristischen Bereich bilden die Grundlage für zukünftige Entscheidungen und Planungen. Dabei sind die Korrelation von meteorologischen, regionalökonomischen und touristischen Informationen (Nachfrage und Angebot), das Nachfrageverhalten von TouristInnen in Bezug auf Wetter- und Klimadaten sowie das Verhalten bzw. die Motivation von TouristInnen im Hinblick auf klimawandelbedingte Änderungen (verringerte Schneesicherheit etc.) von Relevanz. (BMLFUW, UBA, 2009)

Berücksichtigung des Klimawandels in Tourismusstrategien

Diese Maßnahme umfasst die Förderung von nachhaltigem Tourismus und Nachhaltigkeit im Tourismus, Angebotsanpassung hin zu Ganzjahrestourismus, Entwicklung von wetter- und saisonunabhängigen Produkten, Betonung regionaler Besonderheiten, Förderung der Landschaftspflege und das Bemühen um neue Zielgruppen, die auch für die Nebensaison gewonnen werden können. (BMLFUW, UBA, 2009)

Anpassung der Mobilität

Durch die Verlagerung der Tourismusmobilität vom motorisierten Individualverkehr hin zu umweltverträglichen öffentlichen Verkehrsmitteln kann einerseits Energie gespart werden, andererseits wird die Abhängigkeit des Sektors von globalen Entwicklungen reduziert. Neben Bewusstseinsbildung für sanfte Mobilität ist dazu auch das Erstellen lückenloser und flexibler Mobilitätskonzepte notwendig. (BMLFUW, UBA, 2009)

Bereitstellung regionaler Klimaszenarien

Damit der Wintersport auch künftig profitabel bleibt, sollte bei der Vergabe öffentlicher Fördergelder mit Hilfe regionaler Klimaszenarien eine langfristige Vorausschau unter Berücksichtigung des Klimawandels angestellt werden. Insbesondere um den effizienten und nachhaltigen Einsatz von Beschneiungsanlagen zu gewährleisten, werden regionale Klimaszenarien benötigt, welche die Entscheidungsgrundlage für die Vergabe von Fördermitteln für diese Anlagen bilden. (BMLFUW, UBA, 2009)

5.2.6   Gesundheit

Unternehmen:

Anpassung von Behandlungsmethoden und Pharmazieprodukten

Die Entwicklung neuer Therapeutika, Impfstoffe und Impfstoffverfahren ist bedeutend für eine adäquate Behandlung klimawandelverursachter neuer Krankheiten. (Deutsche Anpassungsstrategie, 2008)

Verwaltung:

Einführung von Frühwarnsystemen bei hoher Hitzebelastung

Hitzeperioden haben in den betroffenen Gebieten mitunter starke Auswirkungen auf die somatische und psychosomatische Gesundheit. Ein regionales Frühwarnsystem kann helfen, durch Hitze auftretenden Herzinfarkten, Herz-Kreislauferkrankungen, Nierenversagen sowie Atemwegsproblemen und Stoffwechselstörungen vorzubeugen. (www.klimawandelanpassung.at, 2009; Deutsche Anpassungsstrategie, 2008)

Ausbau der medizinischen Forschung

Mittels epidemiologischer Studien zur Vektorwanderung, zur Einschleppung tropischer Krankheiten und zur Auswirkung auf einheimische Infektionserreger können neue Kenntnisse hinsichtlich der Anpassung an klimawandelinduzierte neue Krankheiten gewonnen werden. Als weitere Maßnahme sind grundlegende Forschungsarbeiten zu biologischen Bekämpfungsmöglichkeiten von Vektoren sowie Forschungsarbeiten zur Charakterisierung einer möglicherweise veränderten Pathogenität bzw. eines veränderten Lebenszyklus von Infektionserregern und deren Vektoren und Reservoirs zu forcieren. Wesentlich ist auch die Erforschung geeigneter Behandlungsstrategien und Impfstoffentwicklungen. (www.klimawandelanpassung.at, 2009; Deutsche Anpassungsstrategie, 2008)

Intensive Beobachtung von klimabedingten Krankheiten

Mittels Überwachungssystemen sind insbesondere klimasensitive einheimische oder importierte Erreger sowie ihre tierischen Überträger oder Reservoire zu erfassen. Daneben sind geeignete Strategien für die Früherkennung von Verdachts- und Erkrankungsfällen durch neu auftretende Infektionserreger zu entwickeln. Hinsichtlich der Zahl der Neuerkrankungen und Krankheitsfälle bestimmter klimasensitiver Infektionen sind Populationen (Mensch, Tier, Vektoren) systematisch zu untersuchen und in Modellen zu erfassen sowie die Gefahren der Übertragung, Ansiedlung und Verbreitung von Risiko-Erregern experimentell zu untersuchen. (www.klimawandelanpassung.at, 2009; Deutsche Anpassungsstrategie, 2008)

Informations- und Öffentlichkeitsarbeit

Eine zielorientierte, sachgerechte Aufklärung der Bevölkerung, des heimischen Fachpublikums, einzelner Risikogruppen, aber auch z.B. des medizinischen Personals und des Katastrophenschutzes, ist als wichtige Voraussetzung für Anpassungsmaßnahmen zu fördern. Durch die Bereitstellung von Informationen für die Öffentlichkeit kann so etwa Prävention von z.B. Infektionen durch klimasensitive Erreger gefördert werden. (www.klimawandelanpassung.at, 2009; Deutsche Anpassungsstrategie, 2008)

Verringerung von Gesundheitsgefährdungen aufgrund von Extremereignissen wie Sturm oder Hochwasser durch Risiko- und Krisenmanagement

Risiko- und Krisenmanagement sind vor allem für die Folgen von Extremwetterereignissen, wie Starkniederschlägen, Hochwassern, Stürmen, Lawinenabgängen oder Erdrutschen, von großer Bedeutung, da es durch diese Ereignisse zu schweren Verletzungen von AnrainerInnen kommen kann. (www.klimawandelanpassung.at, 2009; Deutsche Anpassungsstrategie, 2008)

Ausarbeitung von Notfallplänen

Die Verwaltung sollte im Rahmen von Notfallplänen eine stärkere Vernetzung zwischen meteorologischen Einrichtungen, den informierten Stellen auf Landes- und Bezirksebene sowie Einrichtungen des Gesundheitswesens, des Katastrophenschutzes oder Einrichtungen wie Schulen und Kindergärten anstreben, damit jeweils vor Ort vorbeugende sowie akute Maßnahmen ergriffen werden können. (www.klimawandelanpassung.at, 2009; Deutsche Anpassungsstrategie, 2008)

Ausarbeitung eines gesundheitspolitischen Konzeptes

Verwaltung, Gesundheitswesen und Katastrophenschutz sollten gemeinsam ein gesundheitspolitisches Konzept erarbeiten, das unter anderem Empfehlungen zur Prävention von Hitzeschäden und anderen mit dem Klimawandel assoziierten Gesundheitsgefährdungen sowie Handlungsvorschläge zur gesundheitsbezogenen Bewältigung von Wetterextremen und Naturkatastrophen bereit hält. (Deutsche Anpassungsstrategie, 2008)

Vernetzung von Institutionen

Die Vernetzung von Kompetenzen und Kapazitäten in Forschung, Früherkennung, Diagnose und Überwachung ist zu fördern. (Hohmann, 2010)

5.2.7   Versicherungswesen und Katastrophenfonds

Unternehmen:

Datensammlung zur effizienten Umsetzung der Solvency II Vorgaben

Für die Versicherungsunternehmen ist derzeit die Erfüllung der Solvency II Vorgaben im Hinblick auf den Kapitalbedarf entsprechend den Europäischen Vorschriften auch im Sachversicherungsbereich eine zentrale Herausforderung, sodass sie sich intensiv mit der eigenen Naturgefahrenexposition auseinandersetzen. Nicht immer ist dabei das Datenmaterial langfristig genug verfügbar, daher ist eine laufende Verbesserung der Kooperation zwischen öffentlicher Hand und Versicherungsverband anzustreben, da sich die jeweiligen Datenbestände durchaus komplementär zueinander verhalten, und zu einer exakten Risikomessung und damit betriebs- und volkswirtschaftlich effizienten Gestaltung der Kapitaldeckungen beitragen können.

Verwaltung:

Katastrophenfonds

Der Katastrophenfonds ist insofern ein zentraler Ansatzpunkt für konkrete Anpassungsmaßnahmen zur Erhöhung der Resilienz der Gesellschaft, als es derzeit keinen Rechtsanspruch auf Kompensation von Seiten der Bürgerinnen und Bürger gibt, und der Deckungsumfang je nach Bundesland unterschiedlich ist, bestenfalls jedoch nur rund 50% des Schadens ausmacht. Diese Problematik und andere wurde intensiv in Prettenthaler/Albrecher (2009) diskutiert, wo auch eine konkrete Option einer Public-Private Partnership, eine Pflichtversicherung gegen Hochwasser evaluiert wurde. Es gibt hier noch eine Reihe anderer Optionen, die ebenso verfolgt werden müssen, um insgesamt dem Ziel einer höheren Deckung insbesondere des Hochwasserrisikos sowie besserer Rechtssicherheit näherzukommen.

5.2.8   Katastrophenschutz und Prävention

Unternehmen:

Bevölkerungsschutz

Das bestehende Krisenmanagement ist an die aktuellen Erfordernisse und die künftigen Entwicklungen anzupassen. Für den Bevölkerungsschutz sind technische Maßnahmen zum präventiven Hochwasserschutz, Anpassungen in der Wasserwirtschaft, Schutz der menschlichen Gesundheit, Sicherstellung der Verkehrs- oder Energieinfrastruktur, räumliche Planung oder baulicher Schutz als vorbeugende Maßnahmen von entscheidender Bedeutung. Für die Weiterentwicklung des Bevölkerungsschutzes sind insbesondere Kenntnisse über die künftige Entwicklung der Auftrittshäufigkeit von Extremwetterereignissen wichtig. Neben der Weiterentwicklung von Einsatztaktik und Einsatztechniken ist die Risikokommunikation mit allen Betroffenen wie Unternehmen, Verbänden, Bürgerinnen und Bürgern von Bedeutung. Zu forcieren sind hier etwa Kommunikation und Koordination der zuständigen Katastrophenschutzbehörden und operativen Kräfte. Zeitnahe, eindeutige und effektive Warnung und Information der Bevölkerung sind ebenso zu verstärken. (Deutsche Anpassungsstrategie, 2008)

Verwaltung:

Erweiterung und Aktualisierung der Gefahrenzonenpläne sowie Änderung von Bemessungsgrundlagen

Die Aufnahme weiterer Gefahrenquellen neben jener des Hochwassers in die Gefahrenzonenpläne ist neben der Aktualisierung bestehender Pläne und der vollständigen Erstellung der Gefahrenzonenkarten des Flussbaues erforderlich und muss – ebenso wie die Datenerhebung im Hinblick auf die Abflussveränderung im alpinen Raum – forciert vorangetrieben werden. Weiters sind bei der Aktualisierung von Gefahrenplänen und der Erstellung von integrativen Risikomanagementplänen die Daten von Katastrophenereignissen (z.B. erhöhte Abflussmengen) zu berücksichtigen. Eine Verbesserung des Frühwarnsystems beim Auftreten von Hochwasser ist ebenfalls von großer Bedeutung. (Prettenthaler et al., 2010)

Einheitliche Abläufe der Vorsorge und Ereignisbewältigung

Ein einheitliches Niveau der Reaktionsbereitschaft unterschiedlicher Akteure ist zu gewährleisten. Im Ereignisfall sind zudem klare Abläufe und eine klare Zuständigkeit sicherzustellen. (Hohmann, 2010)

5.2.9   Infrastruktur

Unternehmen:

Verwendung von hitzebeständigeren Materialien

Die Leistungsfähigkeit und Belastbarkeit von Baustoffen gegenüber extremen Witterungsereignissen muss in Zukunft stärker berücksichtigt werden. Bei Neubauten kann bereits zukunftsorientiert geplant und gebaut werden, bei älteren Gebäuden müssen dazu umfassende Sanierungs- und Modernisierungsmaßnahmen ergriffen werden. Straßen können durch modifizierte Baustoffe hitzebeständiger gemacht werden. (www.klimawandelanpassung.at, 2009; Deutsche Anpassungsstrategie, 2008)

Schutz vor Naturgefahren

In der Schienenverkehrsinfrastruktur sind etwa hoch ragende Anlagen der Stromversorgung sowie Signale durch Sturm gefährdet. Im Falle eines Sturmes muss insbesondere die Gefahr umstürzender Bäume durch deren Rückschnitt vermindert werden, wobei hier im Vorfeld eigentumsrechtliche Fragen zu klären sind. (www.klimawandelanpassung.at, 2009; Deutsche Anpassungsstrategie, 2008)

Schutz „kritischer" Infrastrukturen

Die Sicherheit „kritischer" Infrastrukturen (z.B. Wasserversorgungsnetz, Elektrizitätsnetz etc.) betreffend, die sich teils in öffentlichem, teils in privatem Besitz befinden, müssen Verwaltung und private Unternehmen gemeinsam Leitfäden für das Risiko- und Krisenmanagement sowie Schutzkonzepte entwickeln. In diesem Zusammenhang sollen so genannte Schutzziele definiert werden, für die im Weiteren entsprechende Maßnahmen zur Risikominderung und Risikovermeidung geplant werden sollen. Dabei sollen wichtige Prozesse und Anlagen besser geschützt und bei Störungen die jeweilige Funktionsfähigkeit so schnell wie möglich wiederhergestellt werden. Eine Maßnahme ist dabei die bauliche Verstärkung (physische Härtung) von Gebäuden und Systemen, wie etwa Wasser- oder Stromnetze. Weitere Maßnahmen sind Notfall- und Evakuierungspläne, Warnsysteme und Informationsmöglichkeiten. (Deutsche Anpassungsstrategie, 2008)

Verwaltung:

Anpassung der Planungsstandards an veränderte Klimabedingungen (z.B. Entwässerungen)

Im Bereich der Verkehrsinfrastruktur lassen sich durch den Klimawandel bedingte ergiebigere Niederschläge mittels vergrößerter straßeneigener Entwässerungssysteme ableiten. Weiters sind mit Hilfe von Monitoring gegenläufige klimawandelbedingte Auswirkungen zu beobachten. Dazu zählt etwa auch die Entwicklung hin zu steigenden Temperaturen im Winter, wodurch möglicherweise Frostschäden an Straßen und Brücken seltener und in geringerer Höhe auftreten sowie Unfallgefahren aufgrund von Schnee- und Eisglätte auf Straßen abnehmen. Des Weiteren ist auch zu klären, ob hohe Temperaturen neue Instandhaltungstechnologien erforderlich machen (z.B. im Falle erhöhter Spannung lückenlos verschweißter Schienen oder bei der Klimatisierung von Autos und Gebäuden). (www.klimawandelanpassung.at, 2009; Deutsche Anpassungsstrategie, 2008)

5.2.10   Urbane Räume

Unternehmen:

Sicherstellung des thermischen Komforts von Gebäuden

Zur Sicherstellung des thermischen Komforts dienen etwa bauliche Maßnahmen, die Forcierung passiver Kühlung sowie die Reduktion innerer Lasten. In diesem Zusammenhang ist die vermehrte Anwendung alternativer Kühltechnologien von Bedeutung. (Amann, 2010)

Verwaltung:

Bodenentsiegelung

Die Begrenzung von Baulandwidmungen seitens der Bundesländer bzw. Gemeinden auf ein bestimmtes, abgegrenztes Gebiet dient zur Vermeidung von Zersiedelung und zu einem sorgsamen Umgang mit Grund und Boden (maßvolle Verdichtung von innen). Bereits auf lokaler Ebene kann durch Setzung von Siedlungsschwerpunkten die Bodeninanspruchnahme optimiert werden. Weiters dient eine Schaffung von Anreizsystemen hinsichtlich einer ‚Revitalisierung' von ungenutzter Bausubstanz bzw. Industrie-, Gewerbe- und Handelsbrachen zur Reduktion der Flächeninanspruchnahme, wodurch etwa Versickerungsflächen etc. erhalten bleiben. (Prettenthaler et al., 2010)

Sparsamer Umgang mit der Ressource Boden zur Verbesserung der Versickerungsmöglichkeiten (z.B. für den passiven Hochwasserschutz, als Beitrag zur Grundwasserneubildung)

Die durch Bautätigkeit und Bodenversiegelung verursachte Abnahme der Wasserspeicherkapazität des Bodens, die zu erhöhter Abflussgeschwindigkeit und größeren Abflussspitzen führt, kann über Maßnahmen in der (über)örtlichen Raumplanung eingedämmt werden. Eine Maßnahme ist in diesem Zusammenhang die Schaffung von Ersatzflächen für die Versickerung von Wasser bei Flächenverbau. (BMLFUW, UBA, 2009)

Die Raumordnung kann durch Festlegung von Überschwemmungsbereichen vorhandene Abfluss- und Retentionsflächen sichern sowie planerische Vorsorge für deren erforderliche Ausweitung treffen. Dabei ist eine erhebliche Ausweitung der Retentionsflächen anzustreben und auf alle vorhandenen Potenziale zuzugreifen, um das wachsende Hochwasserrisiko auf Dauer wirksam einzudämmen. Eine weitere Maßnahme zur Vermeidung von Hochwasser (bei gleichzeitigem Beitrag zur Grundwasserneubildung) ist die ausreichende, dezentrale Niederschlagversickerung im gesamten Einzugsbereich von Flüssen. Hier kann die Raumordnung hinsichtlich der Reduzierung der Neuinanspruchnahme von Freiflächen für Siedlung und Infrastruktur regulierend wirken sowie gleichzeitig die planerische Unterstützung von Rückbau und Entsiegelung sowie Renaturierung und Wiederaufforstung geeigneter Flächen und das Hinwirken auf eine angepasste landwirtschaftliche Nutzung die Verbesserung der Versickerungsmöglichkeiten weiter vorantreiben. (www.klimawandelanpassung.at, 2009; Deutsche Anpassungsstrategie, 2008)

Die Nutzung von Flächen für den Hochwasserrückhalt, bzw. von Vorsorgeflächen soll durch Erstellung von „Vertragshochwasserschutzmodellen" mit Schadensabgeltung für die betreffenden Personen bzw. Betriebe, die eine Nutzungseinbuße zu erleiden haben, erfolgen. Eine verbesserte Datenerhebung ist die Grundlage zur Verminderung von Unsicherheiten. Eine Einbeziehung dieser Flächen in das Schutzregime hat in Absprache und mit Zustimmung des Grundeigentümers zu erfolgen, wobei nur in Ausnahmefällen (dringende Notwenigkeit, etc.) der hoheitliche Ansatz in Betracht zu ziehen ist. Dabei ist der Aspekt der Entschädigung bei sämtlichen Retentionsflächen zu berücksichtigen. (Prettenthaler et al., 2010)

Freihaltung von Hochwasserrückhalte- und Hochwasserabflussflächen durch Widmung von Vorsorgeflächen

Eine Ausweisung jener Flächen, die für den Hochwasserabfluss oder Hochwasserrückhalt geeignet sind, sowie ihre langfristige Sicherung hinsichtlich der Erfüllung dieser Funktion (durch Freihaltung des Gebietes) sind erforderlich. Die Freihaltung dieser Flächen sowie jener innerhalb der HQ100-Anschlaglinien sind im Wasserecht zu verankern. Für in Hochwasserrückhalte- und Hochwasserabflussflächen gelegenes gewidmetes, aber unbebautes Bauland, über das zum Zeitpunkt der Baulandwidmung keine Informationen über Hochwasseranschlaglinien vorgelegen sind, ist eine Rückwidmung vorzusehen. Bei Rückwidmungen ist auf den verfassungsrechtlich gesicherten Schutz des Eigentums sowie auf den Grundsatz der Verhältnismäßigkeit abzustellen und ggf. eine entsprechende Abgeltung zu leisten. Auch so genannte „braune" Hinweisbereiche (Gefahr von Steinschlag, Felssturz, Rutschungen) sind von einer Bebauung freizuhalten. In diesem Zusammenhang hat eine rechtsverbindliche Verankerung der Gefahrenzonen in den Raumordnungs- und Baugesetzen zu erfolgen. Diesbezüglich ist auch eine strengere Widmungspraxis durchzusetzen, wobei es in hochwassergefährdeten Gebieten zu keinen Baulandwidmungen mehr kommen darf. (Prettenthaler et al., 2010)

Bestehende Instrumente an die geänderten Klimabedingungen anpassen (z.B. Überschwemmungsgebiete)

In Flussgebieten muss der Schutz gegen zunehmende Hochwasserrisiken sowohl durch passive Sicherungsmaßnahmen (insbesondere Freihaltung von Bebauung) als auch durch aktive Abflussregulierung verstärkt werden. (www.klimawandelanpassung.at, 2009; Deutsche Anpassungsstrategie, 2008)

Freihaltung von Frisch- und Kaltluftentstehungsgebieten

In Städten und Ballungsräumen sorgt die Raumplanung (gegebenenfalls zusammen mit der Landschaftsplanung) für zusammenhängende, nicht bebaute Gebiete (Grünzüge) und Frischluftschneisen, die vor allem starker Hitze in den Sommermonaten vorbeugen sollen. Während die gegenwärtig forcierte Ausrichtung von Gebäuden hinsichtlich einer maximalen Sonneneinstrahlung insbesondere im Winter energetisch von Vorteil ist, muss die Raumplanung künftig nach Möglichleiten zur Vermeidung einer übermäßigen Erwärmung von Gebäuden und Erholungsflächen im Sommer suchen. (www.klimawandelanpassung.at, 2009; Deutsche Anpassungsstrategie, 2008)

Verbesserung des Kleinklimas in der Stadt durch verstärkte Bepflanzung und Schaffung von Grünräumen

Im Hinblick auf künftig steigende Temperaturen ist im Rahmen von zu erstellenden Notfallplänen darauf zu achten, die Schaffung von „Kühlräumen" sicherzustellen (BMLFUW, UBA, 2009). Geeignete Architektur sowie Stadt- und Landschaftsplanung können eine durch den Klimawandel verstärkte Aufheizung der Städte und damit Hitzestress mindern. Insbesondere in Ballungszentren muss die Frischluftzufuhr über unverbaute Frischluftkorridore gewährleistet werden. Dies kann durch die Anlage unverbaubarer Frischluftschneisen und extensiver Grünanlagen als „Kälteinseln" erfolgen. Städteplaner und Verwaltung sollten dem Trend einer weiteren Versiegelung von Freiflächen durch Siedlungs- und Verkehrsflächen entgegenwirken. Im Bauwesen sollte der Fokus auf eine ausreichende Isolation zur Wärmedämmung sowie auf (passive) Kühlungsmöglichkeiten (z.B. solare Kühlung) gelegt werden. (www.klimawandelanpassung.at, 2009; Deutsche Anpassungsstrategie, 2008)

Entschärfung der Oberlieger-Unterlieger-Problematik

Durch die Schaffung von (finanziellen) Ausgleichsmodellen sowie durch die Stärkung gemeindeübergreifender Planungen und Kooperationen mittels Interessensverbänden soll eine Entschärfung der Oberlieger-Unterlieger-Problematik, die in Hochwassersituationen auftritt, erreicht werden. (Prettenthaler et al., 2010)

Schutz von Siedlungsgebieten und wichtigen Infrastrukturen als verbindliches Ziel der Raumordnung

Der Schutz von Siedlungsgebieten und wichtigen Infrastrukturen vor den Auswirkungen von Naturgefahren ist als verbindliches Ziel in Raumordnungsprogramme auf allen Ebenen (Flächenwidmungspläne, Bebauungspläne etc.) aufzunehmen. Weiters ist eine Präzisierung von Schutzzielen nötig, eine Risikoreduktion für bebautes Bauland und bedeutende Infrastrukturen sowie eine verpflichtende Dokumentation um Evaluierungs- und Controllingprozesse zu erleichtern. (ÖROK, 2005)

Versickerungsmanagement

Die Schaffung von Richtlinien hinsichtlich der Regenwasserversickerung unter Bedachtnahme des geologischen Untergrundes und Abwägungen hieraus resultierender Georisiken in Neubaugebieten sowie einer besseren Regenwassernutzung sind erforderlich. Weiters ist die Verankerung von Versickerungsbauten im Straßenbau zur Gewährleistung des geordneten Abflusses bzw. des Rückhalts von Regenwasser in der Bauordnung denkbar. (Prettenthaler et al., 2010)

Verbesserung des Mikroklimas durch siedlungsbezogene Maßnahmen

Bei der Stadt- und Freiraumplanung sind mikro- und mesoklimatische Bedingungen zu berücksichtigen. Eine klimatologische Verbesserung urbaner Räume ist anzustreben. (Amann, 2010)

Schutz von Gebäuden vor Extremwetterereignissen

Im Bereich Gebäudeschutz ist insbesondere darauf zu achten, dass die herrschenden Baustandards, Bauvorschriften und Förderinstrumente für Neubauten sowie Sanierungen an den Klimawandel angepasst werden. Hierbei sind allerdings Gebäudesanierungen gegenüber Neubauten zu forcieren. Weiters ist ein Wasserrückhalt in der Fläche zu berücksichtigen sowie die Vermeidung von Bebauung in Gefahrenzonen. Erforderliche Anpassungen an den Klimawandel sind in die Raum- und Stadtplanung zu implementieren. (Amann, 2010)

6 Ausblick: Klimachancen für steirische Unternehmen

Franz Prettenthaler, Claudia Winkler, Judith Köberl

Das Klimarisiko in der Steiermark und insbesondere seine Auswirkungen für steirische Betriebe war ein Thema der Sitzung des Industrieforums F&E der Industriellenvereinigung Steiermark im Herbst 2010. Im Rahmen dieses Treffens wurden die Ergebnisse einer vorausgegangenen Befragung zur Wahrnehmung des Klimawandels als Risiko und Chance für bedeutende steirische Industriebetriebe präsentiert und diskutiert. Es wurden vornehmlich zwei Themen behandelt:

1. Wo und in welcher Form bedeutet der Klimawandel ein Risiko für Produktionsstandorte?

2. Wo und in welcher Form wird der Klimawandel von der Industrie als Chance wahrgenommen?

Gegenwärtig zeigt sich einerseits, dass sich die heimischen Unternehmen durchaus bewusst sind, dass der Klimawandel insbesondere auf der Angebotsseite Risiken mit sich bringt. Andererseits werden aber auch Chancen, welche der Klimawandel für die Industrie bedeutet, durch die Betriebe wahrgenommen.

6.1 WAHRNEHMUNG DER RISIKEN DES KLIMAWANDELS IN ÖSTERREICHISCHEN UNTERNEHMEN

Abbildung 69 zeigt eine durch das Umweltbundesamt erfolgte Zuordnung der Branchensensitivitäten für die 500 größten Unternehmen Österreichs[39] (basierend auf trend500 und eigenen Erhebungen durch das Umweltbundesamt). Es zeigt sich, dass über 60 % der größten österreichischen Unternehmen hinsichtlich klimatischer Einflüsse eine mittlere Sensitivität aufweisen. Beinahe ein Viertel (24 %) dieser Unternehmen weist hingegen ein geringes Risiko auf. Eine hohe Klimasensibilität trifft im Rahmen dieser Bewertung auf 15 % der größten österreichischen Unternehmen zu.

Abbildung 69:   Sensitivität österreichischer Betriebe bezogen auf den Klimawandel

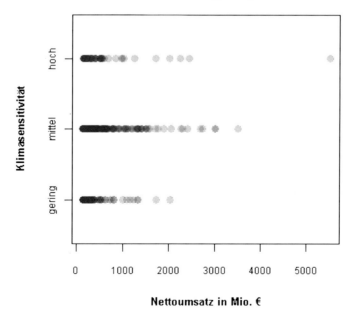

Quelle: Eigene Darstellung, Daten: Umweltbundesamt

---

[39] Die Darstellung beschränkt sich auf jene Unternehmen, für die auch die Höhe der Nettoumsätze (in Mio. €) bekannt ist.

Allgemein ist festzustellen, dass – mit einer Ausnahme – die vergleichsweise umsatzstärkeren Unternehmen eine mittlere Klimasensitivität aufweisen. In dieser Kategorie („mittel") lagen die Nettojahresumsätze der Unternehmen für 2008 Großteils unter zwei Milliarden Euro. Jene Unternehmen, die eine geringe bzw. hohe Klimasensitivität aufweisen, verzeichneten 2008 zumeist weniger als eine Milliarde Euro Nettoumsatz.

6.2   WAHRNEHMUNG DER RISIKEN UND CHANCEN DES KLIMAWANDELS IN DER STEIRISCHEN INDUSTRIE

In einem weiteren Schritt sind in Abbildung 70 jene Unternehmen aus der erwähnten Liste der 500 größten österreichischen Betriebe, die einen bzw. mehrere Standorte in der Steiermark aufweisen, nach ihrer Klimasensitivität dargestellt. Es zeigt sich, dass der Großteil der Unternehmen mit steirischen Standorten eine mittlere Klimasensitivität aufweist (62 %). 23 % der dargestellten Betriebe weisen eine geringe Klimasensitivität auf, lediglich 15 % verzeichnen eine hohe Klimasensitivität. Somit weicht die Verteilung der Unternehmen mit steirischen Standorten kaum von der gesamtösterreichischen Betrachtung ab.

Abbildung 70:   Verteilung der größten österreichischen Betriebe mit Standorten in der Steiermark nach deren Klimasensitivität

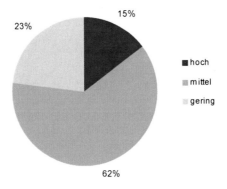

Quelle: Eigene Darstellung, Daten: Umweltbundesamt (2010)

Abbildung 71:   Nettoumsatz (in Mio. €) und Anzahl der MitarbeiterInnen der 500 größten österreichischen Betriebe mit Standorten in der Steiermark

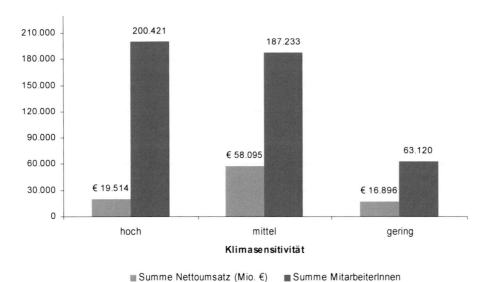

Quelle: Eigene Darstellung, Daten: Umweltbundesamt (2010)

Zusätzlich zur Einschätzung der Klimasensitivität werden in Abbildung 71 die gefährdeten Werte des gesamten Nettoumsatzes (in Mio. €) sowie der Summe aller MitarbeiterInnen der 500 größten österreichischen Betriebe mit steirischen Standorten dargestellt. Für die Steiermark ergibt sich demnach, dass jene Unternehmen, die eine hohe Klimasensitivität aufweisen, in Summe die höchste Anzahl an MitarbeiterInnen verzeichnen. Den höchsten Nettogesamtumsatz weisen hingegen die Betriebe mit einer mittleren Klimasensitivität auf. Jene Unternehmen, die eine geringe Klimasensitivität aufweisen, verzeichneten 2008 einerseits den geringsten Nettogesamtumsatz, andererseits die niedrigste Summe an MitarbeiterInnen.

Die steirischen Betriebe betreffend wurde seitens JOANNEUM RESEARCH eine quantitative sowie qualitative Befragung von 13 steirischen Unternehmen des Industrieforums F&E in Kooperation mit der Industriellenvereinigung Steiermark durchgeführt. Diese Befragung diente zur Feststellung angebots- und nachfrageseitiger Risiken und Chancen, welche durch den Klimawandel verursacht werden. Abbildung 72 zeigt grafisch die Ergebnisse dieser Befragung.

Abbildung 72:   *Ergebnisse der Befragung steirischer Unternehmen bezüglich klimawandelverursachter Risiken und Chancen*

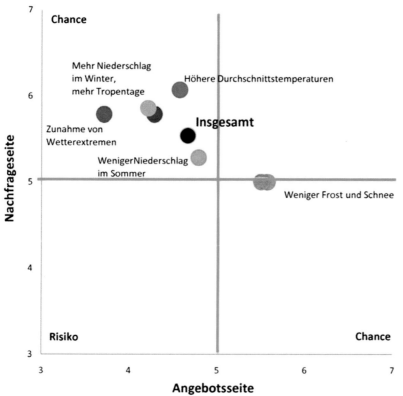

Quelle: Eigene Darstellung

Auf der Produktionsseite der Unternehmen werden alle genannten klimawandelbedingten Faktoren als Risiko betrachtet – mit Ausnahme des Rückgangs von Frost und Schnee. Weniger Frost und Schnee wird für die Angebotsseite als Chance, für die Nachfrageseite hingegen als neutral eingestuft. Sämtliche übrige Faktoren werden für die Nachfrageseite der Unternehmen als Chance wahrgenommen. Insgesamt sehen die befragten Unternehmen die Auswirkungen des Klimawandels auf der Nachfrageseite eher als Chance, auf der Angebotsseite dagegen eher als Risiko. Als deutlichstes Risiko für die Angebotsseite wurde die Zunahme von Wetterextremen/Unwetter/Sturm gesehen.

Des Weiteren wurden die Unternehmen hinsichtlich ihrer Anpassung an den Klimawandel im Bereich interner Forschung und Entwicklung sowie Produktneuheiten befragt. Eine weitere Frage richtete sich an die Meinungen der Unternehmen zu dringlichen Handlungsfeldern für die steirische Politik, damit der Wirtschaftsstandort Steiermark gestärkt aus den klimawandelbedingten Veränderungen hervorgehen kann.

6.2.1   Klimaelement Temperatur

Beim Thema der klimawandelbedingten Temperaturzunahme wurde zum Beispiel angesprochen, den Ausbau der Solarthermie weiter zu forcieren und diese auch verstärkt für Kühlzwecke einzusetzen.

In der Elektronik und Elektrotechnik sollte auf robustere Produkte, die unter extremeren Umgebungsbedingungen arbeiten müssen, hingearbeitet werden. In manchen Anwendungsfeldern wird eine Nachfrageerhöhung nach derartigen Produkten erwartet, weshalb diese Chance genützt werden sollte. Konkreter sind in diesem Zusammenhang die Pläne für die Entwicklung von neuen leitenden Verbindungen bzw. Alternativen zu den aktuell verwendeten galvanisch/chemischen Verbindungen positiv zu bewerten.

Im Bereich Maschinenbau wird auf mehr Automatisierung und Motorik in den Anlagen gesetzt werden müssen, um Temperaturschwankungen des Umfeldes auszugleichen. Hinsichtlich angepasster Produkte sind dezentrale Automatisierungen im Gespräch, die zwar zugekauft, allerdings selbst programmiert werden. Da die hergestellten Anlagen damit komplexer werden, wirkt sich dies auch auf den Verkaufspreis aus. Auch an besseren Kühleinrichtungen und der damit verbundenen Wärmerückgewinnung wird gearbeitet.

Im Bereich der Metallerzeugung und -verarbeitung ist bei großen Temperaturanstiegen eine Kühlkreislaufoptimierung im Gespräch. Weiters stellt man sich auf die Entwicklung von neuen Metallsorten und Ersatzprodukten, etwa für den Automobilsektor bzw. im Hinblick auf alternative Energieerzeugung ein.

6.2.2   Klimaelement Niederschlag

Im Allgemeinen ist eine Forcierung der Wasserkraft bei Ausbau der Speicherkapazitäten vorstellbar, da laut Klimaszenarien insbesondere im Winter mehr Niederschlag als Regen anstatt als Schnee anfallen wird. So könnte eine bessere Wasserführung der Flüsse in Zeiten hoher Winterstrompreise auch für die Industrie genutzt werden.

Im Bereich der Metallverarbeitung ist eine Forcierung der dezentralen Energieproduktion an Gebäuden und die damit zusammenhängende Erweiterung der von dieser Industrie bereits entwickelten Systeme denkbar.

MaschinenbauerInnen werden im Zusammenhang mit geänderten Niederschlagsverhältnissen geänderte Auslegungen bei Wasserkraftwerken berücksichtigen müssen. Konstruktionen sind in dieser Hinsicht bereits vorhanden, weiteres Potenzial ist etwa die Weiterentwicklung der eingesetzten Bewässerungspumpen. Bei einem geringeren Wasserdargebot ist die Reduzierung des Wasserverbrauchs der eingesetzten Verfahren zu forcieren. Geschlossene Kreisläufe und Maßnahmen gegen ein Aufsalzen dieser Kreisläufe sind von Bedeutung. Zum Thema Bioenergie und Biotreibstoff wird ein stärkerer Holzzuwachs für die Erzeugung von Bioenergie positiv bewertet, wobei neue Technologien zu forcieren sind (etwa Vergasung, Bioethanol). Wünschenswert ist die Untersuchung der Einwirkungen von Starkwind auf die Gewerke und Gebäude der konstruierten Anlagen. Die Produktentwicklung im Maschinenbau könnte hin zu verbesserten Eindampfanlagen und Wasserrückgewinnungssystemen gehen: Der Wasserverbrauch soll dort reduziert werden, wo Verunreinigungen anfallen, nicht erst ‚End Of Pipe'. Dies habe keinen Einfluss auf die Herstellungskosten, es stelle schlicht geänderte Produktionsanforderungen dar.

Als neue Produkte im Bereich der Elektronik und Elektrotechnik werden in diesem Zusammenhang CO_2-reduzierte bzw. nahezu CO_2-freie Leiterplatten genannt. Auch innovative Produkte aus dem Bereich der Photovoltaik sind denkbar. Weiters ist die Forcierung der Entwicklung integrierter elektronischer Schaltkreise für eine gesteigerte Energieeffizienz denkbar, auch im Hinblick auf erneuerbare Energien und Elektromobilität.

6.2.3   Extreme Wetterereignisse

Hinsichtlich der Zunahme extremer Wetterereignisse (wie Dürre, Sturm oder Hochwasser) erscheinen der Ausbau und die Weiterentwicklung von Hochwasserschutz im Allgemeinen als wichtige Schwerpunkte.

Der metallerzeugende und -verarbeitende Bereich setzt diesbezüglich einen Fokus auf den Ausbau, die Optimierung sowie die Verstärkung bereits entwickelter Systeme. Weiters soll die F&E um zusätzliche Kompetenzen erweitert werden. Entscheidend ist in dieser Hinsicht die Bewusstseinsbildung. Bei Stahl werden vermehrte Einsätze von Rückhaltesystemen, Lawinenverbauungen und Klimaanlagen sowie ein höherer Reparatur- und Instandsetzungsbedarf nach Katastrophenfällen die Nachfrage (insbesondere nach Kommerzstählen) ansteigen lassen. Komfort, Sicherheit und Zuverlässigkeit sind wichtige Punkte bei der Anpassung von Strategien und Produkten auf das geänderte Auftreten von Extremwetterereignissen.

Im Maschinenbau wird auch bei der Anpassung an Extremwetterereignisse die Forcierung von Studien zur Auswirkung von Starkwinden an Gewerken und Gebäuden genannt sowie zusätzlich Untersuchungen zur Funktionalität von Anlagen bei größeren Klimaschwankungen. Neue Produkte müssen im Hinblick auf Extremwetterereignisse für einen weiteren Einsatzbereich von Temperaturen, Windstärken etc. ausgelegt werden. Diese zusätzlichen Bedingungen könnten sich negativ auf die Termintreue der Unternehmen auswirken.

Die Elektrotechnik und Elektronik setzt auf die Forcierung von Energieeffizienz und Elektromobilität zur Reduzierung von CO_2. Dazu soll die Entwicklung integrierter elektronischer Schaltkreise vorangetrieben werden, wie etwa im Batteriemanagement für Elektroautos, für LED-Leuchtdioden, für die Hintergrundbeleuchtungen von Displays etc. Negative Erwartungen sind Schwierigkeiten im Bereich der Zulieferung, Herstellung und Auslieferung, die sich insgesamt kostenerhöhend auswirken können. Des Weiteren werden gesteigerte Zuverlässigkeitserwartungen an die Produkte dieser Industrie erwartet sowie eine höhere Komplexität der Produkte (wie z.B. eine höhere Lagenanzahl bei Leiterplatten).

6.2.4 Politische Handlungsfelder

Eine allgemeine Forderung der Wirtschaftsvertretung an die Politik ist der Ausbau der Nutzung von Wasserkraft. Gleichzeitig bedarf es der Erweiterung und Optimierung von Hochwasserschutzmaßnahmen.

Die befragten Unternehmen der Freizeit- und Unterhaltungsindustrie nannten diesbezüglich die Sicherstellung der Verkehrsanbindung sowie der Versorgung mit Strom, Wasser, Gas etc. Auch ein verstärktes Absiedeln aus Risikozonen ist gewünscht.

Metallerzeugende und -verarbeitende Betriebe fordern die Forcierung der „ECO World Styria" zum „Green Tech Valley Styria" bis 2015 sowie die internationale Sichtbarmachung des „GTV Styria". Des Weiteren werden in diesem Bereich eine optimierte Infrastrukturinstandhaltung und -erneuerung, der Ausbau des öffentlichen Verkehrs sowie eine Gesundheitsvorsorge für Unternehmensangestellte gefordert. Immer wieder ist auch von einem Thema der Mitigations-, nicht der Anpassungspolitik die Rede, so wird die faire Behandlung der heimischen Industrie im Hinblick auf die CO_2-Problematik gefordert, sodass heimische Produktionen, die sich auf hohem technologischen Stand befinden, nicht gegenüber anderen Ländern, in denen weniger strenge Auflagen herrschen, benachteiligt werden. Zur Unterstützung auf diesem Gebiet sollen vermehrt Förderungen im Bereich F&E bereitgestellt werden, auch um optimale Maßnahmen im Bereich der CO_2-Reduktion zu erreichen.

Seitens des Maschinenbaus wird die Sicherung von Verkehrswegen vor Überschwemmungen, Stürmen, Vermurungen, etc. für den Gütertransport gefordert. Weiters soll eine stärkere Nutzung des Holzaufkommens für die Herstellung von Energie aus Biomasse forciert werden, allerdings nicht für Pelletsheizanlagen, die eine erhöhte Feinstaubbelastung verursachen würden, sondern für Vergasungen mit Stromerzeugung durch Gas- und Dampfturbinen (auch mit thermischer Nutzung). Neben dem maximalen Gewinn elektrischer Energie aus Biomasse soll ein zügiger Ausbau der Wasserkraft vorangetrieben werden.

Betriebe der Elektronik und Elektrotechnik fordern von der steirischen Politik die Forcierung von Energieeffizienz und Elektromobilität, den Ausbau erneuerbarer Energien, die Sicherung des Zuganges zu Rohstoffen sowie die Förderung von sparsamem Umgang mit Ressourcen. Weiters besteht die Forderung nach der Absicherung und dem Ausbau der Infrastruktur, damit auch bei Extremwetterereignissen keine wesentlichen Störungen im Geschäftsablauf auftreten. Auch gezielte Investitionen in Bildung sowie eine überparteiliche und unbürokratische Förderung neuer Technologien wurden genannt.

6.2.5   Weitere Anregungen

Als ein weiteres wesentliches Thema, mit dem sich die steirische Industrie auseinandersetzen sollte, wird die Frage der Energiespeicherung wiederholt genannt. Diesbezüglich wurde eine verstärkte Vernetzung der Unternehmen mittels Smart Grids diskutiert.

Bezüglich der steirischen Infrastruktur wurde auf das *best practice* Beispiel Dänemark hingewiesen. In Dänemark wurden zur Anpassung an klimawandelbedingte Faktoren wie Starkregen und Hochwasser die Normdurchflussmengen der Wasserdurchläufe unter den Straßen angepasst.

Qualitative Aspekte der Diskussion sind vor allem im Bereich Human Resources zu finden. Hier wurden einerseits Krankheiten und krankheitsbedingte Ausfälle von Beschäftigten bzw. das Problem der hohen Temperaturen in schlecht gedämmten Werkshallen und das dadurch bedingte steigende Arbeitsunfallrisiko thematisiert. Neben dem erwarteten Anstieg der Kühlkosten ist auch die künftige Reduktion der Kältekosten aufgrund höherer Durchschnittstemperaturen zur Bestimmung des Nettoeffektes zu berücksichtigen.

7 Abbildungs- und Tabellenverzeichnis

ABBILDUNGSVERZEICHNIS:

TABELLENVERZEICHNIS:

8 Bibliographie

Amann, C. (2010): Aktivitätsfeld „Bauen und Wohnen" – Vulnerabilitätsabschätzung und Handlungsempfehlungen. E7 Energie Markt Analyse GmbH. Austro Clim.

Arbesser, M., Borrmann, J., Felderer, B., Grohall, G., Helmenstein, C., Kleissner, A., Moser, B. (2008): Die ökonomische Bedeutung des Wintersports in Österreich, Studie im Auftrag der Initiative „Netzwerk Winter", Wien 2008.

Binder, C., Kaiser, P. (2003): Extreme Wetterereignisse – Auswirkungen und Auswege für betroffene österreichische Wirtschaftssektoren, StartClim Workshop, Graz 2003.

Blumenthal, R., Lindberg, E., Soldo, D. (2010): Klimawandel und Wasserwirtschaft. Auswirkungen und Adaptation in der Schweiz, Netzwerk Wasser im Berggebiet (Hg.), Davos 2010.

BMLFUW (2009): Grüner Bericht 2009. Bericht über die Situation der österreichischen Land- und Forstwirtschaft. Wien.

BMLFUW (2010): Holzpreise Oktober 2010 (Nettopreise, frei Straße, pro fm, Preise in €). URL: http://www.bmlfuw.gv.at/article/articleview/85424/1/4985/. Zugegriffen am: 22.12.2010

BMLFUW, UBA (2009): Auf dem Weg zu einer nationalen Anpassungsstrategie. Policy Paper.

BMVBS / BBSR (Hrsg.): Klimawandelgerechte Stadtentwicklung. Wirkfolgen des Klimawandels. BBSR-Online-Publikation 23/2009. urn:nbn:de:0093-ON2309R153

BMVIT (2010): Statistik Straße & Verkehr, Jänner 2010. Gruppe Straße. URL: http://www.bmvit.gv.at/service/publikationen/verkehr/strasse/downloads/statistik_strasseverkehr10.pdf. Zugegriffen am: 20.12.2010.

Deutsche Anpassungsstrategie an den Klimawandel (2008), URL: http://www.bmu.de/files/pdfs/allgemein/application/pdf/das_gesamt_bf.pdf. Zugegriffen am: 9.8.2010.

Die Österreichische Hagelversicherung (2010), Versicherte Flächen Steiermark (in 1.000 Hektar). Die Österreichische Hagelversicherung.

Dragoti-Çela, E. (o. J.): Risikotheorie- und management. Institut für Optimierung und Diskrete Mathematik, Technische Universität Graz.

FAFW (2008): Forstschutzbericht Steiermark 2008. Fachabteilung 10C Forstwesen (Forstdirektion).

FAFW (2009): Forstschutzbericht Steiermark 2009. Fachabteilung 10C Forstwesen (Forstdirektion).

Formayer, H., Hofstätter, M., Haas, P. (2007): STRATEGE, Endbericht zur Untersuchung der Schneesicherheit und der potenziellen Beschneiungszeiten im Raume Schladming, Universität für Bodenkultur.

Formayer, H., Perfler, R., Unterwainig, M. (2006): Auswirkungen von Extremereignissen auf die Sicherheit der Trinkwasserversorgung in Österreich, StartClim2005, Universität für Bodenkultur, Wien 2006.

Friedl, H. (2000): Generalisierte Lineare Modelle, Institut für Statistik, TU Graz.

Gebauer, J., Lotz, W., Wurbs, S.; Welp, M. (2010): Arbeitspapier zur Vorbereitung des Stakeholderdialogs zu Chancen und Risiken des Klimawandels – Versicherungen, Institut für ökologische Wirtschaftsforschung, Fachhochschule Eberswalde, UBA, Berlin/Eberswalde 2010.

Hänggi, P., Plattner, C. (2009): Projekt Klimaänderung und Wasserkraftnutzung. Schlussbericht der Vorstudie, Geographisches Institut Universität Bern, Netzwerk Wasser im Berggebiet, Bern/Davos 2009.

Hoffmann, E., Rotter, M., Welp, M. (2009): Arbeitspapier zur Vorbereitung des Stakeholderdialogs zu Chancen und Risiken des Klimawandels – Verkehrsinfrastruktur, Institut für ökologische Wirtschaftsforschung, Fachhochschule Eberswalde, UBA, Berlin/Eberswalde 2009.

Hohmann, R. (2010): Die Entwicklung der Anpassungsstrategie Schweiz. Bundesamt für Umwelt, Schweiz.

Hohmann, R. et al. (2002): Das Klima ändert sich – auch in der Schweiz. Die wichtigsten Ergebnisse des dritten Wissensstandsberichts des IPCC aus der Sicht der Schweiz, Organe consultatif sur les changements climatiques, Bern 2002.

Höppe, P., Loster, T. (2007): Klimawandel und Wetterkatastrophen. In: Geographische Rundschau 59, Heft 10. URL: http://www.munichre-foundation.org/NR/rdonlyres/A5E7E5D9-3D7E-4386-B086-D83C99B3FBDB/0/20071001_Loster_H%C3%83%C2%B6ppe_GeoRundschau_KlimawandelWetterka tastrophen.pdf. Zugegriffen am 28.9.2010.

Jacob, D. (2005): REMO A1B SCENARIO RUN, UBA PROJECT, 0.088 DEGREE RESOLUTION, RUN NO. 006211,1H   DATA.   CERA-DB   "REMO_UBA_A1B_1_R006211_1H",   URL: http://cerawww.dkrz.de/WDCC/ui/Compact.jsp?acronym=REMO_UBA_A1B_1_R006211_1H. Zugegriffen am 21.9.2010.

Koch, E., Matzarakis, A., Rudel, E. (2007): Anpassung des Sommertourismus an den Klimawandel in Österreich, StartClim 2006: erste Ergebnisse, Wien 2007.

Kommission der Europäischen Gemeinschaften (2009): Weißbuch. Anpassung an den Klimawandel: Ein europäischer Aktionsrahmen.

Kommission der Europäischen Gemeinschaften (2010): Grünbuch. Waldschutz und Waldinformation: Vorbereitung der Wälder auf den Klimawandel.

Matovelle, A., Simon, K.H., Rötzel, R. (2009): Klimawandel in Nordhessen: Klimafolgen und Szenarien. Teil 2, Klimaanpassungsnetzwerk für die Modellregion Nordhessen, Hessen 2009.

OcCC / ProClim (Hg.) (2007): Klimaänderung und die Schweiz 2050. Erwartete Auswirkungen auf Umwelt, Gesellschaft und Wirtschaft, Organe consultatif sur les changements climatiques, Bern 2007.

OECD, Climate Change in the European Alps, Adapting Winter Tourism and Natural Hazards Management, Paris 2007, ISBN 92-64-03168-5.

Österreichische Raumordnungskonferenz (ÖROK) (2005): ÖROK-Empfehlung Nr. 52 zum präventiven Umgang mit Naturgefahren in der Raumordnung mit Schwerpunkt auf dem Themenbereich Hochwasser.

Ott, H.E., Richter, C. (2008): Anpassung an den Klimawandel – Risiken und Chancen für deutsche Unternehmen, Wuppertal Institut für Klima, Umwelt, Energie GmbH, Döppersberg 2008.

Prettenthaler, F., Gobiet, A. (Hg.) (2008): Heizen und Kühlen im Klimawandel – Teil 1. Erste Ergebnisse zu den zukünftigen Änderungen des Energiebedarfs für die Gebäudetemperierung. Studien zum Klimawandel in Österreich, Band 2.

Prettenthaler, F., Schinko, Th. (2008): Europäische Rahmenszenarien, in: Prettenthaler, F., Kirschner, E. (Hg.), Zukunftsszenarien für den Verdichtungsraum Graz-Maribor (LebMur), Teil B: Rahmenbedingungen und Methoden, Verlag der Österreichischen Akademie der Wissenschaften, Wien 2008, ISBN 978-3-7001-3911-9, S. 145-194.

Prettenthaler, F. (2009): Der Klimawandel als Herausforderung für den steirischen Tourismus – Fokus Wintertourismus. Kurzanalyse zur Anregung weiterer Schritte einer Klimaanpassungsstrategie für den steirischen Tourismus. InTeReg Kurzanalyse Nr. 04-2009. JOANNEUM RESEARCH Forschungsgesellschaft mbH, Institut für Technologie- und Regionalpolitik (InTeReg).

Prettenthaler, F., Albrecher, H. (Hg.) (2009): Hochwasser und dessen Versicherung in Österreich. Wien.

Prettenthaler, F., Dalla-Via, A., (Hg.) (2007), Wasser & Wirtschaft im Klimawandel, Konkrete Ergebnisse am Beispiel der sensiblen Region Oststeiermark, Verlag der Österreichischen Akademie der Wissenschaften, Wien 2007, 189 Seiten, ISBN 978-3-7001-3893-8

Prettenthaler, F., Kirschner, E., Methodology for economic impact and vulnerability analysis, in: Jacob, D. (ed.), Climate change in Hungary, Romania and Bulgaria: variability and impact (results of the FP6 CLAVIER project), Imperial College Press, London, Forthcoming 2010

Prettenthaler, F., Winkler, C., Richter, V. (2010): Österreichisches Raumentwicklungskonzept 2011. Arbeitspapier der AGIII „Umwelt – Klimawandel – Ressourcen". JOANNEUM RESEARCH Forschungsgesellschaft m.b.H., Institut für Technologie- und Regionalpolitik (InTeReg), InTeReg Research Report Series.

T-MONA (2009): Tourismus Monitoring Austria: Gästebefragung im Rahmen eines Kooperationsprojekts zwischen Österreich Werbung, WKÖ, BMWFJ, der Firma MANOVA und den neun Landestourismusorganisationen.

Toeglhofer, C., Gobiet, A., Habsburg-Lothringen, R. Heimrath, R., Michlmair, M., Prettenthaler, F., Schranzhofer, H., Streicher, W., and Truhetz, H. (2009): Endbericht Heat.AT: Die Auswirkungen des Klimawandels auf Heiz- und Kühlenergiebedarf in Österreich II. Graz: Wegener Center, JOANNEUM Research und Institut für Wärmetechnik.

Verbund Austrian Hydro Power AG (2006): Die steirischen Wasserkraftwerke. URL: www1.verbund.at/cps/rde/xbcr/SID.../Prospekt_Steir_WKW_dt.pdf. Zugegriffen am 14.12.2010.